問題編

大学入試

全レベル問題集
数学 I+A+II+B

私大標準・
国公立大レベル

数学 レベル3

問題編

目次

第1章　数と式

1

✓Check Box

解答は別冊 p.8

［A］　$x=\dfrac{\sqrt{3}+\sqrt{2}}{\sqrt{3}-\sqrt{2}}$，$y=\dfrac{\sqrt{3}-\sqrt{2}}{\sqrt{3}+\sqrt{2}}$ のとき，$x^3+y^3=$ □ である．

（摂南大）

［B］　$\dfrac{3}{3-\sqrt{3}}$ の整数部分を a，小数部分を b とするとき，a^2-b^2-a-b の値を求めよ．

（茨城大）

2

✓Check Box

解答は別冊 p.10

a，b，c が次の3次方程式の解であるとする．

$$x^3-2x^2+x+5=0$$

(1)　このとき，$a^3+b^3+c^3$ の値は □ である．

(2)　このとき，$a^4+b^4+c^4$ の値は □ である．

（東京理科大）

3 Check Box □□ 解答は別冊 p.12

［A］ 多項式 $P(x)$ を x^3+1 で割ったときの余りが $2x^2+13x$ であった．このとき，$P(x)$ を $x+1$ で割ったときの余りは □ である．

　また，$P(x)$ を x^2-x+1 で割ったときの余りは □ である．

（慶應義塾大）

［B］ 整式 $P(x)$ を x^2+2x+1 で割った余りが $2x-4$ で，x^2-3x+2 で割った余りが $2x+2$ であるとする．以下の問いに答えよ．

(1) $P(x)$ を x^2-1 で割ると，余りは □ となる．

(2) $P(x)$ を x^3+x^2-x-1 で割ると，余りは □ となる．

（西南学院大）

a，b は実数であり，方程式

$$x^4+(a+2)x^3-(2a+2)x^2+(b+1)x+a^3=0$$

が解 $x=1+i$ をもつとする．ただし，$i=\sqrt{-1}$ とする．

このとき，a，b を求めよ．また，このときの方程式の他の解も求めよ．

（東北大）

5

✓Check Box □□　解答は別冊 p.16

複素数 $\omega=\dfrac{-1+\sqrt{3}i}{2}$ について，以下の問いに答えよ．

(1)　$\omega^2+\omega^4$，$\omega^5+\omega^{10}$ の値を求めよ．

(2)　n を正の整数とするとき，$\omega^n+\omega^{2n}$ の値を求めよ．

(3)　n を正の整数とするとき，$(\omega+2)^n+(\omega^2+2)^n$ が整数であることを証明せよ．

（岡山大）

6

✓Check Box □□　解答は別冊 p.18

k を実数の定数とする．2次方程式 $kx^2+3x+2=0$ と $2x^2+3x+k=0$ が共通の解をもつような k の値を求めよ．

（東京薬科大・改題）

7

✓Check Box □□　解答は別冊 p.20

a，b，c，x，y，z はすべて正の実数である．次の問いに答えよ．

(1)　不等式 $(a^2+b^2+c^2)(x^2+y^2+z^2)\geqq(ax+by+cz)^2$ が成り立つことを証明せよ．

(2)　(1)において，等号が成り立つのはどのようなときかを示せ．

(3)　$a^2+b^2+c^2=25$，$x^2+y^2+z^2=36$，$ax+by+cz=30$ のとき，$\dfrac{a+b+c}{x+y+z}$ の値を求めよ．

（秋田大）

8 Check Box □□

解答は別冊 p.22

[A]　$x>0$ において，$\left(x-\frac{1}{2}\right)\left(2-\frac{9}{x}\right)$ は $x=$□ のとき，最小値□をとる．

（千葉工業大）

[B]　以下の問いに答えよ．

(1)　次の式を展開せよ．

$$(x+y+z)(x^2+y^2+z^2-xy-yz-zx)$$

(2)　a，b，c を 0 以上の実数とする．次の不等式が成り立つことを示せ．また，等号が成り立つのはどのようなときか答えよ．

$$\frac{a+b+c}{3} \geqq \sqrt[3]{abc}$$

（首都大東京）

9 Check Box □□

解答は別冊 p.24

[A]　不等式 $|x+3|<2x-6$ を解け．

（筑波技術大）

[B]　$|x-2|+|x+3|<6$ を満たす実数 x の値の範囲を求めよ．

（山梨大）

[C]　実数 k に対し，方程式 $x|1-|x||=k$ の異なる実数解の個数を求めよ．

（山形大）

10 Check Box □□

解答は別冊 p.26

m を実数とする．x に関する方程式

$$x^3-3x-|x-m|=0$$

の実数解の個数を求めよ．

（千葉大）

第2章 論証・整数

11

✓Check Box □□

解答は別冊 p.28

□ に入る適切なものを下の(a)～(d)から選べ．

$x(x-1)+y(y-1)=0$ は「$(x=0$ または $x=1)$ かつ $(y=0$ または $y=1)$」であるための □．

(a) 必要十分条件である

(b) 十分条件だが必要条件ではない

(c) 必要条件だが十分条件ではない

(d) 必要条件でも十分条件でもない

(北見工業大)

12

✓Check Box □□

解答は別冊 p.30

q は正の有理数とし，$f(x)=x^2-qx-q^2$ とする．

2次方程式 $f(x)=0$ の2つの実数解を α，$\beta\ (\alpha<\beta)$ とする．以下の問いに答えよ．

(1) γ が無理数であるとき，有理数 s，t に対して $s\gamma+t=0$ が成り立つならば $s=t=0$ であることを証明せよ．

(2) $\sqrt{5}$ は無理数であることを証明せよ．さらに α，β はともに無理数であることを証明せよ．

(3) 有理数 a，b，c に対して $g(x)=x^3+ax^2+bx+c$ を考える．このとき，$g(\alpha)=0$ であるための必要十分条件は $g(\beta)=0$ であることを証明せよ．

(大阪教育大)

13

✓Check Box □□

解答は別冊 p.32

すべての自然数 n に対して，$\dfrac{n^3}{6}-\dfrac{n^2}{2}+\dfrac{4n}{3}$ は整数であることを証明せよ．

(学習院大)

14

Check Box 解答は別冊 p.34

次の問いに答えよ．

(1) 方程式 $25x+9y=1$ の整数解をすべて求めよ．

(2) 方程式 $25x+9y=33$ の整数解をすべて求めよ．さらに，これらの整数解のうち，$|x+y|$ の値が最小となるものを求めよ．

(3) 2つの方程式 $25x+9y=33$，$xy=-570$ を同時に満たす整数解をすべて求めよ．

（金沢大）

［A］ $2m^2-n^2-mn-m+n=18$ を満たす自然数 m，n を求めよ．

（愛媛大）

［B］ a を2以上の整数，p を2より大きい素数とする．ある正整数 k に対して，等式

$$a^{p-1}-1=p^k$$

が成り立つのは，$a=2$，$p=3$ の場合に限ることを証明せよ．

（奈良県立医科大）

16

✓Check Box □□

解答は別冊 p.38

自然数 x, y, z は，条件 $x \leqq y \leqq z$ および $xy+yz+zx=xyz$ を満たすとする．次の問いに答えよ．

(1) 不等式 $x \leqq 3$ を示せ．

(2) 与えられた条件を満たす x, y, z の組をすべて求めよ．

(名古屋市立大)

17

✓Check Box □□

解答は別冊 p.40

$n^2+mn-2m^2-7n-2m+25=0$ について，次の問いに答えよ．

(1) n を m を用いて表せ．

(2) m, n は自然数とする．m, n を求めよ．

(旭川医科大)

18

✓Check Box □□

解答は別冊 p.42

m を整数とする．3 次方程式 $x^3+mx^2+(m+8)x+1=0$ は有理数の解 α をもつ．

(1) α は整数であることを示せ．

(2) m を求めよ．

(一橋大)

19

✓Check Box □□　解答は別冊 p.44

実数xに対して，x以下の最大の整数を$[x]$で表す．例えば$[3]=3$, $[3.14]=3$，$[-3.14]=-4$である．実数xについて，方程式$4x-3[x]=0$の解の個数は□個である．

（産業医科大・略題）

20

✓Check Box □□　解答は別冊 p.46

次の問いに答えよ．

(1) a，b，cをそれぞれ1桁の数として，3桁の数をabcと表記するとき，7進法で表すと3桁の数$abc_{(7)}$になり，5進法で表すと3桁の数$bca_{(5)}$になる数を10進法で表すと□である．

(2) $\dfrac{123}{343}$を7進法の小数で表すと□である．

（星薬科大）

第3章 種々の関数

21

Check Box □□　解答は別冊 p.48

$0 \leqq x \leqq 2$ の範囲において，つねに $x^2-2ax+a>0$ が成り立つような定数 a の値の範囲を求めよ．

（獨協大）

22

Check Box □□　解答は別冊 p.50

a を実数とする．関数 $f(x)=x^2-a|x-2|+\dfrac{a^2}{4}$ の最小値を a を用いて表せ．

（千葉大）

23

Check Box □□　解答は別冊 p.52

次の問いに答えよ．

(1) 実数 x，y について

$$4x^2+12y^2-12xy+4x-18y+7$$

の最小値，およびそのときの x，y の値を求めよ．

(2) a を負の実数とする．

$$4x^2+12y^2-12xy+4x-18y+7=a$$

を満たす x，y が隣り合う整数のとき，a の最大値，およびそのときの x，y の値を求めよ．

（秋田大）

放物線 $y=x^2+ax+2$ が，2点 A(0, 1)，B(2, 3) を結ぶ線分と異なる2点で交わるという．この条件を満たす a の値の範囲を求めよ．

（群馬大）

曲線 $y=x^2$ 上に2点 $\mathrm{A}(-1,\ 1)$，$\mathrm{B}(b,\ b^2)$ をとる．ただし $b>-1$ とする．このとき，次の条件を満たす b の範囲を求めよ．

条件：$y=x^2$ 上の点 $\mathrm{T}(t,\ t^2)\ (-1<t<b)$ で，$\angle\mathrm{ATB}$ が直角になるものが存在する．

（名古屋大）

$0\leqq x\leqq\pi$ のとき，次の不等式を解け．

$$\sin 2x+\sqrt{3}\sin x-\sqrt{3}\cos x>\frac{3}{2}$$

（弘前大）

27

Check Box

解答は別冊 p.60

$f(x)=\sqrt{2}\sin x\cos x+\sin x+\cos x$ $(0\leqq x\leqq 2\pi)$ とする.

(1) $t=\sin x+\cos x$ とおき，$f(x)$ を t の関数で表せ.

(2) t の取り得る値の範囲を求めよ.

(3) $f(x)$ の最大値と最小値，およびそのときの x の値を求めよ.

（北海道大）

28

Check Box

解答は別冊 p.62

点 $\mathrm{P}(x,\ y)$ が原点Oを中心とする半径 $\sqrt{2}$ の円周上を動くとき，$\sqrt{3}x+y$ の最小値は □ であり，$x^2+2xy+3y^2$ の最大値は □ である.

（名城大）

29

Check Box

解答は別冊 p.64

関数 $f(x)=2\sin^2 x+4\sin x+3\cos 2x$ について，以下の問いに答えよ．ただし $0\leqq x<2\pi$ である.

(1) $t=\sin x$ とするとき，$f(x)$ を t の式で表せ.

(2) $f(x)$ の最大値と最小値を求めよ．また，そのときの x の値をすべて求めよ.

(3) 方程式 $f(x)=a$ の相異なる解が4個であるような実数 a の値の範囲を求めよ.

（岩手大）

次の問いに答えよ.

(1) 次の等式が成り立つことを示せ.

$$\cos 3\theta = 4\cos^3\theta - 3\cos\theta$$

(2) $\cos 54^\circ$ の値を求めよ.

(3) 頂点と重心との距離が r の正五角形の面積を求めよ.

(福島大)

座標平面上の 3 点 $\mathrm{A}(0,\ 3)$, $\mathrm{B}(0,\ 2)$ と x 軸上の点 $\mathrm{P}(x,\ 0)$ を考える. $\angle\mathrm{APB}$ (ただし, $0 \leqq \angle\mathrm{APB} \leqq \pi$) が最大になるときの x の値をすべて求めよ.

(山梨大・略題)

すべての実数 x に対して不等式

$$2^{2x+2} + 2^x a + 1 - a > 0$$

が成り立つような実数 a の範囲を求めよ.

(東北大)

aを定数とし，$a \leqq 2$ とする．方程式

$$4^x+4^{-x}-3a\cdot 2^x-3a\cdot 2^{-x}+2(a^2+1)=0$$

の異なる実数解の個数を求めよ．

（福岡教育大）

34

Check Box

解答は別冊 p.74

次の問いに答えよ．ただし，$\log_{10}2=0.3010$，$\log_{10}3=0.4771$，$\log_{10}7=0.8451$ とする．

(1)　2013^{25} の一の位の数字を求めよ．

(2)　13^{2013} を 5 で割ったときの余りを求めよ．

(3)　3^{2013} は何桁の数か．

(4)　3^{2013} の最高位の数を求めよ．

（名古屋市立大）

x と y は不等式

$$\log_x 2-(\log_2 y)(\log_x y)<4(\log_2 x-\log_2 y)$$

を満たすとする．このとき，x，y の組 $(x,\ y)$ の範囲を座標平面上に図示せよ．

（岩手大）

第4章　微分・積分

36

Check Box

解答は別冊 p.78

関数 $f(x)=x^3+(a-2)x^2+3x$ について，次の問いに答えよ．ただし，a は定数とする．

(1)　$f(x)$ の導関数 $f'(x)$ を求めよ．

(2)　$f(x)$ が極値をもつとき，a の値の範囲を求めよ．

(3)　$f(x)$ が $x=-a$ で極値をもつとき，a の値を求めよ．さらに，このときの極大値を求めよ．

（広島工業大）

37

Check Box

解答は別冊 p.80

k は定数とする．関数

$$f(x)=-x^3-3x^2+3kx+3k+2$$

の $-1 \leqq x \leqq 1$ の範囲における最大値を求めよ．

（大阪教育大）

38

Check Box

解答は別冊 p.82

a を実数とし，関数

$$f(x)=x^3-3ax+a$$

を考える．$0 \leqq x \leqq 1$ において，$f(x) \geqq 0$ となるような a の範囲を求めよ．

（大阪大）

39 ✓Check Box □□

解答は別冊 p.84

kを定数として，3次方程式

$$x^3-\frac{3}{2}x^2-6x-k=0 \quad \cdots\cdots(*)$$

を考える．

(1)　この方程式が，異なる3つの実数解をもつようなkの値の範囲を求めよ．

(2)　kが(1)で求めた範囲にあるとき，方程式$(*)$の3つの解をα，β，γ（ただし $\alpha<\beta<\gamma$）とおく．

(a)　kが(1)で求めた範囲を動くとき，α，β，γの取りうる値の範囲をそれぞれ求めよ．

(b)　kが(1)で求めた範囲を動くとき，αとγの積$\alpha\gamma$が最小となるkの値と，$\alpha\gamma$の最小値を求めよ．

（東京理科大）

40 ✓Check Box □□

解答は別冊 p.86

関数 $y=x^3-x$ のグラフをCとする．

(1)　C上の点$(t,\ t^3-t)$におけるCの接線の方程式を求めよ．

(2)　C上の2点$(t,\ t^3-t)$および$(s,\ s^3-s)$におけるCの接線が一致するのは$t=s$ に限ることを示せ．

(3)　C上にない点A$(a,\ b)$からCへ引ける接線の数がちょうど2本となるとき，a，bが満たす条件を求めよ．

（福島大・略題）

41 Check Box

解答は別冊 p.88

次の問いに答えよ．

(1) 関数 $f(x)$ は

$$f(x)=3x^2+x\int_0^1 f(t)\,dt+1$$

を満たしている．このとき $f(x)$ を求めよ．

(2) 関数 $g(x)$ は，ある定数 k に対して

$$\int_1^x (3t+1)g(t)\,dt=4\int_k^x g(t)\,dt+5x^3-3x^2-9x-17$$

を満たし，$g(1)=8$ である．このとき $g(x)$ と k の値を求めよ．

（群馬大）

42 Check Box

解答は別冊 p.90

関数 $f(x)$ を

$$f(x)=\int_{-1}^1 |t^2-x^2|\,dt$$

で定義する．次の各問いに答えよ．

(1) $0 \leqq x \leqq 1$ における $f(x)$ の最大値と最小値を求めよ．

(2) $x \geqq 0$ の範囲で $y=f(x)$ のグラフをかけ．

（名城大）

43 Check Box

解答は別冊 p.92

関数 $f(x)$ を

$$f(x)=\begin{cases} -x^2+4x & (x \leqq 0,\ x \geqq 2 \text{ のとき}) \\ x^2 & (0<x<2 \text{ のとき}) \end{cases}$$

とする．座標平面上の曲線 $C: y=f(x)$ と直線 $l: y=x$ で囲まれる部分の面積を S とする．このとき，次の各問いに答えよ．

(1) 曲線 C の概形をかけ．

(2) S の値を求めよ．

（宮崎大）

44

Check Box □□ 解答は別冊 p.94

曲線 $C: y=x^2$ 上の点 $\mathrm{P}(a,\ a^2)$ における接線を l_1，点 $\mathrm{Q}(b,\ b^2)$ における接線を l_2 とする．ただし，$a<b$ とする．l_1 と l_2 の交点をRとし，線分PR，線分QRおよび曲線 C で囲まれる図形の面積を S とする．

(1)　Rの座標を a と b を用いて表せ．

(2)　S を a と b を用いて表せ．

(3)　l_1 と l_2 が垂直であるときの S の最小値を求めよ．

（東北大）

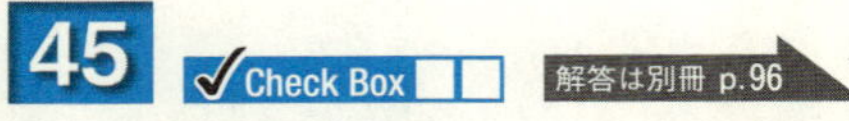

a を正の実数とする．2つの放物線

$$y=\frac{1}{2}x^2-3a,\quad y=-\frac{1}{2}x^2+2ax-a^3-a^2$$

が異なる2点で交わるとし，2つの放物線によって囲まれる部分の面積を $S(a)$ とする．以下の問いに答えよ．

(1)　a の値の範囲を求めよ．

(2)　$S(a)$ を a を用いて表せ．

(3)　$S(a)$ の最大値とそのときの a の値を求めよ．

（神戸大）

第5章　幾　何

46

Check Box

解答は別冊 p.98

次の条件を満たす三角形ABCはどのような三角形か．ただし，三角形ABCにおいて，頂点A，B，Cに向かい合う辺BC，CA，ABの長さをそれぞれ a，b，c で表す．また，∠A，∠B，∠Cの大きさをそれぞれ A，B，C で表す．

(1) $\dfrac{b}{\sin A}=\dfrac{a}{\sin B}$

(2) $\dfrac{a}{\cos A}=\dfrac{b}{\cos B}$

(3) $\dfrac{b}{\cos A}=\dfrac{a}{\cos B}$

（愛媛大）

47

Check Box

解答は別冊 p.100

AB＝6，BC＝3，CD＝x，DA＝$5-x$ $(0<x<5)$ を満たす四角形ABCDが円に内接している．四角形ABCDの面積を $S(x)$ とするとき，次の問いに答えよ．

(1) $\cos\angle\text{BAD}=\dfrac{26-5x}{3(10-x)}$ を示せ．

(2) $S(x)$ の最大値を求めよ．また，そのときの x の値を求めよ．

（山形大・略題）

48

✓Check Box □□ 解答は別冊 p.102

△ABC の辺 BC 上に点 D，辺 AC 上に点Eがあり，四角形 ABDE が円Oに内接している．AE＝DE，$AB=\frac{42}{5}$，AC＝14，$BD=\frac{6}{5}$ であるとき，次の問いに答えよ．

(1) 線分 AE と線分 CD の長さを求めよ．

(2) 円Oの半径を求めよ．

（静岡大）

49

✓Check Box □□ 解答は別冊 p.104

右図の △ABC において，辺 AB の延長上に AB＝BD となる点Dがある．同様に，辺 BC の延長上に BC＝CE となる点Eが，辺 CA の延長上に CA＝AF となる点Fがそれぞれある．△ABC の重心をGとし，直線 GE と線分 AC，AB，FD との交点をそれぞれ H，I，J とする．このとき，次の比を求めよ．

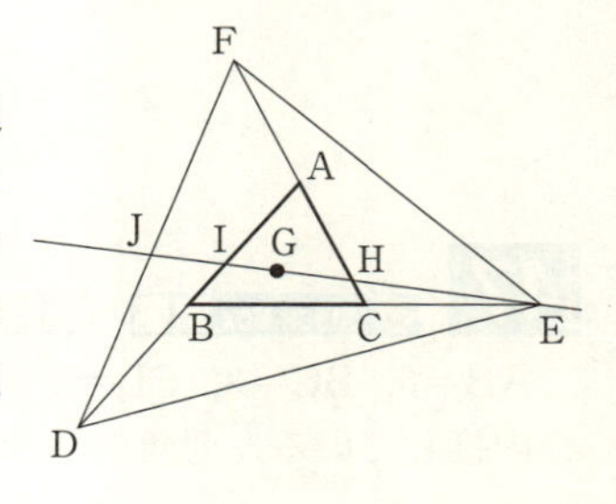

(1) CH：HA

(2) BI：IA

(3) DJ：JF

（宮崎大）

50

Check Box □□　解答は別冊 p.106

1辺の長さが3の正四面体OABCにおいて，辺BCを1：2に内分する点をDとする．また，辺OC上に点Eをとり，$CE=t$ とする．

(1) ADの長さを求めよ．

(2) $\cos\angle DAE$ を t を用いて表せ．

(3) $\triangle ADE$ の面積が最小になるときの t の値とそのときの面積を求めよ．

（千葉大）

51

Check Box □□　解答は別冊 p.108

[A] 四面体ABCDにおいて，$AB=3$，$BC=\sqrt{13}$，$CA=4$，$DA=DB=DC=3$ とし，頂点Dから $\triangle ABC$ に垂線DHを下ろす．このとき，DHの長さは □，四面体ABCDの体積は □ である．

（東京慈恵会医科大）

[B] 四面体ABCDは，4つの面のどれも3辺の長さが7，8，9の三角形である．この四面体ABCDの体積は □ である．

（早稲田大）

52

Check Box □□　解答は別冊 p.110

一辺の長さが1の正八面体に内接する球の体積は □ であり，外接する球の表面積は □ である．

（産業医科大）

第6章 図形と方程式

53

Check Box

解答は別冊 p.112

Oを原点とする座標平面上の2直線 $x-y+1=0$ と $x-2y-2=0$ をそれぞれ l_1, l_2 とし，点 A(5, 5) をとる．点Bと点Cはそれぞれ l_1, l_2 上にあるとする．ただし，右図のように，線分 AB, BC と直線 l_1 とのなす角は等しく，線分 BC, CO と直線 l_2 とのなす角は等しいとする．

このとき，点Bと点Cの座標を求めよ．

(佐賀大・改題)

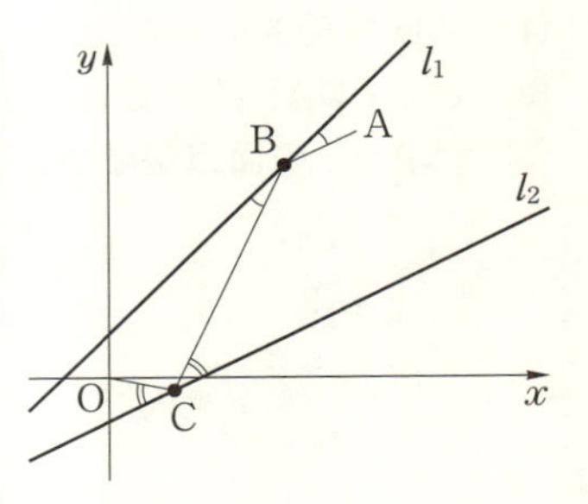

54

Check Box

解答は別冊 p.114

kを定数とし，方程式

$$x^2+y^2+3kx-ky-10k-20=0$$

で表される座標平面内の円 C について，次の各問いに答えよ．

(1) 円 C の中心の座標を k を用いて表せ．

(2) 円 C は k の値によらず，ある2つの定点を通る．この2点の座標を求めよ．

(3) k が変化するとき，円 C の面積 S の最小値とそのときの k の値を求めよ．

(4) 円 C と直線 $y=\dfrac{1}{2}x$ が接するように，k の値を定めよ．

(成蹊大)

55

✓Check Box □□ 解答は別冊 p.116

a を実数とする．円 $x^2+y^2-4x-8y+15=0$ と直線 $y=ax+1$ が異なる2点A，Bで交わっている．

(1) a の値の範囲を求めよ．

(2) 弦ABの長さが最大になるときの a の値を求めよ．

(3) 弦ABの長さが2になるときの a の値を求めよ．

（大分大）

56

✓Check Box □□ 解答は別冊 p.118

2つの円 $C_1: x^2+y^2=25$，$C_2: (x-4)^2+(y-3)^2=2$ について．

(1) C_1，C_2 の2つの交点を通る直線の方程式は □ である．

(2) C_1，C_2 の2つの交点を通り，点 $(3,\ 1)$ を通る円の方程式は □ である．

（西南学院大・略題）

57

✓Check Box □□ 解答は別冊 p.120

k を正の定数とする．円 $C: x^2+y^2-4x-2y+1=0$ と共有点をもたない直線 $l: y=-\dfrac{1}{2}x+k$ について，次の問いに答えよ．

(1) k のとりうる値の範囲を求めよ．

(2) l 上の2点A，Bの座標をそれぞれ $(2,\ k-1)$，$(2k-2,\ 1)$ とする．点Pが C 上を動くとき，△PABの重心Qの軌跡を求めよ．

(3) (2)で求めたQの軌跡と C がただ1つの共有点をもつとき，k の値を求めよ．

（滋賀大）

58

Check Box

解答は別冊 p.122

座標平面上に，2つの放物線

$$C_1 : y=(x-t)^2+t \qquad C_2 : y=-x^2+4$$

がある．ただし，t は実数とする．このとき，次の各問いに答えよ．

(1)　C_1，C_2 が異なる2点で交わるとき，t の値の範囲を求めよ．

(2)　(1)のとき，C_1 と C_2 の2つの交点を結ぶ線分の中点の軌跡を図示せよ．

（宮崎大）

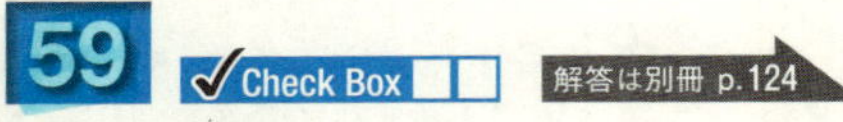

次の問いに答えよ．

(1)　2次方程式 $t^2+5t+2=0$ の解を α，β とするとき，$\alpha^2+\beta^2$ の値を求めよ．

(2)　u，v を実数とする．2次方程式 $t^2-ut+v=0$ が実数解をもつとき，点 $(u,\ v)$ の存在範囲を図示せよ．

(3)　平面上の点 $(a,\ b)$ が原点を中心とする半径1の円の内部を動くとき，点 $(a+b,\ ab)$ の動いてできる領域を図示せよ．

（島根大）

60

✓Check Box □□ 解答は別冊 p.126

連立不等式 $\begin{cases} x^2+y^2 \leqq 25 \\ (y-2x-10)(y+x+5) \leqq 0 \end{cases}$ の表す領域をDとする．

(1) 領域Dを図示せよ．

(2) 点$(x,\ y)$がこの領域Dを動くとき，$x+2y$ の最大値 M と最小値 m を求めよ．また，M, m を与えるDの点を求めよ．

(3) aを実数とする．点$(x,\ y)$が領域Dを動くとき，$ax+y$ が点$(-3,\ 4)$で最大値をとるようなaの範囲を求めよ．

（北海道大）

61

✓Check Box □□ 解答は別冊 p.128

xy 平面上に円 C：$x^2+(y+2)^2=4$ がある．中心$(a,\ 0)$，半径 1 の円をDとする．CとDが異なる 2 点で交わるとき，次の問いに答えよ．

(1) aのとり得る値の範囲を求めよ．

(2) CとDの 2 つの交点を通る直線の方程式を求めよ．

(3) aが(1)の範囲を動くとき，(2)の直線が通過する領域を図示せよ．

（横浜国立大）

第7章　ベクトル

62

Check Box

解答は別冊 p.134

平面上の△ABCと点Pについて，$\overrightarrow{PA}+2\overrightarrow{PB}+3\overrightarrow{PC}=t\overrightarrow{AB}$ を満たすとき，次の問いに答えよ．ここで，t は実数とする．

(1)　$t=0$ とするとき，△ABCに対して，点Pはどのような位置にあるか，また，面積比△PBC：△PCA：△PABを求めよ．

(2)　t が実数全体を変化するとき，点Pはどのような図形を表すかを求めよ．さらに，点Pが△ABCの内部にあるための t の範囲を求めよ．

（宮城大）

63

Check Box

解答は別冊 p.136

△OABの辺OAを1：2に内分する点をC，辺OBを3：2に内分する点をDとする．$\overrightarrow{AE}=\frac{5}{3}\overrightarrow{AD}$ をみたす点をEとし，直線OEと直線BCとの交点をFとする．$\vec{a}=\overrightarrow{OA}$，$\vec{b}=\overrightarrow{OB}$ とおく．このとき，次の問いに答えよ．

(1)　$\overrightarrow{OE}$ を $\vec{a}$，$\vec{b}$ で表せ．

(2)　$\overrightarrow{OF}$ を $\vec{a}$，$\vec{b}$ で表せ．

(3)　FC：CBを求めよ．

（香川大）

64

Check Box

解答は別冊 p.138

点Oを中心とする円に四角形ABCDが内接していて，次を満たす．

$$AB=1,\ BC=CD=\sqrt{6},\ DA=2$$

(1)　ACを求めよ．

(2)　$\overrightarrow{AO}\cdot\overrightarrow{AD}$ および $\overrightarrow{AO}\cdot\overrightarrow{AC}$ を求めよ．

(3)　$\overrightarrow{AO}=x\overrightarrow{AC}+y\overrightarrow{AD}$ となる x，y の値を求めよ．

（一橋大）

65

✓Check Box □□ 解答は別冊 p.140

平面上で原点Oと3点 A(3, 1), B(1, 2), C(−1, 1) を考える．実数 s, t に対し，点Pを

$$\overrightarrow{OP}=s\overrightarrow{OA}+t\overrightarrow{OB}$$

により定める．以下の問いに答えよ．

(1) s, t が条件

$$-1\leqq s\leqq 1,\quad -1\leqq t\leqq 1,\quad -1\leqq s+t\leqq 1$$

を満たすとき，点 P$(x,\ y)$ の存在する範囲 D を図示せよ．

(2) 点Pが(1)で求めた範囲 D を動くとき，内積 $\overrightarrow{OP}\cdot\overrightarrow{OC}$ の最大値を求め，そのときのPの座標を求めよ．

（東北大）

66

✓Check Box □□ 解答は別冊 p.142

四面体 OABC において，Pを辺 OA の中点，Qを辺 OB を 2：1 に内分する点，Rを辺 BC の中点とする．P, Q, R を通る平面と辺 AC の交点をSとする．$\overrightarrow{OA}=\vec{a}$, $\overrightarrow{OB}=\vec{b}$, $\overrightarrow{OC}=\vec{c}$ とおく．以下の問いに答えよ．

(1) $\overrightarrow{PQ}$, $\overrightarrow{PR}$ をそれぞれ $\vec{a}$, $\vec{b}$, $\vec{c}$ を用いて表せ．

(2) 比 $|\overrightarrow{AS}|:|\overrightarrow{SC}|$ を求めよ．

(3) 四面体 OABC を1辺の長さが1の正四面体とするとき，$|\overrightarrow{QS}|$ を求めよ．

（神戸大）

67

✓Check Box □□ 解答は別冊 p.144

座標空間内において，2点 O(0, 0, 0), A(1, 0, 1) を端点とする線分 OA，平面 $z=2$ 上に点 (0, 0, 2) を中心とする半径1の円周 C，および C 上の動点Pがあるとする．このとき，以下の問いに答えよ．

(1) 直線 PA と xy 平面との交点を A′ とするとき，A′ の軌跡の方程式を求めよ．

(2) 線分 OA′ が動いてできる xy 平面上の図形を描け．

(3) (2)の図形の面積を求めよ．

（愛知教育大）

68

✓Check Box □□

解答は別冊 p.146

座標空間内の球面 $x^2+y^2+z^2=9$ 上に3点 A(3, 0, 0), B(2, 1, 2), C(1, −2, 2) をとる．次の問いに答えよ．

(1) △ABC の面積を求めよ．

(2) 3点 A, B, C を通る平面に，原点Oから下ろした垂線の足Hの座標を求めよ．(ただし，「垂線の足」とは，平面に下ろした垂線とその平面の交点のことである．)

(3) 球面上を動く点Pを頂点とする四面体 PABC を考え，その体積を V とする．V の最大値と，そのときの点Pの座標を求めよ．

(同志社大)

69

✓Check Box □□

解答は別冊 p.150

点 A(1, 2, 4) を通り，ベクトル $\vec{n}=(-3,\ 1,\ 2)$ に垂直な平面を α とする．平面 α に関して同じ側に2点 P(−2, 1, 7), Q(1, 3, 7) がある．次の問いに答えよ．

(1) 平面 α に関して点Pと対称な点Rの座標を求めよ．

(2) 平面 α 上の点で，PS＋QS を最小にする点Sの座標とそのときの最小値を求めよ．

(鳥取大)

70

✓Check Box □□

解答は別冊 p.152

t を正の定数とする．原点をOとする空間内に，2点 A$(2t,\ 2t,\ 0)$, B$(0,\ 0,\ t)$ がある．

また，動点Pは

$$\overrightarrow{OP}\cdot\overrightarrow{AP}+\overrightarrow{OP}\cdot\overrightarrow{BP}+\overrightarrow{AP}\cdot\overrightarrow{BP}=3$$

を満たすように動く．OP の最大値が3となるような t の値を求めよ．

(一橋大)

第8章　数　列

71

✓Check Box □□　解答は別冊 p.154

［A］　ある等差数列の第 n 項を a_n とするとき

$$a_{15}+a_{16}+a_{17}=-2622,\quad a_{99}+a_{103}=-1238$$

が成立している．次の各問いに答えよ．

(1)　この等差数列の初項と公差を求めよ．

(2)　この等差数列の初項から第 n 項までの和を S_n とするとき，S_n が最小となる n の値を求めよ．

（高崎経済大）

［B］　等比数列 $\{a_n\}$ は2つの等式 $a_5+a_6+a_7+a_8=64$ と $a_{10}+a_{11}+a_{12}+a_{13}=-2$ をみたす．このとき，等比数列 $\{a_n\}$ の公比は □ であり，第9項は □ である．

（国士舘大）

72

✓Check Box □□　解答は別冊 p.156

関数 $f(x)=\log_2(x+1)$ に対して，次の問いに答えよ．

(1)　0以上の整数 k に対して，$f(x)=\dfrac{k}{2}(f(1)-f(0))$ を満たす x を k を用いて表せ．

(2)　(1)で求めた x を x_k とおく．$S_n=\displaystyle\sum_{k=1}^{n}k(x_k-x_{k-1})$ を n を用いて表せ．

（広島大）

73

Check Box

解答は別冊 p.158

数列 $\{a_n\}$ を

$$a_1=1,\ (n+3)a_{n+1}-na_n=\frac{1}{n+1}-\frac{1}{n+2}\quad (n=1,\ 2,\ 3,\ \cdots)$$

によって定める.

(1) $b_n=n(n+1)(n+2)a_n$ $(n=1,\ 2,\ 3,\ \cdots)$ によって定まる数列 $\{b_n\}$ の一般項を求めよ.

(2) 等式

$$p(n+1)(n+2)+qn(n+2)+rn(n+1)=b_n\quad (n=1,\ 2,\ 3,\ \cdots)$$

が成り立つように, 定数 p, q, r の値を定めよ.

(3) $\sum_{k=1}^{n} a_k$ を n の式で表せ.

(筑波大)

74

Check Box

解答は別冊 p.160

右の表のように奇数が並んでいる. 上から m 行, 左から n 列にある数を $a_{m,n}$ と表す. 例えば $a_{2,3}=15$ である. このとき, 次の問いに答えよ.

1	3	7	13	21
5	9	15	23	…
11	17	25	…	…
19	27	…	…	…
29	…	…	…	…

(1) $a_{1,n}$ を n を用いて表せ.

(2) 表の $a_{1,n}$ と $a_{n,1}$ を結ぶ直線上にあるすべての数の集合を第 n 群と呼ぶ. 例えば第3群は $\{7,\ 9,\ 11\}$ である. このとき, 第 n 群に含まれるすべての数の和を n を用いて表せ.

(3) 251 は(2)で定めた第何群にあるか. また, $a_{m,n}=251$ とするとき, m と n を求めよ.

(宇都宮大)

75

✓Check Box □□ 解答は別冊 p.162

n を正の整数とする．座標平面上において，連立不等式

$$\begin{cases} y \geqq x^2 \\ y \leqq x+n(n+1) \end{cases}$$

の表す領域を D とする．次の各問いに答えよ．

(1) 領域 D 内の，x 座標と y 座標がともに整数である点のうち，x 座標が正であるものの個数 M を n を用いて表せ．

(2) 領域 D 内の，x 座標と y 座標がともに整数である点のうち，x 座標が負であるものの個数を N とする．(1)で求めた M に対して $M-N \geqq 1000$ となるような最小の n を求めよ．

（茨城大）

76

✓Check Box □□ 
解答は別冊 p.164

数列 $\{a_n\}$ が条件

$$a_1=3,\ a_{n+1}=(n+2)a_n+n! \quad (n=1,\ 2,\ 3,\ \cdots)$$

によって定められている．次の問いに答えよ．

(1) $b_n=\dfrac{a_n}{(n+1)!}$ とおくとき，数列 $\{b_n\}$ の漸化式を求めよ．

(2) $\{a_n\}$ の一般項を求めよ．

(3) 和 $\displaystyle\sum_{k=1}^{n} 2^{k-1}a_k$ を求めよ．

（関西大）

77

Check Box □□

解答は別冊 p.166

数列 $\{a_n\}$ が $a_1=1$，$a_{n+1}=4a_n+1$ で与えられているとき，$a_2=$ (ア) であり，その一般項は $a_n=$ (イ) となる．また，$a_{n+2}-a_n$ を 5 で割った余りは (ウ) である．ここで，a_n を 5 で割った余りを b_n とする．このとき，$b_4=$ (エ)，$b_5=$ (オ) であり，$\sum_{k=1}^{2n} a_k b_k=$ (カ) である．

(同志社大)

78

Check Box □□

解答は別冊 p.168

[A]　$a_1=3$，$a_{n+1}=3a_n-2n+3$ $(n=1,\ 2,\ 3,\ \cdots)$ で定義される数列 $\{a_n\}$ の一般項 a_n を求めよ．

(西日本工業大)

[B]　次の関係式を満たす数列 $\{a_n\}$ の一般項をそれぞれ求めよ．

(1)　$a_1=\dfrac{1}{4}$，$a_{n+1}=\dfrac{a_n}{3a_n+1}$　$(n=1,\ 2,\ 3,\ \cdots)$

(2)　$a_1=1$，$a_{n+1}=2a_n+3^n$　$(n=1,\ 2,\ 3,\ \cdots)$

(大阪府立大)

79

Check Box

解答は別冊 p.170

数列 $\{a_n\}$ の初項 a_1 から第 n 項 a_n までの和 S_n が次を満たす．

$$S_n=\frac{1}{3}(2a_n+8a_{n-1}) \quad (n=2,\ 3,\ 4,\ \cdots)$$

(1) $n\geqq 3$ のとき，a_n を a_{n-1} と a_{n-2} の式で表せ．

(2) $n\geqq 2$ のとき，a_n-2a_{n-1} を a_1 と a_2 の式で表せ．

(3) $a_1=1$ とする．一般項 a_n を求めよ．

（徳島大・改題）

80

Check Box

解答は別冊 p.172

［A］ n は 3 以上の自然数とする．数学的帰納法によって，次の不等式を証明せよ．

$$2^n>\frac{1}{2}n^2+n$$

（福岡教育大）

［B］ 数列 $\{a_n\}$ は，すべての正の整数 n に対して $0\leqq 3a_n\leqq \sum_{k=1}^{n} a_k$ を満たしているとする．このとき，すべての n に対して $a_n=0$ であることを示せ．

（京都大）

第9章 場合の数・確率

81

✓Check Box 解答は別冊 p.174

10個の文字，N，A，G，A，R，A，G，A，W，Aを左から右へ横1列に並べる．以下の問いに答えよ．

(1) この10個の文字の並べ方は全部で何通りあるか．

(2) 「NAGARA」という連続した6文字が現れるような並べ方は全部で何通りあるか．

(3) N，R，Wの3文字が，この順に現れるような並べ方は全部で何通りあるか．ただし，N，R，Wが連続しない場合も含める．

(4) 同じ文字が隣り合わないような並べ方は全部で何通りあるか．

（岐阜大）

82

✓Check Box 解答は別冊 p.176

A，B，C，D，E，F，Gの7種類の異なる玉を利用してネックレスを作るとすると，3個の玉と4個の玉からなる異なる2つのネックレスの作り方は［(1)］通りある．

F，Gの玉の代わりにEを2個使うことになり，A，B，C，D，E，E，Eとなった場合は，3個の玉と4個の玉からなる異なる2つのネックレスの作り方は［(2)］通りある．ただし，回転したり裏返したりして一致するものは同じものと考えることとする．

（順天堂大・略題）

83

Check Box

解答は別冊 p.178

8人の生徒 a, b, c, d, e, f, g, h に対して3つの部屋A, B, Cがある. A, B, Cの最大収容人数はAが3人, Bが4人, Cが5人である. このとき, 次の問いに答えよ.

(1) 生徒全員を3つの部屋に入れるとき, Aの人数が3人になるような入れ方は何通りあるか. ただし, 空き部屋があってもよいとする.

(2) 生徒全員を3つの部屋に入れるとき, c と d がAに入るような入れ方は何通りあるか. ただし, 空き部屋があってもよいとする.

(3) 生徒全員を3つの部屋に入れる入れ方は何通りあるか. ただし, 空き部屋があってもよいとする.

(宇都宮大・略題)

84

Check Box

解答は別冊 p.180

赤玉7個と白玉5個をA, B, Cの3つの箱に入れる.

(1) 赤玉7個だけを3つの箱に入れるとき, 入れ方は □ 通りである. ただし, 玉が入らない箱があってもよいものとする.

(2) 赤玉7個と白玉5個を3つの箱に入れるとき, 入れ方は □ 通りである. ただし, 玉が入らない箱があってもよいものとする.

(3) どの箱にも1個以上の玉を入れるとき, 赤玉7個と白玉5個を3つの箱へ入れるような入れ方は □ 通りである.

(青山学院大)

85

✓Check Box □□　解答は別冊 p.182

1から13までの数が1つ書かれているカードが52枚あり，各数について4枚ずつある．この52枚のカードから，戻さずに続けて2枚とりだし，そのカードに書かれた数を順にx，yとする．関数$f(x,\ y)=\log_3(x+y)-\log_3 x-\log_3 y+1$を考える．

(1) カードに書かれた数x，yで，$f(x,\ y)=0$となるものをすべて求めよ．

(2) $f(x,\ y)=0$となる確率を求めよ．

（名古屋大）

86

✓Check Box □□　解答は別冊 p.184

1から9までの数を1つずつ書いた9枚の札の中から，同時に3枚を引く．その3枚の札の数の積が，偶数になる確率は［(1)］であり，6の倍数になる確率は［(2)］である．

（名城大）

87

✓Check Box □□　解答は別冊 p.186

袋の中に青玉が7個，赤玉が3個入っている．袋から1回につき1個ずつ玉を取り出す．一度取り出した玉は袋に戻さないとして，以下の問いに答えよ．

(1) 4回目に初めて赤玉が取り出される確率を求めよ．

(2) 8回目が終わった時点で赤玉がすべて取り出されている確率を求めよ．

(3) 赤玉がちょうど8回目ですべて取り出される確率を求めよ．

（東北大）

袋の中に最初に赤玉 2 個と青玉 1 個が入っている．次の操作を考える．

（操作）　袋から 1 個の玉を取り出し，それが赤玉ならば代わりに青玉 1 個を袋に入れ，青玉ならば代わりに赤玉 1 個を袋に入れる．袋に入っている 3 個の玉がすべて青玉になるとき，硬貨を 1 枚もらう．

この操作を 4 回繰り返す．もらう硬貨の総数が 1 枚である確率と，もらう硬貨の総数が 2 枚である確率をそれぞれ求めよ．

（九州大）

金貨と銀貨が 1 枚ずつある．これらを同時に 1 回投げる試行を行ったとき，金貨が裏ならば 0 点，金貨が表で銀貨が裏ならば 1 点，金貨が表で銀貨も表ならば 2 点が与えられるとする．この試行を 5 回繰り返した後に得られる点数を X とする．

(1)　$X=1$ となる確率を求めよ．

(2)　$X=3$ となる確率を求めよ．

(3)　X が偶数となる確率を求めよ．ただし，0 は偶数とする．

（慶應義塾大）

90　Check Box　解答は別冊 p.192

ある病気Xにかかっている人が 4％ いる集団Aがある．病気Xを診断する検査で，病気Xにかかっている人が正しく陽性と判定される確率は 80％ である．また，この検査で病気Xにかかっていない人が誤って陽性と判定される確率は 10％ である．次の問いに答えよ．

(1)　集団Aのある人がこの検査を受けたところ陽性と判定された．この人が病気Xにかかっている確率はいくらか．

(2)　集団Aのある人がこの検査を受けたところ陰性と判定された．この人が実際には病気Xにかかっている確率はいくらか．

（岐阜薬科大）

91

n を 2 以上の自然数とし，1 から n までの自然数 k に対して，番号 k をつけたカードをそれぞれ k 枚用意する．これらすべてを箱に入れ，箱の中から 2 枚のカードを同時に引くとき，次の問いに答えよ．

(1) 用意したカードは全部で何枚か答えよ．

(2) 引いたカード 2 枚の番号が両方とも k である確率を n と k の式で表せ．

(3) 引いたカード 2 枚の番号が一致する確率を n の式で表せ．

（岡山大・略題）

92

n を 9 以上の自然数とする．袋の中に n 個の球が入っている．このうち 6 個は赤球で残りは白球である．この袋から 6 個の球を同時に取り出すとき，3 個が赤球である確率を P_n とする．

(1) P_{10} を求めよ．

(2) $\dfrac{P_{n+1}}{P_n}$ を求めよ．

(3) P_n が最大となる n を求めよ．

（大分大）

93

Check Box □□　解答は別冊 p.198

1個のさいころをくり返し投げ，3の倍数の目が出る回数を数える．いま，さいころを n 回投げるとき，3の倍数の目が奇数回出る確率を P_n とする．このとき，以下の問いに答えよ．

(1)　P_2 および P_3 を求めよ．

(2)　P_{n+1} を P_n で表せ．

(3)　P_n を n の式で表せ．

（中央大）

94

Check Box □□　解答は別冊 p.200

AとBの2人が，1個のサイコロを次の手順により投げ合う．

1回目はAが投げる．
1，2，3の目が出たら，次の回には同じ人が投げる．
4，5の目が出たら，次の回には別の人が投げる．
6の目が出たら，投げた人を勝ちとしそれ以降は投げない．

(1)　n 回目にAがサイコロを投げる確率 a_n を求めよ．

(2)　ちょうど n 回目のサイコロ投げでAが勝つ確率 p_n を求めよ．

(3)　n 回以内のサイコロ投げでAが勝つ確率 q_n を求めよ．

（一橋大）

第10章 データの分析

95

Check Box

解答は別冊 p.202

平均値と中央値はともに代表値であり，求め方は全く異なるが比較的近い値であることが多い．

いま，偶数個の身長のデータがあり，その最小値は $m=140$ cm，最大値は $M=180$ cm である．このデータの中央値が $A=150$ cm のとき，半数のデータは m 以上 A 以下の値であり，残る半数のデータは A 以上 M 以下である．このことから平均値 $\overline{x}$ のとる値の範囲は □ である．

また，平均値と中央値の関係を用いると，最小値が $m=140$ cm，最大値が $M=180$ cm である偶数個のデータの平均値が $\overline{x}=170$ cm であるとき，中央値 A の取る値の範囲は □ である．

（福岡大）

96

Check Box

解答は別冊 p.204

初項 $a_1=3$，公差 4 の等差数列 $\{a_n\}$ の一般項を求めよ．

また，a_1，a_2，…，a_n の n 個の値からなるデータの平均値 m および分散 s^2 を，n を用いた式で表せ．

（山梨大）

97

Check Box

解答は別冊 p.206

2 つの変量 x，y のデータが，n 個の x，y の値の組として

$$(x_1,\ y_1),\ (x_2,\ y_2),\ \cdots\cdots,\ (x_n,\ y_n)$$

のように与えられているとする．このとき，以下の問いに答えよ．

(1) x，y の平均値をそれぞれ $\overline{x}$，$\overline{y}$ とするとき，変量 x と y の共分散 s_{xy} は

$$s_{xy}=\frac{1}{n}\sum_{k=1}^{n} x_k y_k - \overline{x}\cdot\overline{y}$$

であることを示せ．

(2) これらのデータの間には，$y_k=ax_k+b$ ($k=1,\ 2,\ \cdots,\ n$) という関係があるとする．ただし，a，b は実数で，$a \neq 0$ である．変量 x の標準偏差 s_x は 0 でないとする．このとき，x と y の相関係数を求めよ．

（信州大）

大学入試

全レベル問題集
数学 I+A+II+B

代々木ゼミナール講師 大山 壇 著

私大標準・
国公立大レベル

はじめに

受験勉強と言っても，何から始め，何をどこまで勉強すればいいのか分からず，多くの参考書・問題集に手を出し，重箱の隅をつつくような網羅性にこだわり，時間効率を考えない分量の演習をしようとする，そんな受験生を毎年見かけます。

我々予備校講師の立場からすると，受験に必要な「もの」なんてそんなに多くないのですが，まるでゲームのようにアイテムのコンプリートを目指して激レア問題と戦い，効率の悪い勉強をしている受験生が多いものです。

目指すレベルによって多少の違いはありますが，受験数学の勉強法の基本は

① 基礎から正しく積み上げる　② 知識と論理のバランス

の２点です。

具体的には，言葉や記号の定義を正しく理解し，定理・公式がどのような条件からどのような道筋で導かれるのかを理解するところからスタートします。そのうえで現実的な得点力をつける為に，頻出問題の解法アイディアを覚え，知っている問題を演習することで計算力を鍛え，少し高めのレベルの問題や初見の問題で発想力・応用力を鍛えるのです。

本シリーズは，上記のような勉強ができるよう，「レベル別」に必要なものを学べるよう，それぞれ編集されています。書店で他の問題集と比べると，一冊当たりの問題数が少なく感じられるかもしれませんが，上述の通り，受験に必要な「もの」なんてそんなに多くないのです。

ラクな道を選びたがる受験生は「10個の問題を解くための10個の方法」を覚えたがるものです。思考するより覚えた方がラクだと思っているから。

しかし，本物の実力とは「10個の問題を解くための１個の原理・原則」を理解し，「目の前の問題に対して応用させる思考力」を持っているということです。

本シリーズを通して，皆さんにその本物の実力を養ってもらいたいと思っています。頑張ってください。

著者紹介：**大山　壇**（おおやま　だん）

栃木県宇都宮育ち，東北大学理学部数学科への入学をきっかけに住み始めた宮城県仙台市に今も在住。大学卒業後，サラリーマン時代を経て代々木ゼミナールへ。基礎から正しく積み上げる授業，より高いレベルを目指すための視点を与える授業を展開し，どんなレベルの生徒からも信頼されている。また，『全国大学入試問題正解 数学』（旺文社）の解答者でもある。著書には，『整数 分野別標準問題精講』（旺文社）がある。

本書の特長とアイコン説明

（1）本書の構成

近年の入試問題から厳選した問題が，各分野ごとに並んでいます。 解答 では，その問題だけの解法暗記にならないよう，体系的学習ができるように解説してありますのでぜひ熟読してください。また，教科書の内容をひと通り学習していることを前提としていますので，解説内容が前後すること（例えば第１章の解答に，第５章の内容を使うなど）は多少ありますがご了承ください。

（2）本書の使用方法

① 本棚にしまわず机の上に置き，紙とペンを用意する。

② まず自分の力で問題を解いてみる。

③ 解けないからといってゴミ箱に捨てず， アプローチ を読んでから問題に再チャレンジ。

④ アプローチ と 解答 の内容を（さらっと読み流さずに）きちんと理解する。

⑤ 今の自分はどこまで出来ていて，何が足りないのかを把握する。

⑥ 別解 や 補足・参考 で別の考え方や計算方法を学び，さらに理解を深める。

⑦ 本棚の肥やしとなっている別の問題集で類題にチャレンジ。
（本書の内容を理解した今ならきっと解けるはず。）

⑧ もう１周（何周でも！）してもいいし，上のレベルに挑戦してもいいでしょう。

（3）アイコン説明

アプローチ …言葉や記号の定義，その問題の考え方・アプローチ法などを解説してあります。この部分をきちんと理解することで類題が解けるようになるでしょう。

解答 …答案に書くべき論理と計算を載せてありますので，内容の理解は当然として，答案の書き方の参考にしてください。

別解 … 解答 とは本質的に別の考え方を用いる解答を載せてあります。

補足 …計算方法をより詳しく説明したり，その問題だけでは分からないような別の例を説明してあります。

参考 …その問題に関連する発展的な知識や話題などを取り上げています。

解答編 目次

■第6章　図形と方程式■

■第7章　ベクトル■

■第8章　数　列■

■第9章　場合の数・確率■

■第10章　データの分析■

レベル別学習の仕方

(1) 基礎確認レベル (偏差値 50 未満)

まずは各分野の言葉や記号の定義を理解し，計算や考え方の作法を身につけましょう。偏差値 50 未満の受験生の多くは，そもそもの計算方法 (作法) を理解していないのです。例えば「$\log_2 x^3$ と $(\log_2 x)^3$ の違いが分かっていない」など。したがって，具体的には，教科書の例題レベルの問題をスムーズに解けるようになることが目標です。この段階では，公式や定理の導出はあまり気にせず，とりあえず各分野の作法に慣れることが大切です。

(2) 基礎～標準レベル (偏差値 50 ～ 60)

計算の作法に慣れたら，次のステップとしては標準レベルの頻出問題の解法アイディアを覚えることが大切です。ただし，問題の数字や設定が少し変わったぐらいで解けなくなるような，表面的な暗記ではダメです。「なぜその解法をとるのか」「その解法は特殊なものなのか，それとも汎用性のあるものなのか」などを考え，理解しておくと，自力でどんどん問題を解けるようになります。また，このレベルになるとパワフルな計算力が試される問題にも触れることになりますが，解答を読んで分かった気にならずに自力で解き切ることで計算力を鍛えましょう。

(3) ハイレベル (偏差値 60over)

このレベルになってくると，覚えた頻出パターンに当てはまらないような初見の問題への対応力が問われてきます。これを養うためのポイントは二点あります。

一つは，演習量に基づく経験です。パッと見は複雑そうな問題でも，いくつかのステップに分けてみると，標準レベルの問題の組合せになっていることがあります。それを見抜くためには，良質な経験を積むことが大切です。

もう一つは，基礎の「深い」理解です。各分野の原理・原則をどれだけ理解しているか，また公式や定理の導出アイディアを理解しているか，といった基礎に立ち返ることが大切になります。筆者には，公式や定理の導出を軽く見ている受験生が多いように感じられます。授業の際，定義通りに解いてみせたり，公式の導出アイディアを利用して解説すると「斬新な解き方ですね」なんて言われることが多々あります。成績が伸び悩んでいる人は，ぜひもう一度基礎に立ち返ってみてください。

本シリーズは，上記のような学習の手助けになるよう編集されています。各自の現状と目標にあわせて，活用してください。

数学　レベル3

解答編

第1章 数と式

1 無理数の計算

アプローチ

［A］ 式中のどの2文字を交換しても，もとの式と変わらない式を**対称式**といいます．そして，**すべての対称式は基本対称式（和と積）で表される**という事実があります．本問は直接代入しても求められますが，$x+y$ と xy の値を求めてから計算すると，安全に結果を得られます．

◀ 2文字の場合の基本対称式は和 $x+y$ と積 xy ですが，3文字の場合は
$x+y+z$
$xy+yz+zx$
xyz
になります．

［B］ 実数 x に対して

$$\boldsymbol{m \leqq x < m+1}$$

を満たす整数 m を，x の**整数部分**といいます．

さらに，このとき

$$\boldsymbol{x=m+r\ (0 \leqq r<1)}$$

となる r を，x の**小数部分**といいます．

解答

［A］ x，y の分母を有理化すると

$$x=\frac{\sqrt{3}+\sqrt{2}}{\sqrt{3}-\sqrt{2}}\cdot\frac{\sqrt{3}+\sqrt{2}}{\sqrt{3}+\sqrt{2}}=5+2\sqrt{6}$$

$$y=\frac{\sqrt{3}-\sqrt{2}}{\sqrt{3}+\sqrt{2}}\cdot\frac{\sqrt{3}-\sqrt{2}}{\sqrt{3}-\sqrt{2}}=5-2\sqrt{6}$$

となるから

$$x+y=10,\ xy=1$$

である．よって

$$\begin{aligned}x^3+y^3&=(x+y)^3-3xy(x+y)\\&=10^3-3\cdot1\cdot10\\&=\boldsymbol{970}\end{aligned}$$

◀展開の公式
$(x+y)^3$
$=x^3+3x^2y+3xy^2+y^3$
から
x^3+y^3
$=(x+y)^3-3x^2y-3xy^2$
$=(x+y)^3-3xy(x+y)$
とできます．

［B］ 分母を有理化すると

$$\frac{3}{3-\sqrt{3}}=\frac{3}{3-\sqrt{3}}\cdot\frac{3+\sqrt{3}}{3+\sqrt{3}}=\frac{3+\sqrt{3}}{2}$$

となり，$\sqrt{3}=1.\cdots$ だから

$$\frac{3+\sqrt{3}}{2}=\frac{4.\cdots}{2}=2.\cdots$$

である．よって

$$\begin{cases} a=2 \\ b=\dfrac{3+\sqrt{3}}{2}-2=\dfrac{\sqrt{3}-1}{2} \end{cases}$$

である．したがって

$$\begin{aligned} a^2-b^2-a-b &= (a+b)(a-b)-(a+b) \\ &= (a+b)(a-b-1) \\ &= \frac{3+\sqrt{3}}{2}\cdot\frac{3-\sqrt{3}}{2} \\ &= \mathbf{\frac{3}{2}} \end{aligned}$$

◀数値を直接代入する前に，文字のまま式変形して計算しやすい形を探します．

補足 本問[A]において，x^5+y^5 の値を求めるとしたらどうしますか？

解答 と同様に $(x+y)^5$ を展開して，不要な部分を引いてあげても求められますが，少しメンドウです．そこで

$$x^2+y^2=(x+y)^2-2xy=98$$

$$x^3+y^3=(x+y)^3-3xy(x+y)=970$$

の２式を準備しておいて

$$\begin{aligned} (x^2+y^2)(x^3+y^3) &= x^5+x^3y^2+x^2y^3+y^5 \\ &= x^5+y^5+(xy)^2(x+y) \end{aligned}$$

$$\begin{aligned} \therefore\quad x^5+y^5 &= (x^2+y^2)(x^3+y^3)-(xy)^2(x+y) \\ &= 98\cdot970-1^2\cdot10 \\ &= 95050 \end{aligned}$$

とすれば，比較的少ない計算量で，かつ安全に計算できます．

メインポイント

対称式は，まず和と積を作る！

2 3次方程式の解と対称式

アプローチ

まず，**3次方程式の解と係数の関係**を使いますが，うろ覚えの受験生も多いでしょう．以下の流れを理解しておくことが大切です．

3次方程式 $ax^3+bx^2+cx+d=0$ の解が α，β，γ のとき，方程式の両辺を a で割っても解は変わらず

$$x^3+\frac{b}{a}x^2+\frac{c}{a}x+\frac{d}{a}=(x-\alpha)(x-\beta)(x-\gamma)$$

◀解がわかれば因数分解できるということが大切！

と因数分解できます．この右辺を展開すると

$$x^3-(\alpha+\beta+\gamma)x^2+(\alpha\beta+\beta\gamma+\gamma\alpha)x-\alpha\beta\gamma$$

となるから，係数を比べて

$$\boldsymbol{\alpha+\beta+\gamma=-\frac{b}{a}}$$

$$\boldsymbol{\alpha\beta+\beta\gamma+\gamma\alpha=\frac{c}{a}}$$

$$\boldsymbol{\alpha\beta\gamma=-\frac{d}{a}}$$

◀こう理解しておけば，符号のミスをなくせますね．

となるのです．

さて，これで**基本対称式**がそろうわけですが，3文字の対称式は式変形がタイヘンです．そこで，使える式をもう少し増やしておくと処理しやすくなります．

解答

解と係数の関係より

$$\begin{cases} a+b+c=2 \\ ab+bc+ca=1 \\ abc=-5 \end{cases}$$

が成り立つから

$$\begin{aligned} a^2+b^2+c^2&=(a+b+c)^2-2(ab+bc+ca) \\ &=2^2-2\cdot1 \\ &=2 \end{aligned}$$

◀この式の値を求めておく理由はあとでわかります．

また，a が解であることから

$a^3-2a^2+a+5=0$

$\therefore\quad a^3=2a^2-a-5\quad$ ……①

同様に

$$b^3=2b^2-b-5 \quad \cdots\cdots②$$
$$c^3=2c^2-c-5 \quad \cdots\cdots③$$

も成り立つ．

(1) ①＋②＋③ より

$$\begin{aligned} &a^3+b^3+c^3 \\ &=2(a^2+b^2+c^2)-(a+b+c)-15 \\ &=2\cdot 2-2-15 \\ &=\mathbf{-13} \end{aligned}$$

◀ここで $a^2+b^2+c^2$ の値が必要になります．

(2) ①$\times a$＋②$\times b$＋③$\times c$ より

$$\begin{aligned} &a^4+b^4+c^4 \\ &=2(a^3+b^3+c^3)-(a^2+b^2+c^2)-5(a+b+c) \\ &=2\cdot(-13)-2-5\cdot 2 \\ &=\mathbf{-38} \end{aligned}$$

補足 $a^3+b^3+c^3$ は因数分解の公式

$$\boldsymbol{a^3+b^3+c^3-3abc=(a+b+c)(a^2+b^2+c^2-ab-bc-ca)}$$

を利用して求めることもできますし，$a^4+b^4+c^4$ を $(a^2+b^2+c^2)^2$ の展開式から求めることもできます．しかし，例えば次に $a^5+b^5+c^5$ を求めようとすると式変形がタイヘンですね．

上記の 解答 のような求め方を知っておけば，(時間さえ許せば) **任意の自然数 $\boldsymbol{n}$ に対して $\boldsymbol{a^n+b^n+c^n}$ の値を順々に求められる**のです．

メインポイント

解と係数の関係は，因数分解からの係数比較
&解は方程式に代入できる！

3 整式の除法（余りの決定）

アプローチ

整式（多項式）$P(x)$ と $A(x)$ について

$$\boldsymbol{P(x)=A(x)Q(x)+R(x)}$$

（$\boldsymbol{A(x)}$ **の次数**）$>$（$\boldsymbol{R(x)}$ **の次数**）

となるとき，$\boldsymbol{Q(x)}$ **を商**，$\boldsymbol{R(x)}$ **を余り**といいます．

◀この等式を除法の恒等式といいます．

割り算を実行した結果からこの等式を作るだけでなく，**この等式を作れば割り算の結果がわかる**と考えることが大切です．

ex) 整式 $P(x)$ を $(x-2)(x+3)$ で割ったときの商が $Q(x)$ で余りが $3x+14$ のとき

$$P(x)=(x-2)(x+3)Q(x)+3x+14$$
$$=(x-2)(x+3)Q(x)+3(x+3)+5$$
$$=(x+3)\{(x-2)Q(x)+3\}+5$$

◀余りの $3x+14$ をさらに $x+3$ で割ってあげます．

とできるから，$P(x)$ を $x+3$ で割ったときの余りは 5 である．

解答

［A］ $P(x)$ を x^3+1 で割ったときの商を $Q(x)$ として

$$P(x)=(x^3+1)Q(x)+2x^2+13x$$

とできる．さらに，この式は

$$P(x)=(x+1)(x^2-x+1)Q(x)$$
$$+(x+1)(2x+11)-11$$

◀余りの $2x^2+13x$ を $x+1$ で割ることで，このように式変形しています．

とできるので，$P(x)$ を $x+1$ で割ったときの余りは $\boldsymbol{-11}$ である．

◀この設問だけなら
$P(-1)=2-13=-11$
で十分です．

また

$$P(x)=(x+1)(x^2-x+1)Q(x)$$
$$+2(x^2-x+1)+15x-2$$

とできるので，$P(x)$ を x^2-x+1 で割ったときの余りは $\boldsymbol{15x-2}$ である．

［B］ $P(x)$ を $x^2+2x+1=(x+1)^2$ と $x^2-3x+2=(x-1)(x-2)$ で割ったときの商をそれぞれ $Q_1(x)$，$Q_2(x)$ とおいて

$$P(x)=(x+1)^2Q_1(x)+2x-4 \quad \cdots\cdots①$$
$$P(x)=(x-1)(x-2)Q_2(x)+2x+2 \quad \cdots\cdots②$$
とできる．

(1) $P(x)$ を $x^2-1=(x+1)(x-1)$ で割ったときの商を $Q_3(x)$，余りを $ax+b$ とおいて
$$P(x)=(x+1)(x-1)Q_3(x)+ax+b$$
とできる．①から $P(-1)=-6$，②から $P(1)=4$ なので
$$-a+b=-6 \text{ かつ } a+b=4$$
$$\therefore \quad a=5,\ b=-1$$
よって，求める余りは $ax+b=\mathbf{5x-1}$ である．

◀ 2 次式 x^2-1 で割るから，求める余りの次数は 1 以下です．

(2) $P(x)$ を $x^3+x^2-x-1=(x+1)^2(x-1)$ で割ったときの商を $Q_4(x)$ とおき，①に注意して
$$P(x)=(x+1)^2(x-1)Q_4(x)+c(x+1)^2+2x-4$$
とおける．(1)と同様に $P(1)=4$ だから
$$4c-2=4 \qquad \therefore \quad c=\frac{3}{2}$$
よって，求める余りは
$$c(x+1)^2+2x-4=\boldsymbol{\frac{3}{2}x^2+5x-\frac{5}{2}}$$
である．

◀求める余りの 2 次式を
$$cx^2+dx+e$$
とおいても，代入できる値が 2 つしかないので式が 1 本足りません．
そこで，$(x+1)^2$ で割った余りが $2x-4$ であるという条件を最初から盛り込んでおくのです．

補足 [B](2)は，①の $Q_1(x)$ を $x-1$ で割ったときの商を $Q_4(x)$，余りを c とおいて
$$Q_1(x)=(x-1)Q_4(x)+c$$
とできるから，これを①に代入することで
$$P(x)=(x+1)^2\{(x-1)Q_4(x)+c\}+2x-4$$
$$=(x+1)^2(x-1)Q_4(x)+c(x+1)^2+2x-4$$
としていると考えることもできます．

メインポイント

除法の恒等式を作り，余りの部分をさらに割る！

4 高次方程式の解から係数決定

アプローチ

解が与えられているので，方程式に代入したいのですが計算が少しメンドウです．そこでその解を代入したとき 0 になることが確定している式(つまり，$x=1+i$ を解にもつ 2 次方程式) を作り，与式の左辺を割ってあげることで，余りの 1 次式だけの計算にもち込みます．これを**次数下げ**といいます．

◀直接代入して
(実部)+(虚部)$i=0$
の形に整理し
(実部)$=0$，(虚部)$=0$
としても OK です．

解答

$f(x)=x^4+(a+2)x^3-(2a+2)x^2+(b+1)x+a^3$

とする．

$x=1+i$ のとき

$$(x-1)^2=i^2 \iff x^2-2x+2=0 \quad \cdots\cdots ①$$

◀①の解は $1\pm i$ です．

である．

$f(x)$ を x^2-2x+2 で割ると，商が

$x^2+(a+4)x+4$，余りが $(b-2a+1)x+a^3-8$ である．

◀わかっている解は $1+i$ だけなので，この段階では「割り切れる」とはいえません．(**注意!** 参照．)

ここで，$A=b-2a+1$，$B=a^3-8$ とおくと

$f(x)=(x^2-2x+2)\{x^2+(a+4)x+4\}+Ax+B$

であり，題意より $f(1+i)=0$ であることと，①から

$$A(1+i)+B=0$$

となる．A，B は実数で，$1+i$ は虚数なので

$$A=B=0$$

$$\iff b-2a+1=0 \text{ かつ } a^3-8=0$$

$$\therefore \quad \boldsymbol{a=2,\ b=3}$$

◀ $A\neq 0$ とすると
$1+i=-\dfrac{B}{A}$ となり，
左辺は虚数，右辺が実数だから矛盾．

このとき

$$f(x)=(x^2-2x+2)(x^2+6x+4)$$

◀結局，余りの $Ax+B$ が 0 になったので，$f(x)$ の因数分解がただちにわかるのです．

となるので，$f(x)=0$ とすると

$$x^2-2x+2=0 \text{ または } x^2+6x+4=0$$

$$\therefore \quad x=1\pm i,\ -3\pm\sqrt{5}$$

したがって，$1+i$ 以外の解は

$$\boldsymbol{x=1-i,\ -3\pm\sqrt{5}}$$

補足 実数係数の n 次方程式（n は 2 以上の自然数）において

複素数 $\alpha=p+qi$ が解ならば，その共役複素数 $\overline{\alpha}=p-qi$ も解である

という有名な事実があります．（2 次方程式は解の公式から明らかですが，3 次以上になると共役複素数の性質を利用した証明が必要です．）

証明 実数係数の n 次多項式を

$$f(x)=a_nx^n+a_{n-1}x^{n-1}+\cdots\cdots+a_1x+a_0$$

とし，$f(\alpha)=0$ が成り立つとする．このとき，共役複素数の性質

$$\overline{z_1+z_2}=\overline{z_1}+\overline{z_2},\ \ \overline{z_1z_2}=\overline{z_1}\cdot\overline{z_2}$$

と，実数 a_k に対しては $\overline{a_k}=a_k$ であることを利用して（これらは共役の定義から示されますので各自で確認してみてください．）

$$\begin{aligned}f(\overline{\alpha})&=a_n(\overline{\alpha})^n+a_{n-1}(\overline{\alpha})^{n-1}+\cdots+a_1\overline{\alpha}+a_0\\&=\overline{a_n}(\overline{\alpha})^n+\overline{a_{n-1}}(\overline{\alpha})^{n-1}+\cdots+\overline{a_1}\cdot\overline{\alpha}+\overline{a_0}\\&=\overline{a_n\alpha^n+a_{n-1}\alpha^{n-1}+\cdots+a_1\alpha+a_0}\\&=\overline{f(\alpha)}\\&=\overline{0}\\&=0\end{aligned}$$

とできる．よって，$\overline{\alpha}$ も $f(x)=0$ の解である． （証明終了）

したがって，本問においては最初から $1-i$ も解であることがわかっているのです．

しかし，この事実を使って解答を書く（例えば，残り 2 つの解を α，β とおいて解と係数の関係を使う etc.）のは出題者の意図に合っていないような気がします．なぜなら，問題は「まず a，b の値を求めよ．そして他の解も求めよ．」といっているのですから．

よって，筆者は左ページの 解答 のように，この事実を使わない解答をお薦めします．もちろん，答えの確認には使えますが．

注意! $x=1\pm i$ が $f(x)=0$ の解であることと，$f(x)$ が x^2-2x+2 で割り切れることが同値です．

メインポイント

その値を解とする 2 次方程式を作り，与式を割って次数下げ！

5　1の3乗根 ω

アプローチ

方程式 $x^3=1$ を考えます.

$$x^3=1$$
$$\iff x^3-1=0$$
$$\iff (x-1)(x^2+x+1)=0$$
$$\iff x=1 \text{ または } x^2+x+1=0$$

ここで, $x^2+x+1=0$ の解の一つを ω とすると

$$\boldsymbol{\omega^3=1,\ \omega^2+\omega+1=0}$$

が成り立ちます.

◀ $x^2+x+1=0$ を解くと $x=\dfrac{-1\pm\sqrt{3}i}{2}$ なので, 本問の ω はこの ω なのです.

ω の問題は, この2つを基本公式として解くことになります. したがって, (2)では ω^n, ω^{2n} に ω^3 が何個ずつ含まれるかを考えることになるので, **n を3で割った余りで分類**します.

◀ 整数を3で割った余りは0, 1, 2のどれかになります.

解答

(1)　$\omega=\dfrac{-1+\sqrt{3}i}{2}$ のとき

$$\left(\omega+\frac{1}{2}\right)^2=\left(\frac{\sqrt{3}i}{2}\right)^2$$
$$\iff \omega^2+\omega+\frac{1}{4}=-\frac{3}{4}$$
$$\iff \omega^2+\omega+1=0 \quad \cdots\cdots①$$

◀ 本問は先に ω の値が与えられているので, このように①を作ることができます.

さらに, ①の両辺に $\omega-1$ をかけると

$$(\omega-1)(\omega^2+\omega+1)=(\omega-1)\cdot 0$$
$$\iff \omega^3-1=0$$
$$\iff \omega^3=1 \quad \cdots\cdots②$$

①, ②を利用して

$$\omega^2+\omega^4=\omega^2+\omega \quad (\because\ ②)$$
$$=\boldsymbol{-1} \quad (\because\ ①)$$
$$\omega^5+\omega^{10}=\omega^2+\omega \quad (\because\ ②)$$
$$=\boldsymbol{-1} \quad (\because\ ①)$$

◀ ω^3 を見つけるたびに1に直します.

(2) k を 0 以上の整数とする.

i) $n=3k+1$ の場合

$$\begin{aligned}\omega^n+\omega^{2n}&=\omega^{3k+1}+\omega^{6k+2}\\&=(\omega^3)^k\omega+(\omega^3)^{2k}\omega^2\\&=\omega+\omega^2 \quad (\because ②)\\&=-1 \quad (\because ①)\end{aligned}$$

ii) $n=3k+2$ の場合

$$\begin{aligned}\omega^n+\omega^{2n}&=\omega^{3k+2}+\omega^{6k+4}\\&=(\omega^3)^k\omega^2+(\omega^3)^{2k+1}\omega\\&=\omega^2+\omega \quad (\because ②)\\&=-1 \quad (\because ①)\end{aligned}$$

iii) $n=3k+3$ の場合

◀この場合だけ k を自然数として $n=3k$ と表してもOKです.

$$\begin{aligned}\omega^n+\omega^{2n}&=\omega^{3k+3}+\omega^{6k+6}\\&=(\omega^3)^{k+1}+(\omega^3)^{2k+2}\\&=1+1 \quad (\because ②)\\&=2\end{aligned}$$

以上から, 求める値は

$$\omega^n+\omega^{2n}$$
$$=\begin{cases}\mathbf{-1} & (\boldsymbol{n}\textbf{ が 3 の倍数でないとき})\\ \mathbf{2} & (\boldsymbol{n}\textbf{ が 3 の倍数のとき})\end{cases}$$

(3) 二項定理により

◀$(a+b)^n$ の展開は二項定理を利用します.

$$(\omega+2)^n+(\omega^2+2)^n$$
$$=\sum_{l=0}^{n}{}_n\mathrm{C}_l\omega^l2^{n-l}+\sum_{l=0}^{n}{}_n\mathrm{C}_l\omega^{2l}2^{n-l}$$
$$=\sum_{l=0}^{n}{}_n\mathrm{C}_l2^{n-l}(\omega^l+\omega^{2l})$$

とできる.

ここで, $\omega^l+\omega^{2l}$ は, $l=0$ のとき $1+1=2$ であり, $l\geqq1$ のとき, (2)より -1 または 2 なので, つねに整数である.

${}_n\mathrm{C}_l2^{n-l}$ も整数なので, 題意は示された.

◀${}_n\mathrm{C}_l$ は異なる n 個のものから l 個を選ぶ組合せの総数を表す自然数です.

メインポイント

ω は $\omega^3=1$ と $\omega^2+\omega+1=0$ を利用する!

6 共通解

アプローチ

共通解は

交点　かつ　解

と考えられます.

例えば $y=f(x)$, $y=g(x)$ のグラフが下図のようになっていれば, $f(x)=0$ と $g(x)=0$ の共通解は $x=q$ ということになります.

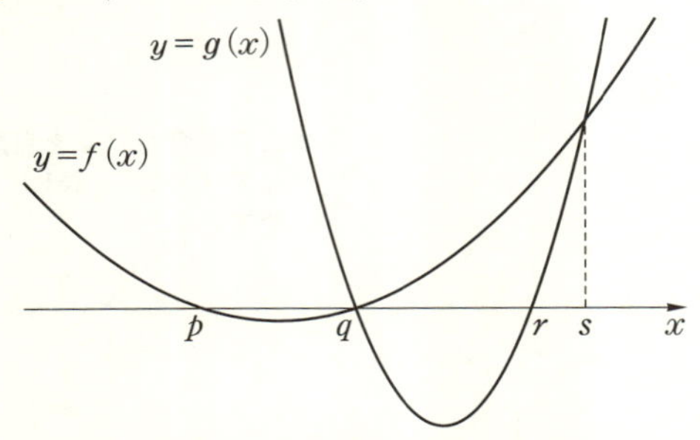

◀この図は2次関数のイメージですが, 3次関数などの場合でも基本的な考え方は一緒です.

$x=p$ は $f(x)=0$ の解ですが, $g(x)=0$ の解ではありません.

$x=r$ は $g(x)=0$ の解ですが, $f(x)=0$ の解ではありません.

$x=s$ は交点ですが, 解ではありません.

したがって, **共通解は交点であることが必要で, でもそれだけでは解になるかわからないから, その交点が解になる条件を調べる**のです.

◀交点を求めれば, 上図の q と s に絞り込めます.

さて, ここで注意点が一つあります. 上記の内容と図は, イメージをつかみやすくするために「実数解」の話にしてあります. しかし, 共通解が実数解とは限りません. そう, 虚数解かもしれません.

実数係数の方程式2つが共通の虚数解をもつときは, その虚数解からもとの2次方程式を作ることができ, x^2 の係数を一つ定めればただ一つに決定できます.

つまり, **共通の虚数解をもつのは, 2つの2次方程式 (x^2 の係数をそろえたもの) が一致するとき**に限ります.

◀当たり前のことですが, それぞれの問題文の意味を正確に読み取りましょう.

◀**4 高次方程式の解から係数決定**の式①や **5 1の3乗根ω**の式①のこと.

解答

2つの方程式

$$kx^2+3x+2=0,\ 2x^2+3x+k=0$$

から右辺の0を消去して

$$kx^2+3x+2=2x^2+3x+k$$

$$\iff (k-2)x^2-(k-2)=0$$

$$\iff (k-2)(x+1)(x-1)=0$$

$$\therefore\ k=2,\ x=-1,\ x=1$$

◀ 2つのグラフの式 $\begin{cases} y=kx^2+3x+2 \\ y=2x^2+3x+k \end{cases}$ から y を消去しているのと同じことですね.

i) $k=2$ の場合

2つの方程式は一致し，かならず共通解をもつ.

◀本問は虚数解になります.

ii) $x=-1$ の場合

$2x^2+3x+k=0$ に $x=-1$ を代入して

$$2-3+k=0 \qquad \therefore\ k=1$$

◀この段階では，$x=-1$ はまだ解とはいえていないのです.

iii) $x=1$ の場合

$2x^2+3x+k=0$ に $x=1$ に代入して

$$2+3+k=0 \qquad \therefore\ k=-5$$

i)〜iii) から，求める k の値は

$$\boldsymbol{k=-5,\ 1,\ 2}$$

補足 よく「まず共通解を α とおく」なんて書いてあるものを見かけますが，その必要性はありません.

例えば，2直線の交点を求めるときに毎回「まず交点を $(\alpha,\ \beta)$ とおく」とは書かないですよね.

メインポイント

共通解は，交点　かつ　解！

7 不等式の証明

アプローチ

不等式の証明は，**同値変形**が大切です．すなわち

$$A \geqq B \iff A' \geqq B'$$

のとき，$A \geqq B$ よりも $A' \geqq B'$ の方が証明しやすい形になっているのであれば，$A' \geqq B'$ を証明すればイイのです．したがって，すぐに $A-B$ を考えるのではなく，まず**同値変形して証明しやすい形を探してみる習慣**をつけてください．

◀ $|a|+|b| \geqq |a+b|$ を示すときに，両辺とも正だから
$(|a|+|b|)^2 \geqq |a+b|^2$
としてから示すのも同値変形の利用です．

解答

(1) 与式を同値変形して

$$(a^2+b^2+c^2)(x^2+y^2+z^2) \geqq (ax+by+cz)^2 \quad \cdots\cdots ①$$

$$\iff a^2x^2+a^2y^2+a^2z^2+b^2x^2+b^2y^2+b^2z^2+c^2x^2+c^2y^2+c^2z^2$$
$$\geqq a^2x^2+b^2y^2+c^2z^2+2abxy+2bcyz+2cazx$$

$$\iff (b^2x^2-2abxy+a^2y^2)+(c^2y^2-2bcyz+b^2z^2)$$
$$+(a^2z^2-2cazx+c^2x^2) \geqq 0$$

$$\iff (bx-ay)^2+(cy-bz)^2+(az-cx)^2 \geqq 0 \quad \cdots\cdots ②$$

a, b, c, x, y, z はすべて実数なので，②は成立する．よって，①も成立する．

◀ ここまでの式変形は「①が成り立つかどうかはわからないけど，①と②は同値である」という主張です．
(補足 参照.)

(2) ②の等号が成立する条件は

$$bx-ay=cy-bz=az-cx=0$$

$$\iff \boldsymbol{\frac{a}{x}=\frac{b}{y}=\frac{c}{z}}$$

(3) $25\cdot36=5^2\cdot6^2=30^2$ が成り立つので，(1)の不等式①で等号が成立する場合である．

よって，(2)により

$$\frac{a}{x}=\frac{b}{y}=\frac{c}{z}=k$$

とおけるから

$$a=kx,\ b=ky,\ c=kz$$

を，$ax+by+cz=30$ に代入して

$$kx^2+ky^2+kz^2=30$$

◀ 比例式の値を k とおくのはセオリーです．

$$\iff k(x^2+y^2+z^2)=30$$

$x^2+y^2+z^2=36$ なので

$$k\cdot 36=30 \qquad \therefore \quad k=\frac{5}{6}$$

したがって

$$\frac{a+b+c}{x+y+z}=\frac{k(x+y+z)}{x+y+z}=k=\mathbf{\frac{5}{6}}$$

別解

(1) $\vec{p}=\begin{pmatrix}a\\b\\c\end{pmatrix}$, $\vec{q}=\begin{pmatrix}x\\y\\z\end{pmatrix}$ とし，2つのベクトルのなす角を θ とすれば，$1\geqq\cos^2\theta$ が成り立つから

$$|\vec{p}|^2|\vec{q}|^2\geqq|\vec{p}|^2|\vec{q}|^2\cos^2\theta=(\vec{p}\cdot\vec{q})^2$$

である．よって

$$(a^2+b^2+c^2)(x^2+y^2+z^2)\geqq(ax+by+cz)^2$$

が成立する．

◀この証明にベクトルを利用するなんて，初見で思いつくことではありません．これは知識です．

(2) (1)より，等号成立条件は

$$\cos^2\theta=1 \iff \cos\theta=\pm1$$
$$\iff \theta=0,\ \pi$$
$$\therefore \quad \vec{p}\,/\!/\,\vec{q}$$

よって，$\dfrac{a}{x}=\dfrac{b}{y}=\dfrac{c}{z}$

補足 例えば「$1=2 \Longrightarrow 4=5$」と書くと，「$1=2$」は不成立なのに何を言っているんだと感じる読者もいるでしょう．

これは，「$1=2$ が成り立つとしたら，$4=5$ も成り立つ」という意味であって「$1=2$ が成り立つかどうか」の議論はしていないのです．

参考 (1)の結果を**コーシー・シュワルツの不等式**といいます．

メインポイント

不等式を証明するときは，同値変形してから！

8 相加・相乗平均の関係

アプローチ

分数式の最大値・最小値を求めるときは，**相加・相乗平均の関係**を利用することがとても多いです．

◀数学Ⅲまで学習している人は，微分を利用することもできます．

> $A \geqq 0$，$B \geqq 0$ のとき
> $$\frac{A+B}{2} \geqq \sqrt{AB}$$
> が成り立つ．
> また，等号成立条件は $A=B$ である．

◀実際には，分母を払って
$$A+B \geqq 2\sqrt{AB}$$
の形で使うことが多いです．

また，［B］で示す不等式は，3次の場合の相加・相乗平均の関係です．

解答

［A］ 与式を展開して
$$\left(x-\frac{1}{2}\right)\left(2-\frac{9}{x}\right)=2x+\frac{9}{2x}-10$$

$2x>0$，$\dfrac{9}{2x}>0$ だから，相加・相乗平均の関係により
$$2x+\frac{9}{2x} \geqq 2\sqrt{2x \cdot \frac{9}{2x}}=2\sqrt{9}=6$$

◀この $\sqrt{\quad}$ の中身が約分されて定数になることが重要です．定数にならなかったら最小値はわかりません！

$$\therefore \quad 2x+\frac{9}{2x}-10 \geqq -4$$

◀この段階では
「値は -4 以上」
といえただけで
「最小値が -4」
とは確定していません！
例えば，先生がクラス全体のテスト結果について「全員60点以上」といったら最低点は70点かもしれませんよね．

等号成立条件は
$$2x=\frac{9}{2x} \iff x^2=\frac{9}{4}$$
であり，$x>0$ とあわせて $x=\dfrac{3}{2}$ である．

したがって，与式は $\boldsymbol{x=\dfrac{3}{2}}$ のとき，最小値 $\boldsymbol{-4}$ をとる．

［B］ (1) $(x+y+z)(x^2+y^2+z^2-xy-yz-zx)$
$$=\boldsymbol{x^3+y^3+z^3-3xyz}$$

(2) x, y, z が実数のとき

$$x^2+y^2+z^2-xy-yz-zx$$
$$=\frac{1}{2}(2x^2+2y^2+2z^2-2xy-2yz-2zx)$$
$$=\frac{1}{2}\{(x^2-2xy+y^2)+(y^2-2yz+z^2)+(z^2-2zx+x^2)\}$$
$$=\frac{1}{2}\{(x-y)^2+(y-z)^2+(z-x)^2\}\geqq 0$$

◀この証明が単独で出題されることもあります.

である.

また, $x\geqq 0$, $y\geqq 0$, $z\geqq 0$ のとき

$$x+y+z\geqq 0$$

が成り立つ. よって

$$(x+y+z)(x^2+y^2+z^2-xy-yz-zx)\geqq 0 \quad \cdots\cdots(*)$$

である. したがって, (1)から

$$x^3+y^3+z^3-3xyz\geqq 0$$
$$\therefore \quad \frac{x^3+y^3+z^3}{3}\geqq xyz$$

$x=\sqrt[3]{a}$, $y=\sqrt[3]{b}$, $z=\sqrt[3]{c}$ とおけば

$$\frac{a+b+c}{3}\geqq\sqrt[3]{abc}$$

が成り立つ.

なお, 等号成立条件は, $(*)$ における等号が成立する条件だから

$x+y+z=0$ または $x^2+y^2+z^2-xy-yz-zx=0$

$\Longleftrightarrow$ $x+y+z=0$ または $x-y=y-z=z-x=0$

$\Longleftrightarrow$ $x+y+z=0$ または $x=y=z$

◀「かつ」ではなく「または」ですよ!

$x\geqq 0$, $y\geqq 0$, $z\geqq 0$ のもとで

$$x+y+z=0 \Longleftrightarrow x=y=z=0$$

だから, 求める等号成立条件は $x=y=z$, すなわち $\boldsymbol{a=b=c}$ である.

メインポイント

分数式には相加・相乗平均の関係!

9 絶対値の方程式・不等式①

アプローチ

絶対値を含む方程式・不等式は，グラフをかいて考えるとわかりやすいことが多いです．

$y=|f(x)|$ という形の式の場合は，$y=f(x)$ のグラフをかいて，x 軸より下にある部分を折り返すことでグラフがかけます．

それ以外の場合は，ていねいに場合分けして絶対値記号を外しましょう．(筆者は，絶対値を外す「場合分け」を，グラフの場所を分ける「**場所分け**」と呼んでいます．)

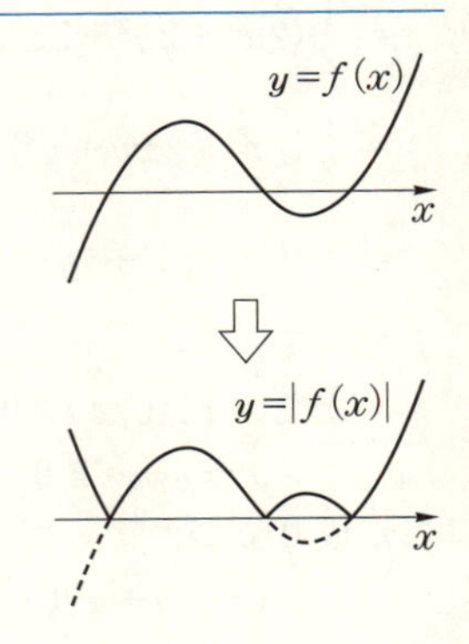

［A］ $y=|x+3|$ が下，$y=2x-6$ が上となる部分の x の値の範囲を求めます．

［B］ $y=|x-2|+|x+3|$ のグラフにおいて，y 座標が6より小さい部分の x の値の範囲を求めます．

◀直線 $y=6$ より下にある部分と考えてもOK.

［C］ $y=x|1-|x||$ と $y=k$ のグラフの交点の個数を調べます．

◀$y=k$（定数）のグラフは x 軸と平行な直線です．

解答

［A］ $y=|x+3|$，$y=2x-6$ のグラフは右の通り．

与えられた不等式を満たすのは，グラフの青線部だから，求める x の値の範囲は

$$x>9$$

である．

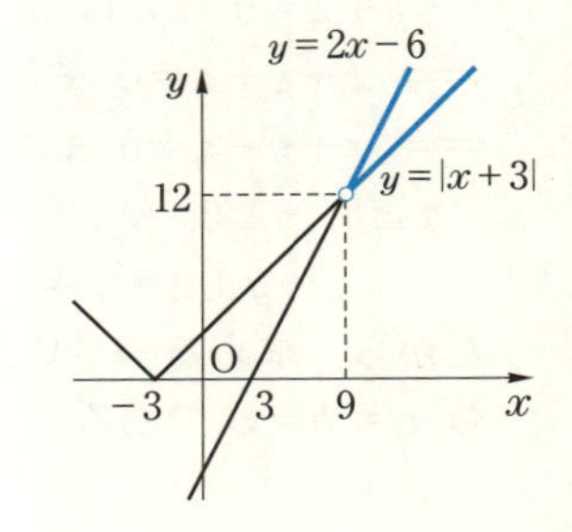

［B］ $y=|x-2|+|x+3|$

$$=\begin{cases}(-x+2)+(-x-3) & (x\leqq -3)\\ (-x+2)+(x+3) & (-3\leqq x\leqq 2)\\ (x-2)+(x+3) & (2\leqq x)\end{cases}$$

$$=\begin{cases}-2x-1 & (x\leqq -3)\\ 5 & (-3\leqq x\leqq 2)\\ 2x+1 & (2\leqq x)\end{cases}$$

したがって，グラフは右図のようになるから，求める x の値の範囲は

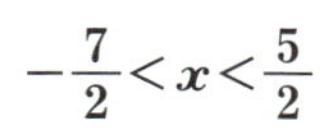

$$\boldsymbol{-\frac{7}{2}<x<\frac{5}{2}}$$

である．

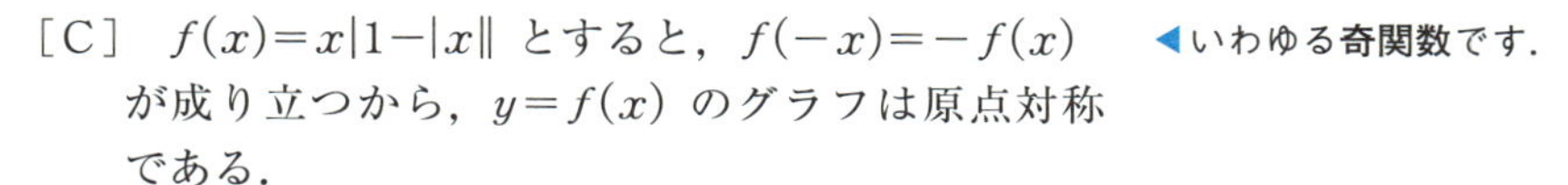

［C］ $f(x)=x|1-|x||$ とすると，$f(-x)=-f(x)$ が成り立つから，$y=f(x)$ のグラフは原点対称である．

◀いわゆる**奇関数**です．

$x\geqq 0$ において

$$f(x)=\begin{cases}x(1-x) & (0\leqq x<1)\\ x(x-1) & (1\leqq x)\end{cases}$$

であるから，$y=f(x)$ のグラフは下の通り．

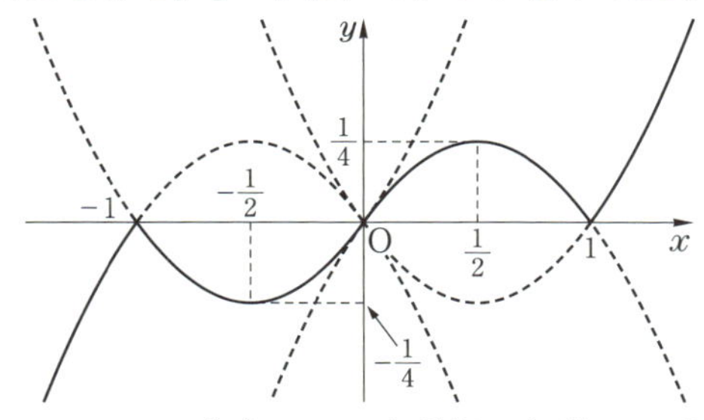

よって，$f(x)=k$ の実数解の個数，つまり $y=f(x)$ と $y=k$ の交点の個数は

$$\begin{cases}\boldsymbol{k<-\frac{1}{4},\ \frac{1}{4}<k} & \textbf{のとき 1 個}\\ \boldsymbol{k=\pm\frac{1}{4}} & \textbf{のとき 2 個}\\ \boldsymbol{-\frac{1}{4}<k<\frac{1}{4}} & \textbf{のとき 3 個}\end{cases}$$

メインポイント

絶対値を含む方程式・不等式はグラフで考える！

10 絶対値の方程式・不等式②

アプローチ

与式からそのまま，$y=x^3-3x-|x-m|$ のグラフと x 軸の交点を調べようとすると難しいです．グラフがかきやすくなるように

$$x^3-3x-|x-m|=0$$

$$\iff x^3-3x=|x-m|$$

と，方程式を変形することを考えます．こうすれば，左辺は固定された3次曲線，右辺は直線が x 軸で折り返されたV字型のグラフが m の値によって横に動くイメージとなります．

◀方程式をどれだけ同値変形しても，解は変わらない．

解答

与式は $x^3-3x=|x-m|$ とできるから，2つのグラフ $y=x^3-3x$，$y=|x-m|$ の交点の個数を求める．ただし，$|x-m|\geqq 0$ であるから，$y\geqq 0$ の部分で考えれば十分である．

$f(x)=x^3-3x$ とすると

$$f'(x)=3x^2-3=3(x+1)(x-1)$$

から，増減表は次の通り．

x	$\cdots$	-1	$\cdots$	1	$\cdots$
$f'(x)$	$+$	0	$-$	0	$+$
$f(x)$	$\nearrow$	2	$\searrow$	-2	$\nearrow$

◀$y=f'(x)$ のグラフが下のようになることから，符号が判断できます．

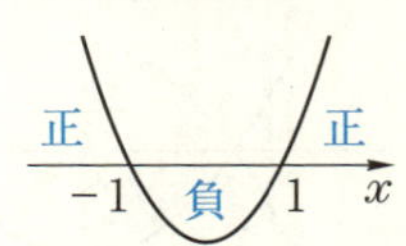

また

$$f'(x)=1 \iff x^2=\frac{4}{3}$$

$$\iff x=\pm\frac{2\sqrt{3}}{3}$$

$$f'(x)=-1 \iff x^2=\frac{2}{3}$$

$$\iff x=\pm\frac{\sqrt{6}}{3}$$

であるから，$y=f(x)$ $(y\geqq 0)$ のグラフ（次ページの図の太線部）と，$y=f(x)$ のグラフに接する，傾きが ± 1 の直線との接点A，Bの座標は

$$\mathrm{A}:\left(-\frac{2\sqrt{3}}{3},\ f\left(-\frac{2\sqrt{3}}{3}\right)\right)=\left(-\frac{2\sqrt{3}}{3},\ \frac{10\sqrt{3}}{9}\right)$$

$$\mathrm{B}:\left(-\frac{\sqrt{6}}{3},\ f\left(-\frac{\sqrt{6}}{3}\right)\right)=\left(-\frac{\sqrt{6}}{3},\ \frac{7\sqrt{6}}{9}\right)$$

であり，それぞれの点における接線の方程式は

$$y=x+\frac{16\sqrt{3}}{9},\ y=-x+\frac{4\sqrt{6}}{9}$$

である．

◀傾きと通過点がわかっている状態なので，直線の方程式がすぐ求まりますね．

よって，求める実数解の個数は

$$\boldsymbol{m<-\frac{16\sqrt{3}}{9},\ \frac{4\sqrt{6}}{9}<m}$$ **のとき1個**

$$\boldsymbol{m=-\frac{16\sqrt{3}}{9},\ \frac{4\sqrt{6}}{9}}$$ **のとき2個**

$$\boldsymbol{-\frac{16\sqrt{3}}{9}<m<\frac{4\sqrt{6}}{9}}$$ **のとき3個**

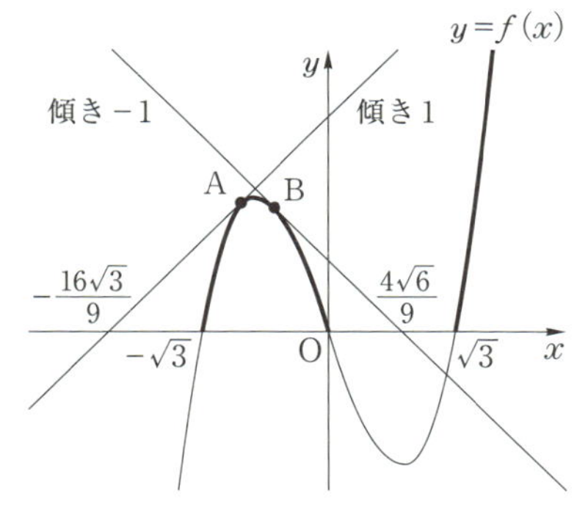

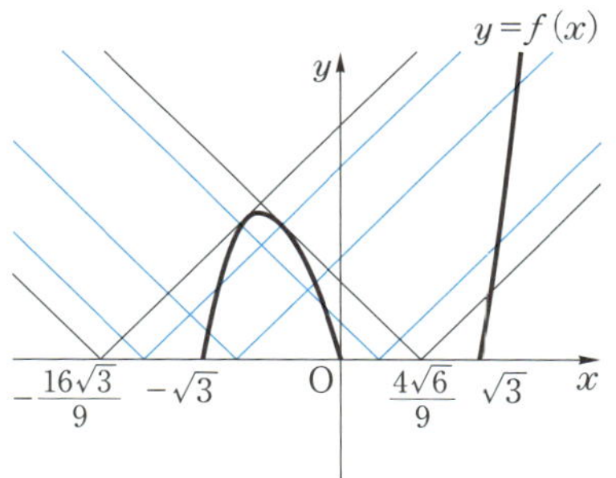

青いグラフ（x軸との交点がm）のときは3点で交わる．

メインポイント

グラフをかきやすい形に，方程式を式変形する！

第2章 論証・整数

11 必要条件と十分条件

アプローチ

命題 $p \Longrightarrow q$ が**真**のとき，p は q であるための**十分条件**，q は p であるための**必要条件**といいます．

真の命題： $p \Longrightarrow q$
十分　　必要

とくに，必要条件でも十分条件でもあるとき（つまり $p \Longleftrightarrow q$ が成り立つとき）は**必要十分条件**といいます．

以上のことは，集合と対応させて理解しておくとよいのです．次の例で考えてみましょう．

ex) P：女子高生の集合，Q：女性の集合
とすると，Pに属している人の 100%（＝**十分**）がQに属しています．

筆者（♂）が女子高生になりたいと願い（…苦笑），女子高生たちに流行ってるモノを勉強し，メイクも覚え，すさまじい努力（何のだろう？）をしても，筆者が男である限り，女子高生には絶対になれないのです．

なぜならば，女子高生になるためには女性であることが**最低でも必要**だから！

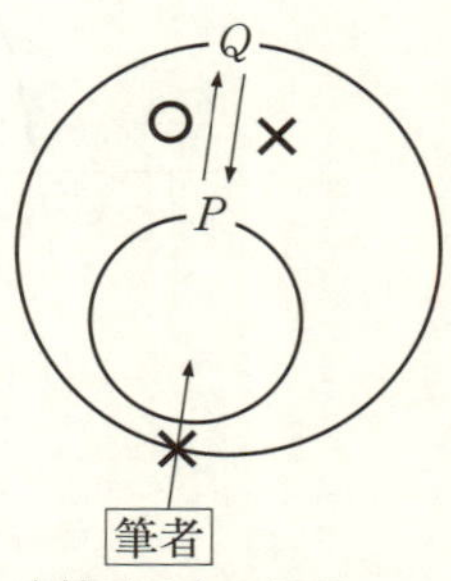

女性ではないので
女子高生にはなれない．

というわけで，集合として考えたとき

外側が『必要条件』，内側が『十分条件』

です．

解答

$x(x-1)+y(y-1)=0$ は

$$\left(x-\frac{1}{2}\right)^2+\left(y-\frac{1}{2}\right)^2=\frac{1}{2}$$

とできるので，これを満たす点 $(x,\ y)$ の集合 P は，中心 $\left(\frac{1}{2},\ \frac{1}{2}\right)$，半径 $\frac{\sqrt{2}}{2}$ の円である．

また，「$(x=0$ または $x=1)$」が表す点の集合は y 軸と平行な 2 直線であり，「$(y=0$ または $y=1)$」が表す点の集合は x 軸と平行な 2 直線だから，

「$(x=0$ または $x=1)$ かつ $(y=0$ または $y=1)$」

が表す点の集合 Q は，4 つの交点

$$(0,\ 0),\ (0,\ 1),\ (1,\ 0),\ (1,\ 1)$$

である．

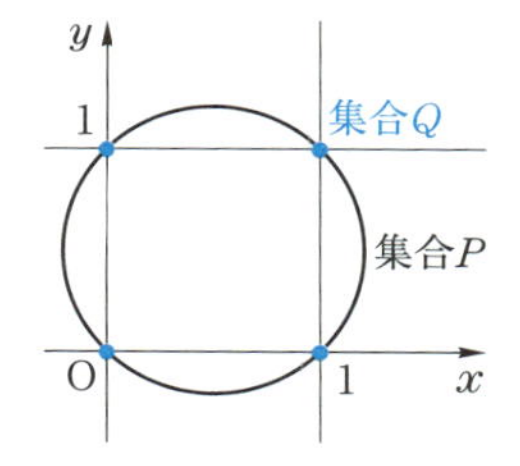

したがって，集合 P，Q の包含関係は $P \supset Q$ となるから，$x(x-1)+y(y-1)=0$ は「$(x=0$ または $x=1)$ かつ $(y=0$ または $y=1)$」であるための

(c)　**必要条件だが十分条件ではない．**

補足　本問は「座標平面上の点の集合」と考えることで，集合の包含関係に帰着させることができましたが，すべての問題がうまくいくとは限りません．ときには，「$p \Longrightarrow q$」と「$p \Longleftarrow q$」の両方をていねいに考えてみる必要もあります．

メインポイント

必要・十分は集合で考える！

12 背理法

アプローチ

直接は証明しにくい命題を

その命題が偽であると仮定 $\Longrightarrow$ 矛盾

という流れで証明できることもあるのです．この証明方法を**背理法**といいます．

(1)　$s \neq 0$ としてスタートすれば，条件式を s で割ることができますね．

(2)　$\sqrt{5}=\dfrac{m}{n}$ となる整数 m，n が**存在しない**ことの証明です．そのような整数 m，n が存在すると仮定してスタートします．

◀有理数とは $\dfrac{\text{整数}}{\text{整数}}$ と書ける実数のことで，無理数とはその他の実数のことです．

(3)　高次方程式の解の処理は，**次数下げ**が有効です．

なお，(2)のような**存在しないことの証明**に**背理法**を使うことが多いので覚えておきましょう．

解答

(1)　$s \neq 0$ とすれば，$s\gamma+t=0$ から

$$\gamma=-\frac{t}{s}$$

とでき，これは左辺が無理数，右辺が有理数となり矛盾している．

◀有理数どうしの四則演算による結果は有理数です．

よって，$s=0$ であり，$s\gamma+t=0$ から $t=0$ となる．

(2)　$\sqrt{5}$ が有理数であれば，$\sqrt{5}=\dfrac{m}{n}$ (m，n：整数)

とおけて

$$\sqrt{5}\,n=m \qquad \therefore \quad 5n^2=m^2$$

このとき，両辺に含まれる素因数 5 の個数は，左辺が奇数個であり，右辺が偶数個なので矛盾している．よって，$\sqrt{5}$ は無理数である．

◀n^2，m^2 に素因数 5 が含まれるとしたら偶数個です．

$f(x)=0$ を解くと

$$x=\frac{1\pm\sqrt{5}}{2}q$$

◀この値が α，β です．

であり，これは

$$\frac{2x}{q}-1=\pm\sqrt{5} \quad (\because \quad q\text{は正})$$

とでき，xが有理数であれば，左辺が有理数，右辺が無理数となり矛盾している．

したがって，$f(x)=0$ の解 α，β は無理数である．

(3) $g(x)$ を $f(x)$ で割ると，商が $x+a+q$ で，余りが $(b+aq+2q^2)x+(c+aq^2+q^3)$ である．

よって，$A=b+aq+2q^2$，$B=c+aq^2+q^3$ とおいて

$$g(x)=f(x)(x+a+q)+Ax+B$$

とできる．

◀ **3 整式の除法**（**余りの決定**）を思い出して！

したがって，$f(\alpha)=f(\beta)=0$ と(1)で示したことから

$$g(\alpha)=f(\alpha)(\alpha+a+q)+A\alpha+B=0$$
$$\iff A\alpha+B=0$$
$$\iff A=B=0$$
$$\iff A\beta+B=0$$
$$\iff g(\beta)=f(\beta)(\beta+a+q)+A\beta+B=0$$

となり，題意は示された．

◀ **4 高次方程式の解から係数決定**のときと同様の議論です．

メインポイント

存在しないことの証明は背理法！

13 剰余類

アプローチ

$n=1$ の場合，$n=2$ の場合，…とやり続けてもキリがありません．

そこで，**自然数 n をある自然数 p で割った余りで分類**することが有効になります．

◀ p で割った余りは
$0,\ 1,\ 2,\ \cdots,\ p-1$
の p 通り．

例えば，すべての自然数 n を **3 で割った余り**に注目して

$\{3,\ 6,\ 9,\ 12,\ \cdots\}$ …**余り 0** の集合
$\{1,\ 4,\ 7,\ 10,\ \cdots\}$ …**余り 1** の集合
$\{2,\ 5,\ 8,\ 11,\ \cdots\}$ …**余り 2** の集合

◀ これらを（3 を**法**とする）**剰余類**といいます．

の 3 つに分類します．各集合の要素はそれぞれ

$3k,\ 3k+1,\ 3k+2$ （k ：整数）

という形をしていますね．だから，この形でおいて計算すれば，3 パターンを調べるだけで，**すべての自然数について調べている**ことになるのです！

◀ 厳密には，$3k+1$ と $3k+2$ での k は 0 以上の整数で，$3k$ での k は自然数ということになりますが，細かいことはおいておきましょう．

解答

与式は

$$\frac{n^3}{6}-\frac{n^2}{2}+\frac{4n}{3}=\frac{n^3-3n^2+8n}{6}$$
$$=\frac{n(n^2-3n+8)}{6}$$

とできるので，$n(n^2-3n+8)$ が 6 の倍数であることを示す．

◀ 2 の倍数であることと，3 の倍数であることを別々に示してもイイですね．

k を整数とし，自然数 n を 6 で割った余りで分類して示す．

i） $n=6k$ の場合，n が 6 の倍数だから
$n(n^2-3n+8)$ は 6 の倍数である．

ii） $n=6k\pm1$ の場合（以下，複号同順）

$$n^2-3n+8=(6k\pm1)^2-3(6k\pm1)+8$$
$$=36k^2\pm12k-18k+9\mp3$$
$$=6(6k^2\pm2k-3k)+9\mp3$$

$9-3=6,\ 9+3=12$ なので，いずれにせよ
n^2-3n+8 が 6 の倍数である．よって
$n(n^2-3n+8)$ は 6 の倍数である．

iii) $n=6k\pm2$ の場合(以下，複号同順)

$$\begin{aligned}n^2-3n+8&=(6k\pm2)^2-3(6k\pm2)+8\\&=36k^2\pm24k-18k+12\mp6\\&=6(6k^2\pm4k-3k+2\mp1)\end{aligned}$$

となり，n^2-3n+8 が 6 の倍数だから

$n(n^2-3n+8)$ は 6 の倍数である.

iv) $n=6k+3$ の場合，$n=3(2k+1)$ が 3 の倍数であり

$$\begin{aligned}n^2-3n+8&=(6k+3)^2-3(6k+3)+8\\&=36k^2+18k+8\\&=2(18k^2+9k+4)\end{aligned}$$

となるので，n^2-3n+8 が 2 の倍数である.

よって，$n(n^2-3n+8)$ は 6 の倍数である.

以上から，すべての自然数 n に対して

$n(n^2-3n+8)$ は 6 の倍数であることが示された.

よって，題意は示された.

別解

$$\begin{aligned}n(n^2-3n+8)&=n\{(n-1)(n-2)+6\}\\&=(n-2)(n-1)n+6n\end{aligned}$$

とでき，連続 3 整数の積 $(n-2)(n-1)n$ は $3!=6$ の倍数であり，$6n$ も 6 の倍数だから，$n(n^2-3n+8)$ は 6 の倍数である.

◀連続する k 個の整数の積はかならず $k!$ の倍数です.

よって，題意は示された.

補足 **別解** の方がスマートに見えますが，式変形が強引で，どのような問題にも対応できるというわけではありません．だから，まずは多少メンドウに見えても『**余りで分類**』に慣れてください.

メインポイント

整数の性質は，余りで分類して示す！

14 1次不定方程式

アプローチ

1次不定方程式を数式の計算処理だけで解くと，何をやっているのかイメージしにくいですね．

そこで，おすすめしたいのは

直線上の格子点

◀**格子点**とは，座標平面において，**x 座標と y 座標がともに整数**である点のことです．

を考える方法です．与式を変形して

$$y=-\frac{25}{9}x+\frac{1}{9}$$

とすると，座標平面上の直線がイメージできますね．求める x，y の組 $(x,\ y)$ は，**この直線上にある格子点**を表しています．

解答

(1) $25x+9y=1$ を直線の方程式と見れば，傾きが $-\frac{25}{9}$ であり，整数解の1つは $\begin{pmatrix} x \\ y \end{pmatrix}=\begin{pmatrix} 4 \\ -11 \end{pmatrix}$ である．

よって，k を整数として，求める整数解は

$$\begin{pmatrix} x \\ y \end{pmatrix}=\begin{pmatrix} 4 \\ -11 \end{pmatrix}+k\begin{pmatrix} 9 \\ -25 \end{pmatrix}=\begin{pmatrix} \boldsymbol{4+9k} \\ \boldsymbol{-11-25k} \end{pmatrix}$$

と表せる．

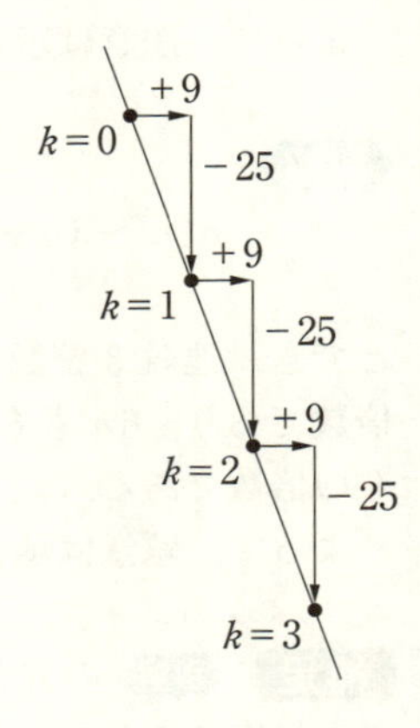

(2) 整数解の1つは $\begin{pmatrix} x \\ y \end{pmatrix}=33\begin{pmatrix} 4 \\ -11 \end{pmatrix}=\begin{pmatrix} 132 \\ -363 \end{pmatrix}$ なので，

l を整数として，求める整数解は

$$\begin{pmatrix} x \\ y \end{pmatrix}=\begin{pmatrix} 132 \\ -363 \end{pmatrix}+l\begin{pmatrix} 9 \\ -25 \end{pmatrix}$$

$$=\begin{pmatrix} -3 \\ 12 \end{pmatrix}+(l+15)\begin{pmatrix} 9 \\ -25 \end{pmatrix}$$

と表せる．さらに，$m=l+15$ とおきかえて

◀扱う数字を小さくするために，おきかえました．

$$\begin{pmatrix} x \\ y \end{pmatrix}=\begin{pmatrix} -3 \\ 12 \end{pmatrix}+m\begin{pmatrix} 9 \\ -25 \end{pmatrix}=\begin{pmatrix} \boldsymbol{-3+9m} \\ \boldsymbol{12-25m} \end{pmatrix}$$

と表せる．このとき

$$|x+y|=|-16m+9|$$

となり，これは右のグラフから $m=1$ のとき最小値をとる．

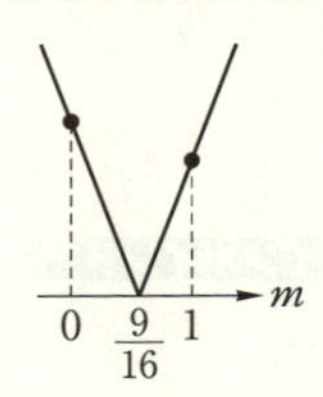

よって，$|x+y|$ を最小にする x，y は

$$\begin{pmatrix} x \\ y \end{pmatrix}=\begin{pmatrix} -3+9\cdot 1 \\ 12-25\cdot 1 \end{pmatrix}=\begin{pmatrix} \mathbf{6} \\ \mathbf{-13} \end{pmatrix}$$

(3)　$x=-3+9m$，$y=12-25m$ を $xy=-570$ に代入すると

◀ x，y の連立方程式を解いてもかまいません．

$$(-3+9m)(12-25m)=-570$$
$$\iff (3m-1)(25m-12)=190$$
$$\iff 75m^2-61m-178=0$$
$$\iff (m-2)(75m+89)=0$$

m は整数だから $m=2$ である．よって，求める整数解は

$$\begin{pmatrix} x \\ y \end{pmatrix}=\begin{pmatrix} -3+9\cdot 2 \\ 12-25\cdot 2 \end{pmatrix}=\begin{pmatrix} \mathbf{15} \\ \mathbf{-38} \end{pmatrix}$$

補足　(1)において，最初の1個の格子点を見つけにくかったら，**ユークリッドの互除法**を利用します．

$$\begin{cases} 25=9\cdot 2+7 \\ 9=7\cdot 1+2 \\ 7=2\cdot 3+1 \end{cases} \longrightarrow \begin{cases} a=2b+7 \\ b=7+2 \\ 7=2\cdot 3+1 \end{cases}$$

見やすくするために $a=25$，$b=9$ とおく．

第1式から $7=a-2b$ なので，第2式に代入すると

$$b=(a-2b)+2 \iff 2=-a+3b$$

これらを第3式に代入すれば

$$a-2b=(-a+3b)\cdot 3+1 \iff a\cdot 4+b\cdot(-11)=1$$

となるから，整数解の1つは $x=4$，$y=-11$ とわかります．

メインポイント

1次不定方程式の整数解は，直線上の格子点！

15 因数分解を利用する不定方程式

アプローチ

2次以上の不定方程式の場合，整数解を求める一般論はありませんが，大学入試で出題される問題には

$$(\quad)(\quad)=(\textbf{整数})$$

の形に変形することで解けるものが多くあります．

例えば，$xy=3$ を満たす整数 x，y の組は

$$\begin{pmatrix}x\\y\end{pmatrix}=\begin{pmatrix}1\\3\end{pmatrix},\ \begin{pmatrix}3\\1\end{pmatrix},\ \begin{pmatrix}-1\\-3\end{pmatrix},\ \begin{pmatrix}-3\\-1\end{pmatrix}$$

ですべてですね．つまり，3の約数をすべて拾い上げていることになります．

◀x，y が実数なら $\begin{pmatrix}\sqrt{3}\\\sqrt{3}\end{pmatrix}$，$\begin{pmatrix}-5\\-\frac{3}{5}\end{pmatrix}$，… など，**解は無数**にある．

また，[B]では，**素数はほとんどの場合奇数である**という事実に注目します．

◀偶数である素数は2だけです！

解答

[A]　$2m^2-n^2-mn-m+n=18$ から

$$(m^2-n^2)+(m^2-mn)-(m-n)=18$$
$$\iff (m-n)(m+n)+m(m-n)-(m-n)=18$$
$$\iff (m-n)(2m+n-1)=18$$

とできる．

m，n は自然数だから $2m+n-1\geqq 2$ であり

$$(2m+n-1)-(m-n)=m+2n-1>0$$

であることに注意すると

◀この条件に気づいていない場合，調べるパターン数が2倍になってしまいます．つねに大小を調べるクセをつけておきましょう．

$$\begin{pmatrix}m-n\\2m+n-1\end{pmatrix}=\begin{pmatrix}1\\18\end{pmatrix},\ \begin{pmatrix}2\\9\end{pmatrix},\ \begin{pmatrix}3\\6\end{pmatrix}$$

$$\therefore\ \begin{pmatrix}m\\n\end{pmatrix}=\begin{pmatrix}\frac{20}{3}\\\frac{17}{3}\end{pmatrix},\ \begin{pmatrix}4\\2\end{pmatrix},\ \begin{pmatrix}\frac{10}{3}\\\frac{1}{3}\end{pmatrix}$$

m，n は自然数だから

$$\begin{pmatrix}m\\n\end{pmatrix}=\begin{pmatrix}\mathbf{4}\\\mathbf{2}\end{pmatrix}$$

[B]　2より大きい素数 p は奇数なので

$$p=2q+1 \quad (q：自然数)$$

とおけて

$$a^{p-1}-1=p^k \iff a^{2q}-1=p^k$$
$$\iff (a^q-1)(a^q+1)=p^k$$

とできる.

p は素数であり, $a^q-1<a^q+1$ だから, l を 0 以上 $\dfrac{k}{2}$ 未満の整数として

$$\begin{pmatrix} a^q-1 \\ a^q+1 \end{pmatrix}=\begin{pmatrix} p^l \\ p^{k-l} \end{pmatrix}$$

◀ $\begin{pmatrix} 1 \\ p^k \end{pmatrix}$, $\begin{pmatrix} p \\ p^{k-1} \end{pmatrix}$, $\begin{pmatrix} p^2 \\ p^{k-2} \end{pmatrix}$, … をまとめて表現しました.

と表せる. このとき

$$(a^q+1)-(a^q-1)=p^{k-l}-p^l$$
$$\therefore \quad p^l(p^{k-2l}-1)=2$$

p は奇素数なので

$$\begin{pmatrix} p^l \\ p^{k-2l}-1 \end{pmatrix}=\begin{pmatrix} 1 \\ 2 \end{pmatrix}$$
$$\therefore \quad l=0, \ k=1, \ p=3$$

◀ $p^l=2$ とすると $p=2, \ l=1$ となり, p が奇素数であることに反します.

$a^{p-1}-1=p^k$ から

$$a^2-1=3$$
$$\therefore \quad a=2$$

以上から, 題意は示された.

「積＝整数」の形を作れたら, あとは約数の拾い上げ！

16 3変数の不定方程式

アプローチ

変数が2個までなら，式変形を頑張れば何とかできる感じはありますが，3個になると急激に話が変わります．このままでは，因数分解できるわけでもなく困ってしまいます．そこで，変数が3個以上のときは

範囲の絞り込み（必要条件でおさえる）

という考え方が大切になります！

$x \leqq 3$ であることを証明したいので，$x \geqq 4$ として背理法を用います．その際，どうやって矛盾に持ち込むかが難しいのですが，大雑把に

（2次式）<（3次式）

という感覚が大切です．つまり

（左辺を大きくしたもの）<（右辺を小さくしたもの）

とすることで，**等号に矛盾させます．**

最悪，(2)だけを解いてもいいでしょうが，この手の問題がいつも(1)を用意してくれているとは限りませんので，ご注意を．

◀与式を満たす4以上の整数 x は存在しないことの証明です．

◀例えば

$10^2 < 10^3$

ですよね．

解答

(1) $x \geqq 4$ とすると，$4 \leqq x \leqq y \leqq z$ から

$$xy+yz+zx \leqq zy+yz+zy=3yz<xyz$$

とでき，$xy+yz+zx=xyz$ に矛盾する．

よって，$x \leqq 3$ が成り立つ．

◀$x \leqq y \leqq z$ から $xy \leqq zy$ と $zx \leqq zy$ が成り立ちますよね．

(2) (1)の結果から，x の値は $x=1,\ 2,\ 3$ に限る．

i） $x=1$ の場合，$xy+yz+zx=xyz$ から

$$y+yz+z=yz \iff y+z=0$$

この左辺は正だから，不適．

ii） $x=2$ の場合，$xy+yz+zx=xyz$ から

$$2y+yz+2z=2yz$$

$$\iff yz-2y-2z=0$$

$$\iff (y-2)(z-2)=4$$

◀絞り込めたら，あとは調べつくせばいいのです！

$2 \leqq y \leqq z$ から $0 \leqq y-2 \leqq z-2$ であることに注意して

$$\begin{pmatrix} y-2 \\ z-2 \end{pmatrix}=\begin{pmatrix} 1 \\ 4 \end{pmatrix}, \begin{pmatrix} 2 \\ 2 \end{pmatrix}$$

$$\therefore \quad \begin{pmatrix} y \\ z \end{pmatrix}=\begin{pmatrix} 3 \\ 6 \end{pmatrix}, \begin{pmatrix} 4 \\ 4 \end{pmatrix}$$

iii） $x=3$ の場合，$xy+yz+zx=xyz$ から

$$3y+yz+3z=3yz$$

$$\Longleftrightarrow 2yz-3y-3z=0$$

$$\Longleftrightarrow (2y-3)\left(z-\frac{3}{2}\right)=\frac{9}{2}$$

$$\Longleftrightarrow (2y-3)(2z-3)=9$$

$3 \leqq y \leqq z$ から $3 \leqq 2y-3 \leqq 2z-3$ であることに注意して

$$\begin{pmatrix} 2y-3 \\ 2z-3 \end{pmatrix}=\begin{pmatrix} 3 \\ 3 \end{pmatrix} \qquad \therefore \quad \begin{pmatrix} y \\ z \end{pmatrix}=\begin{pmatrix} 3 \\ 3 \end{pmatrix}$$

以上から，求める組は

$$\begin{pmatrix} x \\ y \\ z \end{pmatrix}=\begin{pmatrix} \mathbf{2} \\ \mathbf{3} \\ \mathbf{6} \end{pmatrix}, \begin{pmatrix} \mathbf{2} \\ \mathbf{4} \\ \mathbf{4} \end{pmatrix}, \begin{pmatrix} \mathbf{3} \\ \mathbf{3} \\ \mathbf{3} \end{pmatrix}$$

別解

(1) 与式の両辺を xyz で割れば

$$\frac{1}{z}+\frac{1}{x}+\frac{1}{y}=1$$

となり，$x \leqq y \leqq z$ から

$$1=\frac{1}{x}+\frac{1}{y}+\frac{1}{z} \leqq \frac{1}{x}+\frac{1}{x}+\frac{1}{x}=\frac{3}{x}$$

なので，$x \leqq 3$ が成り立つ．

◀有名な方法ではありますが，万能ではないので，あえて別解としました．

メインポイント

3変数は，1つの範囲を絞り込む！

17　2次方程式の整数解

アプローチ

一般的に，2次方程式 $ax^2+bx+c=0$ の解は

$$x=\frac{-b\pm\sqrt{D}}{2a}\quad (\text{ただし，}D=b^2-4ac)$$

と表せますね．これが整数になるためには，とりあえず $\sqrt{\quad}$ がなくなることが最低でも必要です．つまり，

2次方程式が整数解をもつためには，判別式 D が

$$\boldsymbol{D=k^2\ (k=0,\ 1,\ 2,\ \cdots)}$$

とできることが必要である

ということです．

◀ $\sqrt{\quad}$ が外せるのは，中身が(整数)^{2}になっているときです．

ここで，「必要」ということばを使ったのには理由があります．解の $\sqrt{\quad}$ が外れたとしても，まだ**分母が残る可能性があるので，解が整数になるかどうか確認しなければいけません．**

◀「必要」だけど，「十分」とはいえません．

解答

(1)　与式は

$$n^2+(m-7)n-2m^2-2m+25=0$$

とできるので，2次方程式の解の公式により

$$\boldsymbol{n=\frac{-m+7\pm\sqrt{9m^2-6m-51}}{2}}$$

◀ n についての2次方程式と見ます．

(2)　(1)の結果から，n が自然数になるためには $9m^2-6m-51$ が平方数であることが必要なので

$$9m^2-6m-51=k^2\quad (k：0\text{以上の整数})$$

とすると

$$(3m-1)^2-52=k^2$$
$$\iff (3m-1)^2-k^2=52$$
$$\iff (3m-1+k)(3m-1-k)=2^2\cdot 13$$

m が自然数なので $3m-1+k>0$ であり，また $3m-1-k\leqq 3m-1+k$ である．

さらに

$$(3m-1+k)+(3m-1-k)=2(3m-1)$$

が偶数であることから，$3m-1+k$ と $3m-1-k$ の

偶奇は一致する．したがって

$$\begin{pmatrix} 3m-1-k \\ 3m-1+k \end{pmatrix}=\begin{pmatrix} 2 \\ 26 \end{pmatrix}$$

これを解いて $m=5$，$k=12$ である．このとき，(1)の結果から

$$n=\frac{2\pm 12}{2}=7,\ -5$$

n は自然数なので，$n=7$ である．以上から

$\boldsymbol{m=5}$，$\boldsymbol{n=7}$

◀偶奇の条件に気づいていなければ

$\begin{pmatrix} 1 \\ 52 \end{pmatrix}$，$\begin{pmatrix} 4 \\ 13 \end{pmatrix}$

も考えることになります．

第2章

補足 本問は $D=9m^2-\cdots$ となったので，$k^2=9m^2-\cdots$ として（必要があれば右辺を平方完成して），$A^2-B^2=(A-B)(A+B)$ の因数分解に持ち込んだわけですが，もし，$D=-9m^2+\cdots$ となっていたら，実数解をもつ条件 $D\geqq 0$ から m の範囲を絞り込めます．

メインポイント

2次方程式が整数解をもつためには，判別式が平方数であることが必要！

18 3次方程式の整数解

アプローチ

(1)　とりあえず有理数解 α を

$$\alpha=\frac{p}{q}\quad (p,\ q：互いに素な整数)$$

とおいてスタートし，目標は $q=\pm1$ です．

◀ α が整数になる条件は，分母の q が $q=\pm1$ になることです．

(2)　一般的な3次方程式の解法を思い出してみましょう．例えば

$$x^3-2x^2-9x+18=0$$

という方程式を解けといわれたらどうしますか？
まずは解の1つを探すのでしたね．つまり，代入して成立するものを探せばよいのですが，そのときに例えば $x=5$ はありえますか？　もし，$x=5$ が解の1つなら

$$(x-5)(x-\alpha)(x-\beta)=0$$

と因数分解されることになりますが，これを展開すると定数項が5の倍数になり，18になりえないのです．

　したがって，この例なら18の約数（負も含む）だけを調べれば十分です．

◀ 実際に解くと
$(x+3)(x-2)(x-3)=0$
$\therefore\quad x=2,\ \pm3$

　本問でも，上記のような感覚が大切です．方程式の**定数項が +1 だから，整数解をもつとしたら1の約数だけ**です．解答 では，一応そのことを論証しておきましたが，筆者の感覚としては理由を後付けしただけです．

解答

(1)　有理数解 α を

$$\alpha=\frac{p}{q}\quad (p,\ q は互いに素な整数)$$

とおくと

$$\left(\frac{p}{q}\right)^3+m\left(\frac{p}{q}\right)^2+(m+8)\cdot\frac{p}{q}+1=0$$
$$\iff p^3+mp^2q+(m+8)pq^2+q^3=0$$
$$\iff p^3=q\{-mp^2-(m+8)pq-q^2\}$$

◀ いつだって，解は方程式に代入できます．

右辺が q の倍数なので p^3 が q の倍数となるが，
p と q は互いに素だから，$q=\pm 1$ である．
よって，α は整数である．

(2) α が整数のとき

$$\alpha^3+m\alpha^2+(m+8)\alpha+1=0 \quad \cdots\cdots(*)$$
$$\iff \alpha\{\alpha^2+m\alpha+(m+8)\}=-1$$

から，α は -1 の約数なので $\alpha=\pm 1$ である．

◀このとき，{ }の中身は整数です．

i）$\alpha=1$ の場合，$(*)$ から

$$1+m+(m+8)+1=0$$
$$\therefore \quad m=-5$$

ii）$\alpha=-1$ の場合，$(*)$ から

$$-1+m-(m+8)+1=0 \iff 8=0$$

となるので，不適．

以上から，整数 m の値は，$\boldsymbol{m=-5}$ である．

メインポイント

方程式の定数項に注目すれば，整数解が予測できる！

19 ガウス記号

アプローチ

問題文にもある通り，x 以下の最大の整数，つまり **$k \leqq x < k+1$ を満たす整数 k** を $[x]$ と書き，この記号を**ガウス記号**といいます．

◀ x が整数のときは
$[x]=x$
です．

数直線上でイメージすると

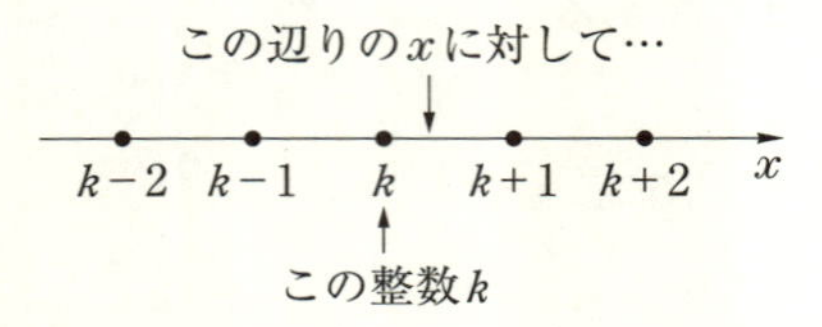

ということになります．だから，$[x]$ というのは数直線上で**すぐ左側にある整数を表す**記号であるといえます．

結局のところ

$$[x]=(x\text{の整数部分})$$

ということです．(負の数の場合，誤解している人が多いようです．例えば，-3.6 の整数部分は -3 ではありませんよ．)

◀ 実数 x と整数 n に対して
$x=n+r \quad (0 \leqq r < 1)$
と表すとき，n を**整数部分**，r を**小数部分**といいます．
例えば
$-3.6=-4+0.4$
なので，-3.6 の整数部分は -4 で小数部分は 0.4 になります．

実際の問題を解く際には，不等式

$$[x] \leqq x < [x]+1 \iff x-1 < [x] \leqq x$$

を使うことが多いです．この不等式が成り立つことは記号の定義 (上の数直線) から明らかですね．

解答

記号の定義から，$x-1<[x] \leqq x$ が成り立つので

$$-3x \leqq -3[x] < -3x+3$$
$$\iff x \leqq 4x-3[x] < x+3$$

よって，$4x-3[x]=0$ のとき

$$x \leqq 0 < x+3 \iff -3 < x \leqq 0$$

である．

◀ これで，とり得る $[x]$ の値は -3，-2，-1，0 の 4 個に絞り込めました．

i ）　$-3<x<-2$ の場合，$[x]=-3$ なので
$4x-3[x]=0$ から

$$4x+9=0 \qquad \therefore \quad x=-\frac{9}{4}$$

これは，$-3<x<-2$ に適する．

ii ）　$-2 \leqq x<-1$ の場合，$[x]=-2$ なので
$4x-3[x]=0$ から

$$4x+6=0 \qquad \therefore \quad x=-\frac{3}{2}$$

これは，$-2 \leqq x<-1$ に適する．

iii）　$-1 \leqq x<0$ の場合，$[x]=-1$ なので
$4x-3[x]=0$ から

$$4x+3=0 \qquad \therefore \quad x=-\frac{3}{4}$$

これは，$-1 \leqq x<0$ に適する．

iv）　$x=0$ の場合，$[x]=0$ なので
$4x-3[x]=0$ は成り立つ．

以上から，求める解の個数は **4** 個である．

補足　$y=4x$，$y=3[x]$ のグラフは右のようになります．

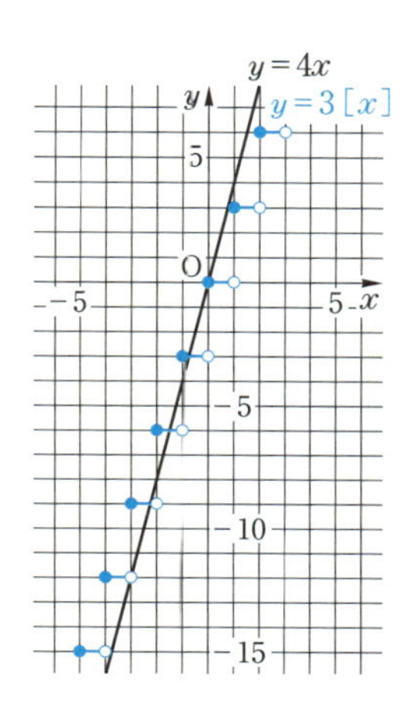

メインポイント

ガウス記号は，定義の不等式を利用する！

20 n 進法

アプローチ

(1) 題意は，下の 2 つの数を 10 進法で表したときに同じ数になるということです．

7^2 の位	7 の位	1 の位
a	b	c

5^2 の位	5 の位	1 の位
b	c	a

それぞれ 10 進法に直せば

$$a\cdot 7^2+b\cdot 7+c,\ b\cdot 5^2+c\cdot 5+a$$

となり，これらが等しいと立式することで 3 文字の不定方程式が 1 本得られます．

◀10 進法に直して考えるのが基本です．

ただし，7 進法で使える数字は 0 ～ 6 の 7 種類，5 進法で使える数字は 0 ～ 4 の 5 種類であることに注意しましょう．

したがって，この場合，a，b，c は 0 ～ 4 しか当てはまりません．さらに，最上位の数字が 0 だと「3 桁」にならないので，a と b は 0 でないことがわかります．

◀3 変数の不定方程式は範囲を絞り込むことが大切でしたが，今回は最初から 0 ～ 4 に絞り込めています．

(2) $\dfrac{123}{343}$ は 1 より小さい数なので，7 進法で表すと

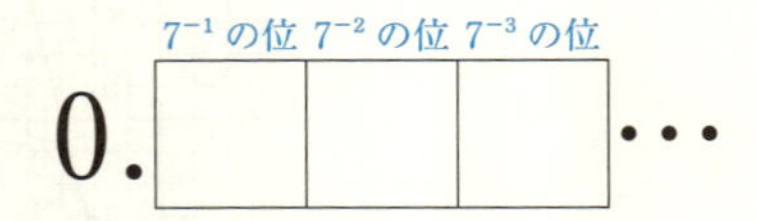

という形をしています．

◀例えば 10 進法の 0.528 は $5\cdot 10^{-1}+2\cdot 10^{-2}+8\cdot 10^{-3}$ ですね．

解答

(1) 題意から，a，b は 1 以上 4 以下の自然数であり，c は 0 以上 4 以下の整数である．

求める数を N とすると

$$N=a\cdot 7^2+b\cdot 7+c=b\cdot 5^2+c\cdot 5+a$$
$$\iff 48a-18b-4c=0$$
$$\iff 24a-9b-2c=0$$
$$\iff 3(8a-3b)=2c \quad \cdots\cdots ①$$

◀とりあえず 10 進法に翻訳します．

ここで，左辺は3の倍数だから c は $c=0$，3 に限る．

◀ $2(12a-c)=9b$ として，$b=2$，4 に絞ってもいいでしょう．

i） $c=0$ の場合，①から

$$3(8a-3b)=0 \iff 8a=3b$$

これを満たす b は8の倍数であるが，$1 \leqq b \leqq 4$ なので不適．

ii） $c=3$ の場合，①から

$$3(8a-3b)=6 \iff 8a=3b+2$$

$1 \leqq b \leqq 4$ に注意して，適する a，b は $a=1$，$b=2$ である．

◀ $a \geqq 2$ とすると $8a \geqq 16$ となり，右辺は届きません．

以上から，求める数 N は

$$N=1 \cdot 7^2+2 \cdot 7+3=\mathbf{66}$$

(2) $123=2 \cdot 7^2+3 \cdot 7+4$ なので，両辺を $7^3=343$ で割ると

◀ 分母が 7^3 になっていることに注目します．

$$\frac{123}{343}=\frac{2}{7}+\frac{3}{7^2}+\frac{4}{7^3}=\mathbf{0.234}_{(7)}$$

補足 (2)は，分母が 7^3 という特殊性を利用しましたが，以下のように求めることもできます．

$$\frac{123}{343}=\frac{a_1}{7}+\frac{a_2}{7^2}+\frac{a_3}{7^3}+\cdots \quad (a_1,\ a_2,\ \cdots \text{は} 0 \sim 6 \text{の整数})$$

とおいて，両辺に7をかけると

$$\frac{861}{343}=a_1+\frac{a_2}{7}+\frac{a_3}{7^2}+\cdots$$

となり，左辺が2以上3未満だから $a_1=2$ となります．さらに両辺から2を引けば

$$\frac{175}{343}=\frac{a_2}{7}+\frac{a_3}{7^2}+\cdots$$

となります．これを繰り返せば，順に a_2，a_3，…が求められます．

メインポイント

n 進法では，n の累乗で位取り！

第3章 種々の関数

21 2次不等式が成り立つ条件

アプローチ

例えば，5人の身長が全員 160 cm を超えていることを確認したければ，**一番小さい人だけ調べればいい**のです．

つまり，この手の問題は，実は**最小値問題**なのです！

◀もちろん，「$f(x)<0$」という条件なら最大値を調べます．

したがって

$$\textbf{つねに } f(x)>0 \textbf{ が成り立つ}$$
$$\iff (f(x) \textbf{ の最小値})>0$$

と考えます．

(厳密には，定義域の端点を含むかどうかによって，最小値が存在しない場合もありますが，とにかく一番小さくなりそうな所を調べればいいのです．)

解答

$f(x)=x^2-2ax+a$ とすると

$$f(x)=(x-a)^2-a^2+a$$

とできるから，軸 $x=a$ の位置で場合を分ける．

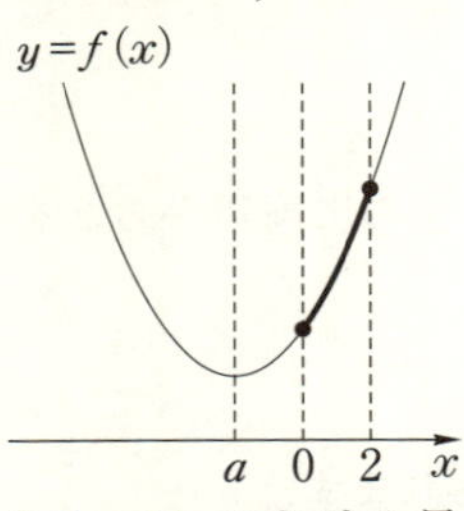

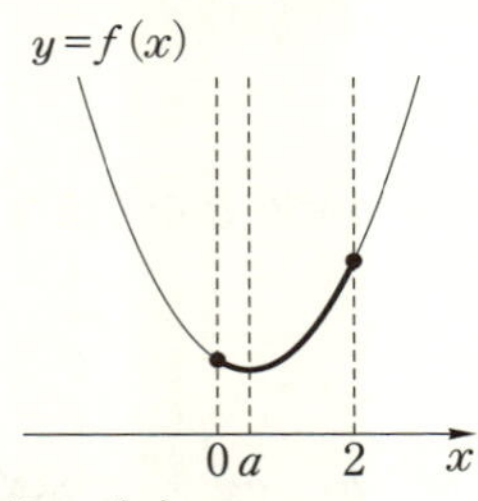

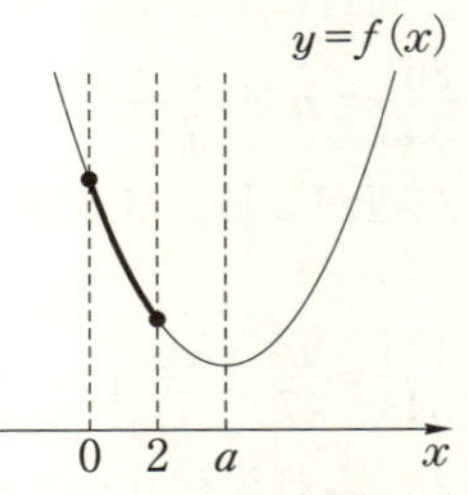

$0\leqq x\leqq 2$ における最小値 $m(a)$ は

$a\leqq 0$ の場合　$m(a)=f(0)=a$

$0\leqq a\leqq 2$ の場合　$m(a)=f(a)=-a^2+a$

$2\leqq a$ の場合　$m(a)=f(2)=-3a+4$

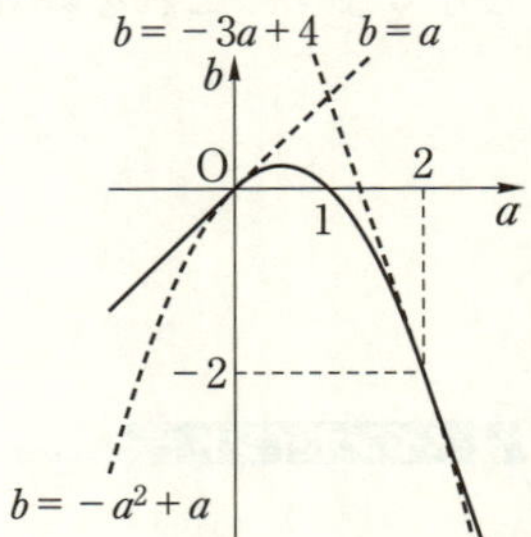

したがって，$b=m(a)$ のグラフは右図の実線部であるから，$m(a)>0$ となる a の値の範囲は

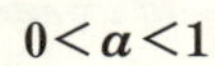

$$\boldsymbol{0<a<1}$$

である．

別解 1

題意が成り立つためには

$$f(0)=a>0 \text{ かつ } f(2)=-3a+4>0$$

が必要なので $0<a<\frac{4}{3}$ ……① である．

このとき，軸 $x=a$ が $0 \leqq a \leqq 2$ を満たすので，$f(x)$ の $0 \leqq x \leqq 2$ における最小値 $m(a)$ は

$$m(a)=f(a)=-a^2+a$$

よって，$m(a)>0$ とすると

$$-a^2+a>0 \iff a(a-1)<0$$

$$\therefore \quad 0<a<1$$

これは①に適するので，求める a の値の範囲は

$$0<a<1$$

◀つねに $f(x)>0$ が成り立つためには，端点が正であることが最低でも必要です．

◀3つに場合分けする必要がないのです！

別解 2

$f(x)>0$ は

$$x^2>2a\left(x-\frac{1}{2}\right)$$

とできるので，$0 \leqq x \leqq 2$ において，$y=x^2$ のグラフが $y=2a\left(x-\frac{1}{2}\right)$ のグラフよりも上側にあるような a の値の範囲を求める．

$y=2a\left(x-\frac{1}{2}\right)$ は点 $\left(\frac{1}{2},\ 0\right)$ を通り，傾き $2a$ の直線であり，$y=x^2$ と接するのは $f(x)=0$ が重解をもつときだから

$$\text{判別式：}\frac{D}{4}=a^2-a=0 \qquad \therefore \quad a=0,\ 1$$

したがって，右のグラフのようになり，傾き $2a$ の範囲に注目すれば

$$0<2a<2 \qquad \therefore \quad 0<a<1$$

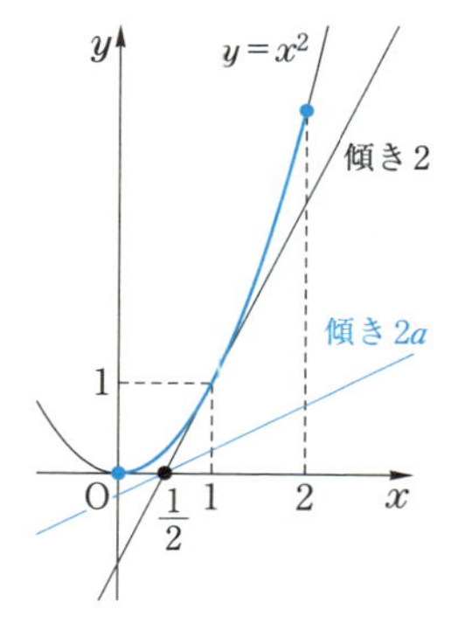

メインポイント

不等式が成り立つ条件は，最小値（or 最大値）に注目して考える！

第3章

22 絶対値を含む2次関数

アプローチ

絶対値を含む関数なので「場所分け」です．つまり $x \leqq 2$ と $2 \leqq x$ に分けて

$$f(x)=\begin{cases} g(x) & (x \leqq 2) \\ h(x) & (2 \leqq x) \end{cases}$$

とします．しかし，この $f(x)$ はあくまでも1つのつながったグラフであることを忘れてはいけません．その「場所分け」の境界 $x=2$ において，2つのグラフ $g(x)$，$h(x)$ がかならずつながるのです．

また，それぞれの軸の方程式に文字定数 a が含まれるので，軸と $g(x)$，$h(x)$ にとっての定義域の境界 $x=2$ との大小で「場合分け」です．

◀ 9 絶対値の方程式・不等式①参照.

◀ $x=2$ のとき
$|x-2|=0$
なので
$f(2)=g(2)=h(2)$
です．

解答

$$f(x)=x^2-a|x-2|+\frac{a^2}{4}$$

$$=\begin{cases} x^2-a(-x+2)+\dfrac{a^2}{4} & (x \leqq 2) \\ x^2-a(x-2)+\dfrac{a^2}{4} & (2 \leqq x) \end{cases}$$

$$=\begin{cases} x^2+ax-2a+\dfrac{a^2}{4} & (x \leqq 2) \\ x^2-ax+2a+\dfrac{a^2}{4} & (2 \leqq x) \end{cases}$$

よって

$$g(x)=x^2+ax-2a+\frac{a^2}{4}=\left(x+\frac{a}{2}\right)^2-2a$$

$$h(x)=x^2-ax+2a+\frac{a^2}{4}=\left(x-\frac{a}{2}\right)^2+2a$$

とすると

$$f(x)=\begin{cases} g(x) & (x \leqq 2) \\ h(x) & (2 \leqq x) \end{cases}$$

であり，$g(x)$，$h(x)$ の軸 $-\dfrac{a}{2}$，$\dfrac{a}{2}$ と2の大小に注意して場合を分けて，$y=f(x)$ のグラフは次の太線部になる．

◀ $g(x)$ は $x=2$ の左側だけを見て，$h(x)$ は $x=2$ の右側だけを見るということです．

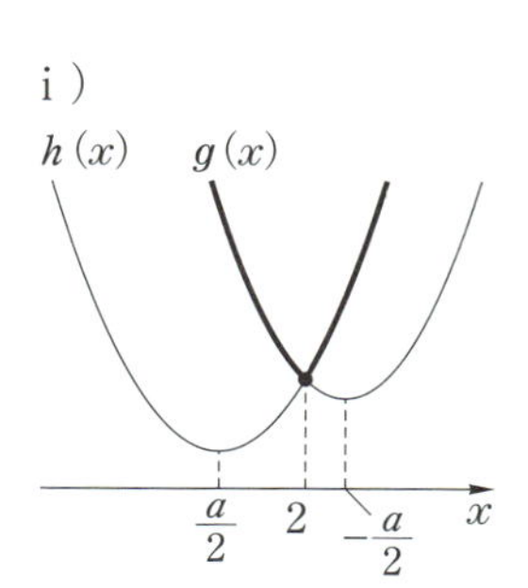

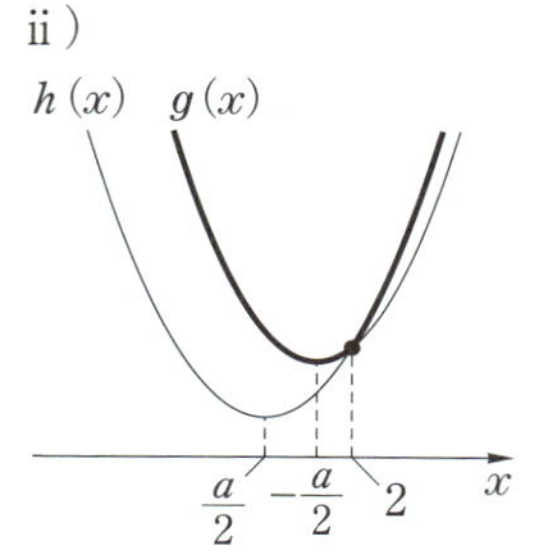

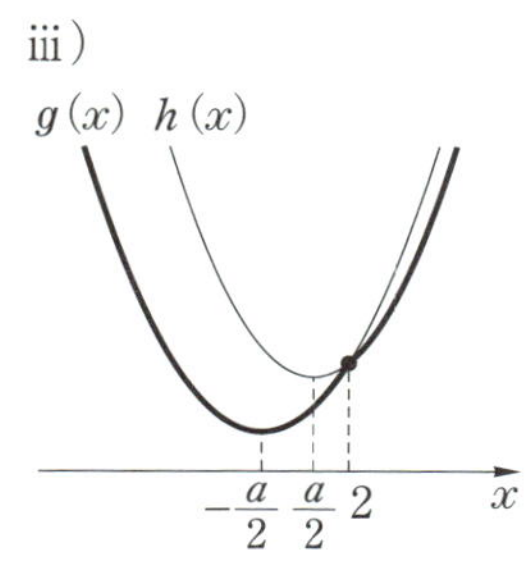

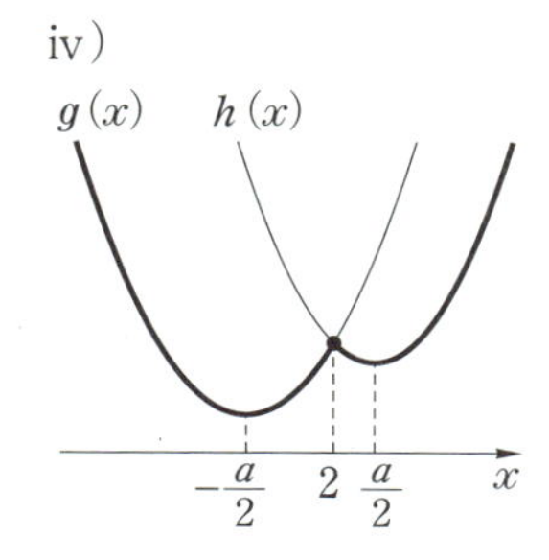

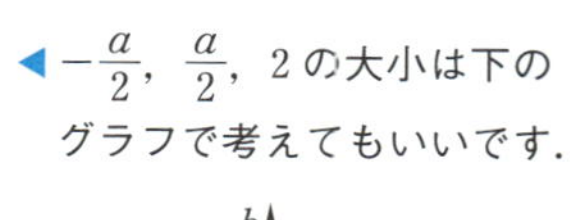
◀ $-\frac{a}{2}$，$\frac{a}{2}$，2 の大小は下のグラフで考えてもいいです．

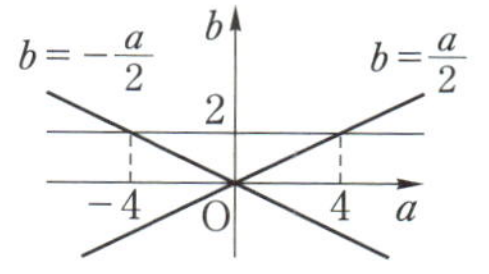

◀ iv) のとき，$4 \leqq a$ なので
$-2a<2a$
つまり
$g\left(-\frac{a}{2}\right)<h\left(\frac{a}{2}\right)$
が成り立ちます．

したがって，$f(x)$ の最小値は

i) $\frac{a}{2} \leqq 2 \leqq -\frac{a}{2}$ つまり $\boldsymbol{a \leqq -4}$ **の場合**

$$f(2)=\boldsymbol{4+\frac{a^2}{4}}$$

ii)〜iv) $\boldsymbol{-4 \leqq a}$ **の場合**

$$f\left(-\frac{a}{2}\right)=\boldsymbol{-2a}$$

メインポイント

絶対値を含む関数は「場所分け」して，グラフをかく

23 多変数関数の最大・最小

アプローチ

x と y の 2 変数が独立な関数では

① x についての関数と見て最小値を y で表す.
(このとき, y は定数として扱う.)
② y で表した最小値を y についての関数と見て, さらに最小値を求める.

◀最小値の中の最小値
min of min
を求めるイメージです.

と考えるのがセオリーです.

最大値を求める場合でも同様ですし, また, 変数が 3 個以上あっても同様に考えられます.

(2)では,「x, y が隣り合う整数」とあるので

$$\begin{pmatrix} x \\ y \end{pmatrix}=\begin{pmatrix} n \\ n+1 \end{pmatrix},\ \begin{pmatrix} n \\ n-1 \end{pmatrix}\quad (n\text{ : 整数})$$

とおいてみましょう.

解答

(1) 与式は

$$\begin{aligned}
&4x^2+12y^2-12xy+4x-18y+7\\
&=4x^2-4(3y-1)x+12y^2-18y+7\\
&=4\left(x-\frac{3y-1}{2}\right)^2+3y^2-12y+6\\
&=4\left(x-\frac{3y-1}{2}\right)^2+3(y-2)^2-6
\end{aligned}$$

◀x についての関数と見ると
最小値 : $3y^2-12y+6$
となり, これを y について の関数と見ると
最小値 : -6
ということです.

とできるので

$$x=\frac{3y-1}{2}\ \text{かつ}\ y=2$$

つまり

$$\boldsymbol{x=\frac{5}{2},\ y=2}$$

のとき, **最小値 -6** をとる.

(2) x, y が隣り合う整数のとき, n を整数として

$$\begin{pmatrix} x \\ y \end{pmatrix}=\begin{pmatrix} n \\ n+1 \end{pmatrix}\ \text{または}\ \begin{pmatrix} x \\ y \end{pmatrix}=\begin{pmatrix} n \\ n-1 \end{pmatrix}$$

とおける.

i) $\begin{pmatrix} x \\ y \end{pmatrix}=\begin{pmatrix} n \\ n+1 \end{pmatrix}$ の場合

$$4x^2+12y^2-12xy+4x-18y+7=a$$
$$\Longleftrightarrow\ 4n^2+12(n+1)^2-12n(n+1)+4n-18(n+1)+7=a$$
$$\Longleftrightarrow\ 4n^2-2n+1=a$$
$$\Longleftrightarrow\ 4\left(n-\frac{1}{4}\right)^2+\frac{3}{4}=a$$

この左辺は正で，a は負なので不適．

ii) $\begin{pmatrix} x \\ y \end{pmatrix}=\begin{pmatrix} n \\ n-1 \end{pmatrix}$ の場合

$$4x^2+12y^2-12xy+4x-18y+7=a$$
$$\Longleftrightarrow\ 4n^2+12(n-1)^2-12n(n-1)+4n-18(n-1)+7=a$$
$$\Longleftrightarrow\ 4n^2-26n+37=a$$

ここで，$a<0$ から

$$4n^2-26n+37<0$$

これを満たす整数 n は $n=3,\ 4$ であり，それぞれ $a=-5,\ -3$ となる．

◀ $f(n)=4n^2-26n+37$ とすると
$f(2)=1>0$
$f(3)=-5<0$
$f(4)=-3<0$
$f(5)=7>0$

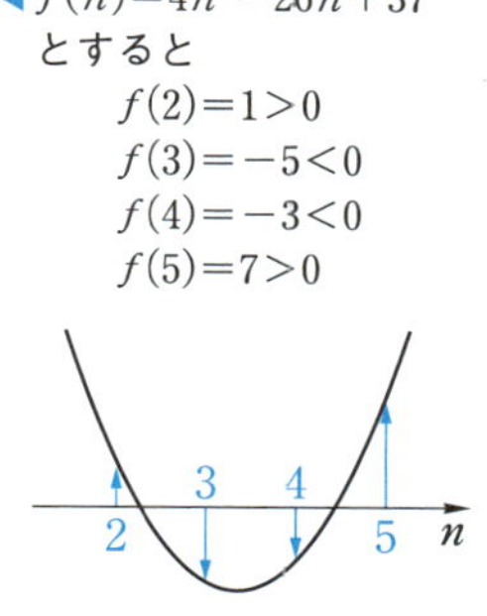

以上から，ii) において $n=4$ のとき，すなわち

$$\begin{pmatrix} \boldsymbol{x} \\ \boldsymbol{y} \end{pmatrix}=\begin{pmatrix} \mathbf{4} \\ \mathbf{3} \end{pmatrix}$$

のとき，a は最大値 **-3** をとる．

メインポイント

多変数関数は，ひとつの変数ごとに処理する！

24 解の配置①

アプローチ

放物線と「斜めの」直線がどう交わるかを議論するのは難しいので，**方程式の実数解の議論**に帰着させます．この「方程式の実数解」を $y=f(x)$ と x 軸の交点と考えて調べる問題を**解の配置問題**といいます．

◀範囲の制限がなければ，実数解をもつかどうかだけで議論できますが….

そして，放物線 $y=f(x)$ が x 軸とどの範囲で交わるのかを考えるときは

頂点の位置と端点の符号

を調べます．

◀放物線はやはり頂点が一番特徴的な点です．でも，それだけでは足りないのです．

なお，筆者は頂点の位置よりも，端点の符号の方が優先順位が高いと考えていますが，それは次の **25** で解説します．

解答

線分 AB は $y=x+1$ $(0\leqq x\leqq 2)$ と表せて

◀「線分」は直線の一部と考えられます．

$$\begin{cases} y=x^2+ax+2 \\ y=x+1 \end{cases}$$

の 2 式から y を消去すると

$$x^2+(a-1)x+1=0$$

となる．

よって，$f(x)=x^2+(a-1)x+1$ とおいて，方程式 $f(x)=0$ が $0\leqq x\leqq 2$ の範囲に異なる 2 つの実数解をもつ条件を求めればよい．

それは，$y=f(x)$ のグラフが右図のようになるときであり，その条件は

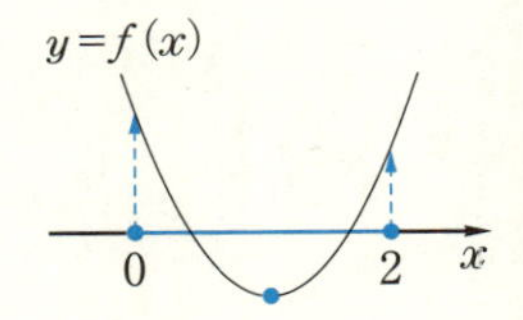

$$\begin{cases} ① & 0<(\text{頂点の } x \text{ 座標})<2 \\ ② & (\text{頂点の } y \text{ 座標})<0 \\ ③ & f(0)\geqq 0 \\ ④ & f(2)\geqq 0 \end{cases}$$

（①②：頂点の位置，③④：端点の符号）

である．

$$f(x)=\left(x-\frac{1-a}{2}\right)^2+1-\frac{(a-1)^2}{4}$$

なので

①：$0<\dfrac{1-a}{2}<2$　　$\therefore$　$-3<a<1$

②：$1-\dfrac{(a-1)^2}{4}<0 \iff 4<(a-1)^2$

$\iff a-1<-2,\ 2<a-1$

$\therefore$　$a<-1,\ 3<a$

③：$f(0)=1\geqq 0$ は a の値に関係なく成り立つ．

④：$f(2)=2a+3\geqq 0$　　$\therefore$　$-\dfrac{3}{2}\leqq a$

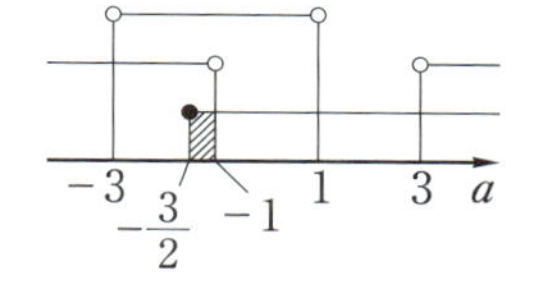

以上から，求める a の値の範囲は

$$-\frac{3}{2}\leqq a<-1$$

である．

補足 頂点の y 座標を考えることと，判別式 D を考えることは，本質的に同値です．

したがって，**解答** の条件②は

$$D=(a-1)^2-4\cdot 1\cdot 1>0$$

としてもよいのですが，どっちにしろ頂点の x 座標についての条件①は必要なので，$f(x)$ を平方完成します．したがって，頂点の y 座標が出ている状態なので，判別式を改めて計算するのは二度手間です．

メインポイント

解の配置は，頂点と端点を調べる！

第3章

25 解の配置②

アプローチ

まず，∠ATB が直角になる条件を，2 直線 AT，BT の傾きに注目して立式します．すると，t についての 2 次方程式になるので，ここで本問が解の配置問題であることに気づけます．

あとは，$-1<t<b$ の範囲に実数解をもつ条件を考えることになるのですが，前問 **24** と違う点は「**実数解の個数の指定がない**」ところです．よって，今回は「**少なくとも 1 つの実数解をもつ**」と解釈できます．

◀ **24** は「異なる 2 点で交わる」という問題でした．

この場合，考えられる $f(t)$ のグラフの様子が複数あるのですが，これを

端点の積 $f(-1)\cdot f(b)$ の符号

に注目して場合を分けるとスマートに解けます．

解答

直線 AT，BT の傾きはそれぞれ

$$\frac{t^2-1}{t-(-1)}=t-1,\quad \frac{b^2-t^2}{b-t}=b+t$$

であるから，∠ATB が直角のとき

$$(t-1)(b+t)=-1$$

$$\iff t^2+(b-1)t-b+1=0$$

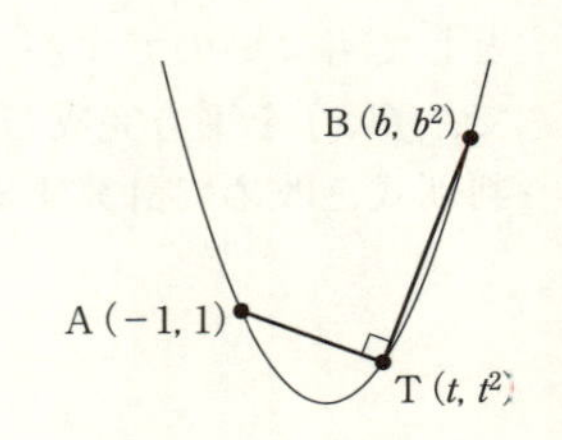

これを t についての 2 次方程式と見て，$-1<t<b$ の範囲に実数解をもつ条件を求める．

$f(t)=t^2+(b-1)t-b+1$ とすると

$$f(t)=\left(t-\frac{1-b}{2}\right)^2-\frac{1}{4}b^2-\frac{1}{2}b+\frac{3}{4}$$

である．

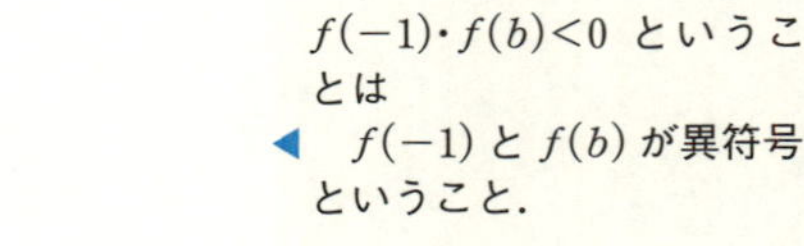

◀ $f(-1)\cdot f(b)<0$ ということは
$f(-1)$ と $f(b)$ が異符号ということ．

i） $f(-1)\cdot f(b)<0$ の場合

$$(-2b+3)(2b^2-2b+1)<0$$

$$\iff (2b-3)\left\{2\left(b-\frac{1}{2}\right)^2+\frac{1}{2}\right\}>0$$

$$\therefore\quad b>\frac{3}{2}$$

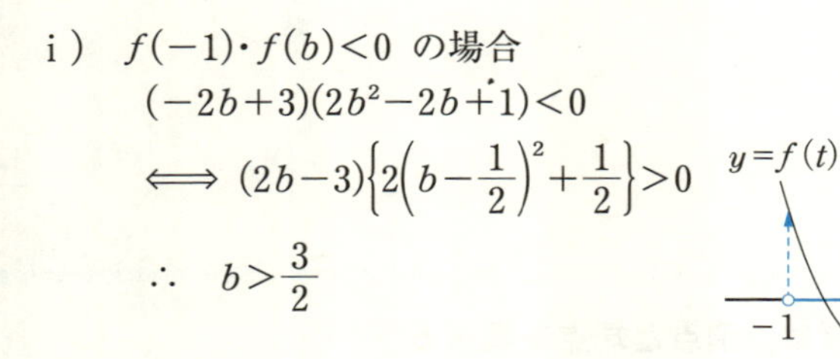

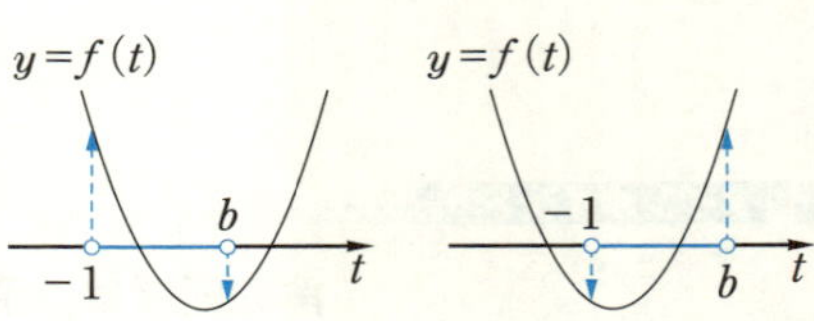

このとき，$f(t)=0$ は $-1<t<b$ の範囲に実数解をもつ．

ii）$f(-1)\cdot f(b)>0$ の場合

i）の計算から，つねに $f(b)>0$ が成り立つことに注意して，$f(t)=0$ が $-1<t<b$ の範囲に実数解をもつ条件は

$$\begin{cases} ① & -1<(\text{頂点の } t \text{ 座標})<b \\ ② & (\text{頂点の } y \text{ 座標}) \leqq 0 \\ ③ & f(-1)>0 \end{cases}$$

である．

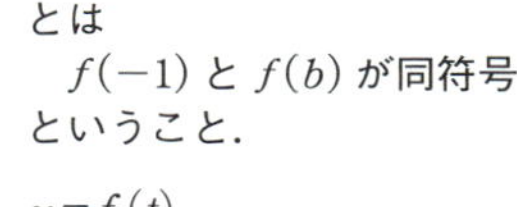

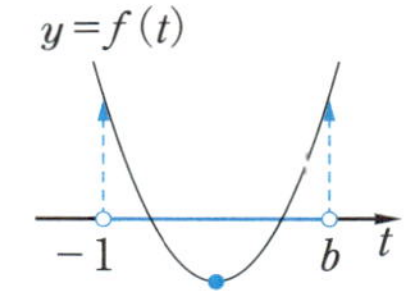

①：$-1<\dfrac{1-b}{2}<b \quad \therefore \quad \dfrac{1}{3}<b<3$

②：$-\dfrac{1}{4}b^2-\dfrac{1}{2}b+\dfrac{3}{4}\leqq 0$

$\iff (b+3)(b-1)\geqq 0 \quad \therefore \quad b\leqq -3,\ 1\leqq b$

③：$f(-1)=-2b+3>0 \quad \therefore \quad b<\dfrac{3}{2}$

①～③をあわせて，$1\leqq b<\dfrac{3}{2}$ である．

iii）$f(-1)\cdot f(b)=0$ の場合

$f(b)>0$ なので $f(-1)=0$，つまり $b=\dfrac{3}{2}$ である．このとき，ii）の計算から

$$\begin{cases} -1<(\text{頂点の } t \text{ 座標})<b \\ (\text{頂点の } y \text{ 座標}) \leqq 0 \end{cases}$$

が成り立ち，$f(b)>0$ とあわせて，$f(t)=0$ は $-1<t<b$ の範囲に実数解をもつ．

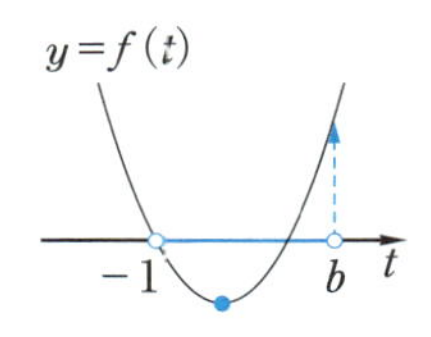

以上から，求める b の値の範囲は $\mathbf{1\leqq b}$ である．

メインポイント

解の配置は，端点の積の符号で場合分け！

26 三角関数の不等式

アプローチ

三角関数の定義は，**単位円において**

$\boldsymbol{\sin\theta=(y\text{座標})}$
$\boldsymbol{\cos\theta=(x\text{座標})}$
$\boldsymbol{\tan\theta=(\text{原点からの傾き})}$

です．

また，式変形に **2 倍角の公式**

$$\boldsymbol{\sin2\theta=2\sin\theta\cos\theta}$$

を使います．

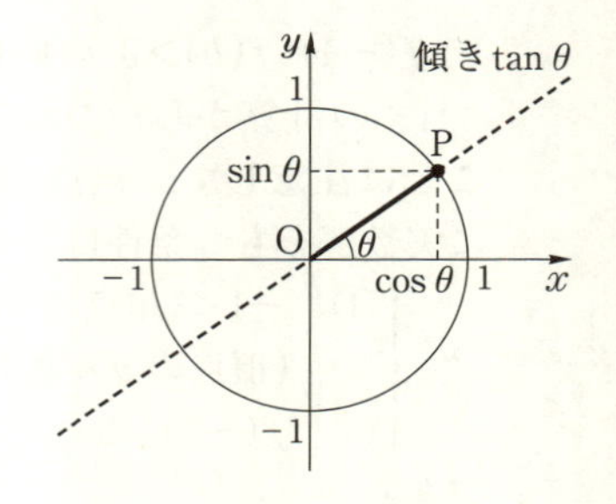

解答

与式から

$$2\sin x\cos x+\sqrt{3}\sin x-\sqrt{3}\cos x-\frac{3}{2}>0$$

$$\iff \sin x\cos x+\frac{\sqrt{3}}{2}\sin x-\frac{\sqrt{3}}{2}\cos x-\frac{3}{4}>0$$

$$\iff \left(\sin x-\frac{\sqrt{3}}{2}\right)\left(\cos x+\frac{\sqrt{3}}{2}\right)>0$$

◀積が正なので $\sin x-\frac{\sqrt{3}}{2}$，$\cos x+\frac{\sqrt{3}}{2}$ が同符号．

$$\iff \begin{cases}\sin x>\frac{\sqrt{3}}{2}\\ \cos x>-\frac{\sqrt{3}}{2}\end{cases} \text{または} \begin{cases}\sin x<\frac{\sqrt{3}}{2}\\ \cos x<-\frac{\sqrt{3}}{2}\end{cases}$$

これを満たす x の範囲は，下図から

$$\boldsymbol{\frac{\pi}{3}<x<\frac{2}{3}\pi,\ \frac{5}{6}\pi<x\leqq\pi}$$

◀下の 2 つの図の，同色になっている部分それぞれの共通範囲が求める x の範囲です．

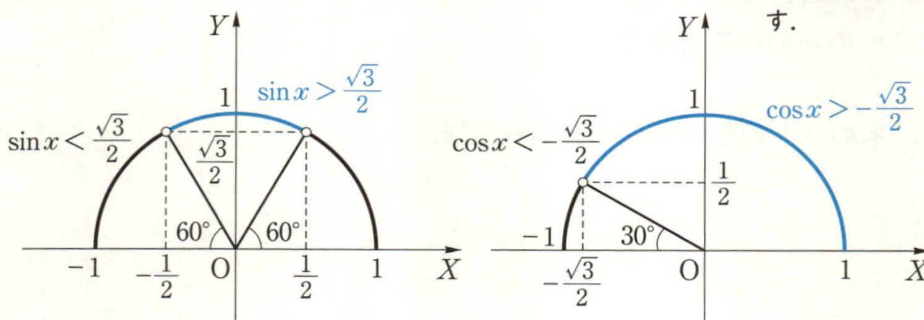

補足 三角関数の加法定理は絶対に覚えましょう！

加法定理

$$\boldsymbol{\sin(\alpha+\beta)=\sin\alpha\cos\beta+\cos\alpha\sin\beta}$$
$$\boldsymbol{\cos(\alpha+\beta)=\cos\alpha\cos\beta-\sin\alpha\sin\beta}$$
$$\boldsymbol{\tan(\alpha+\beta)=\frac{\tan\alpha+\tan\beta}{1-\tan\alpha\tan\beta}}$$

定義から（単位円の図から）

$$\sin(-\theta)=-\sin\theta,\quad \cos(-\theta)=\cos\theta,\quad \tan(-\theta)=-\tan\theta$$

が成り立つので，$\alpha-\beta$ の場合の加法定理（減法定理？）は $\alpha-\beta=\alpha+(-\beta)$ と考えて

$$\begin{aligned}\sin(\alpha-\beta)&=\sin\alpha\cos(-\beta)+\cos\alpha\sin(-\beta)\\&=\sin\alpha\cos\beta-\cos\alpha\sin\beta\end{aligned}$$
$$\begin{aligned}\cos(\alpha-\beta)&=\cos\alpha\cos(-\beta)-\sin\alpha\sin(-\beta)\\&=\cos\alpha\cos\beta+\sin\alpha\sin\beta\end{aligned}$$
$$\begin{aligned}\tan(\alpha-\beta)&=\frac{\tan\alpha+\tan(-\beta)}{1-\tan\alpha\tan(-\beta)}\\&=\frac{\tan\alpha-\tan\beta}{1+\tan\alpha\tan\beta}\end{aligned}$$

となります．

また，$2\theta=\theta+\theta$ と考えて加法定理を適用することで**2倍角の公式**が導かれます．

$$\begin{aligned}\boldsymbol{\sin2\theta}&=\sin(\theta+\theta)\\&=\sin\theta\cos\theta+\cos\theta\sin\theta\\&\boldsymbol{=2\sin\theta\cos\theta}\end{aligned}$$
$$\begin{aligned}\boldsymbol{\cos2\theta}&=\cos(\theta+\theta)\\&=\cos\theta\cos\theta-\sin\theta\sin\theta\\&\boldsymbol{=\cos^2\theta-\sin^2\theta}\\&=(1-\sin^2\theta)-\sin^2\theta \text{ または } \cos^2\theta-(1-\cos^2\theta)\\&\boldsymbol{=1-2\sin^2\theta} \text{ または } \boldsymbol{2\cos^2\theta-1}\end{aligned}$$
$$\begin{aligned}\boldsymbol{\tan2\theta}&=\tan(\theta+\theta)\\&=\frac{\tan\theta+\tan\theta}{1-\tan\theta\tan\theta}\\&\boldsymbol{=\frac{2\tan\theta}{1-\tan^2\theta}}\end{aligned}$$

メインポイント

三角関数は，単位円と加法定理が大切！

第3章

27 三角関数の合成

アプローチ

(2)で t の取り得る値の範囲を求めるには，$\sin x$ と $\cos x$ の和の形のままでは難しいです．そこで１つの関数で表すことを考えます．つまり

$$r\sin(x+\alpha) \quad \text{または} \quad r\cos(x+\alpha)$$

の形に直します．これを**三角関数の合成**といいます．

ex) $\sqrt{3}\sin\theta+\cos\theta$

$$=2\left(\sin\theta\cdot\frac{\sqrt{3}}{2}+\cos\theta\cdot\frac{1}{2}\right)$$

◀なぜ２をくくり出したのかというと，ここで cos と sin に書き換えるためです．

$$=2\left(\sin\theta\cos\frac{\pi}{6}+\cos\theta\sin\frac{\pi}{6}\right)$$

$$=2\sin\left(\theta+\frac{\pi}{6}\right)$$

◀この式を加法定理で展開すれば，１行前の式に戻りますね．

このように，**加法定理を逆向きに適用しているのが三角関数の合成です．**

解答

(1)　$t=\sin x+\cos x$ から

$$t^2=\sin^2 x+2\sin x\cos x+\cos^2 x$$

$$=1+2\sin x\cos x$$

◀２乗することで，sin と cos の積を作れます．

$$\therefore \quad \sin x\cos x=\frac{t^2-1}{2}$$

したがって

$$f(x)=\sqrt{2}\sin x\cos x+\sin x+\cos x$$

$$=\sqrt{2}\cdot\frac{t^2-1}{2}+t$$

$$=\boldsymbol{\frac{\sqrt{2}}{2}t^2+t-\frac{\sqrt{2}}{2}}$$

(2)　$t=\sin x+\cos x$ から

$$t=\sqrt{2}\left(\sin x\cdot\frac{1}{\sqrt{2}}+\cos x\cdot\frac{1}{\sqrt{2}}\right)$$

◀$\sqrt{2}$ でくくり出すことで cos，sin に書き換えられます．

$$=\sqrt{2}\left(\sin x\cos\frac{\pi}{4}+\cos x\sin\frac{\pi}{4}\right)$$

$$=\sqrt{2}\sin\left(x+\frac{\pi}{4}\right)$$

とでき，$0 \leqq x \leqq 2\pi$ より

$$-1 \leqq \sin\left(x+\frac{\pi}{4}\right) \leqq 1$$

$$\therefore \quad \boldsymbol{-\sqrt{2} \leqq t \leqq \sqrt{2}}$$

(3)　$g(t)=\frac{\sqrt{2}}{2}t^2+t-\frac{\sqrt{2}}{2}$ とすると

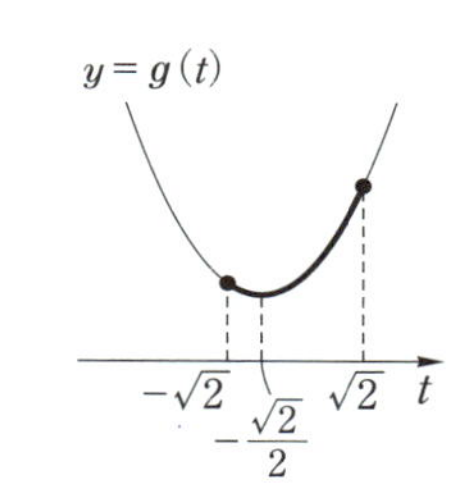

$$g(t)=\frac{\sqrt{2}}{2}\left(t+\frac{\sqrt{2}}{2}\right)^2-\frac{3\sqrt{2}}{4}$$

であり，(2)から$-\sqrt{2} \leqq t \leqq \sqrt{2}$ なので

$$最大値：g(\sqrt{2})=\boldsymbol{\frac{3\sqrt{2}}{2}}$$

$$最小値：g\left(-\frac{\sqrt{2}}{2}\right)=\boldsymbol{-\frac{3\sqrt{2}}{4}}$$

である．

最大値をとるのは，$t=\sqrt{2}$ のときだから

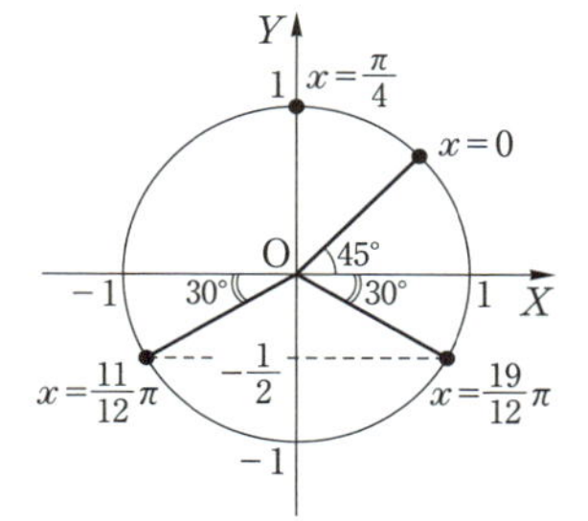

$$\sqrt{2}\sin\left(x+\frac{\pi}{4}\right)=\sqrt{2}$$

$$\iff \sin\left(x+\frac{\pi}{4}\right)=1$$

$$\therefore \quad \boldsymbol{x=\frac{\pi}{4}}$$

最小値をとるのは，$t=-\frac{\sqrt{2}}{2}$ のときだから

$$\sqrt{2}\sin\left(x+\frac{\pi}{4}\right)=-\frac{\sqrt{2}}{2}$$

$$\iff \sin\left(x+\frac{\pi}{4}\right)=-\frac{1}{2}$$

$$\therefore \quad \boldsymbol{x=\frac{11}{12}\pi,\ \frac{19}{12}\pi}$$

メインポイント

三角関数の合成は，加法定理の逆演算！

28 $\sin\theta$ と $\cos\theta$ の同次式

アプローチ

三角関数の定義から，原点中心，半径 r の円周上の点は

$$(r\cos\theta,\ r\sin\theta)$$

とおけます．

◀中心が $(a,\ b)$ にズレたら $(r\cos\theta+a,\ r\sin\theta+b)$ とおきます．

すると，$\sqrt{3}x+y$ は合成できる形になり，最大・最小を求められます．

また，$x^2+2xy+3y^2$ はすべての項が $\sin\theta$，$\cos\theta$ の2次式になります．この形のままでは合成できませんが，**2倍角の公式**

$$\sin 2\theta=2\sin\theta\cos\theta$$

$$\cos 2\theta=1-2\sin^2\theta \text{ または } 2\cos^2\theta-1$$

を利用して，$x^2+2xy+3y^2$ を **2θ で表す**と合成できる形になります．

◀すべての項の次数が等しい式のことを**同次式**といいます．

解答

点Pは原点中心，半径 $\sqrt{2}$ の円周上にあるから

$$x=\sqrt{2}\cos\theta,\ y=\sqrt{2}\sin\theta\ (0\leqq\theta<2\pi)$$

とおける．

したがって

$$\begin{aligned}\sqrt{3}x+y&=\sqrt{3}\cdot\sqrt{2}\cos\theta+\sqrt{2}\sin\theta\\&=2\sqrt{2}\left(\sin\theta\cdot\frac{1}{2}+\cos\theta\cdot\frac{\sqrt{3}}{2}\right)\\&=2\sqrt{2}\left(\sin\theta\cos\frac{\pi}{3}+\cos\theta\sin\frac{\pi}{3}\right)\\&=2\sqrt{2}\sin\left(\theta+\frac{\pi}{3}\right)\end{aligned}$$

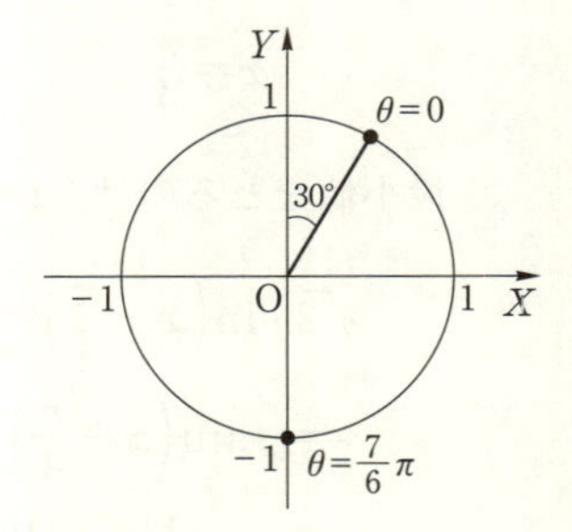

とでき，これは $\theta=\dfrac{7}{6}\pi$ のとき

最小値：$-2\sqrt{2}$

をとる．

また

$$
\begin{aligned}
&x^2+2xy+3y^2\\
&=2\cos^2\theta+4\sin\theta\cos\theta+6\sin^2\theta\\
&=2\cdot\frac{1+\cos 2\theta}{2}+2\sin 2\theta+6\cdot\frac{1-\cos 2\theta}{2}\\
&=2\sin 2\theta-2\cos 2\theta+4\\
&=2\sqrt{2}\left(\sin 2\theta\cdot\frac{1}{\sqrt{2}}-\cos 2\theta\cdot\frac{1}{\sqrt{2}}\right)+4\\
&=2\sqrt{2}\left(\sin 2\theta\cos\frac{\pi}{4}-\cos 2\theta\sin\frac{\pi}{4}\right)+4\\
&=2\sqrt{2}\sin\left(2\theta-\frac{\pi}{4}\right)+4
\end{aligned}
$$

とでき，これは $\theta=\frac{3}{8}\pi,\ \frac{11}{8}\pi$ のとき

最大値：$2\sqrt{2}+4$

をとる．

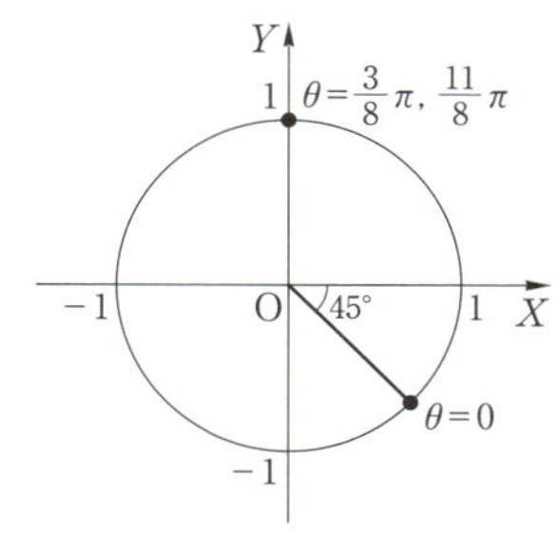

2θなので，単位円を2周します．

補足 **解答** の式変形は，半角の公式

$$\sin^2\frac{\theta}{2}=\frac{1-\cos\theta}{2},\quad \cos^2\frac{\theta}{2}=\frac{1+\cos\theta}{2}\quad \cdots\cdots(*)$$

を利用したと考えることもできますが，筆者はそもそも「半角の公式なんてない」と考えています．というのは，**θ から 2θ を見ると 2 倍角であり，2θ から θ を見ると半角である**と考えているからです．実際，2 倍角の公式を

$$
\begin{aligned}
\cos 2\theta=1-2\sin^2\theta &\iff 2\sin^2\theta=1-\cos 2\theta\\
&\iff \sin^2\theta=\frac{1-\cos 2\theta}{2}\\
\cos 2\theta=2\cos^2\theta-1 &\iff 2\cos^2\theta=1+\cos 2\theta\\
&\iff \cos^2\theta=\frac{1+\cos 2\theta}{2}
\end{aligned}
$$

と式変形したものが，いわゆる半角の公式です．$\left(\right.$この式の θ を $\frac{\theta}{2}$ に書き換えたものが上の (＊) です．$\left.\right)$つまり，2 倍角の公式と半角の公式は同じものなのです．

メインポイント

円周上の点は $(r\cos\theta,\ r\sin\theta)$ とおく！

第3章

29 解の対応

アプローチ

(1)で誘導されている通り，$t=\sin x$ とおくことで関数 $f(x)$ を t についての 2 次関数 $g(t)$ に書き換えます．これで(2)まではスムーズに進むでしょう．

(3)は「$f(x)=a$ が異なる 4 個の解をもつような a の値の範囲」を求めるのですが，これを安易に「$g(t)=a$ が異なる 4 個の…」としてしまってはダメです．

◀ $g(t)=a$ は 2 次方程式なので，解の個数は最大でも 2 個ですね．

$f(x)=a$ は「x についての」方程式なので，解は x の値のことです．しかし，$g(t)=a$ は「t についての」方程式なので，解は t の値のことです．

したがって，**t と x の個数がどのように対応するのかを調べる必要があります．**

◀ t を 1 つ決めたときに，x が何個出てくるのかということです．

$t=\sin x$ $(0\leqq x<2\pi)$ なので，例えば $t=-\dfrac{1}{2}$ のとき，$x=\dfrac{7}{6}\pi$，$\dfrac{11}{6}\pi$ の 2 個になります．

$t=1$ のときは，$x=\dfrac{\pi}{2}$ の 1 個になります．

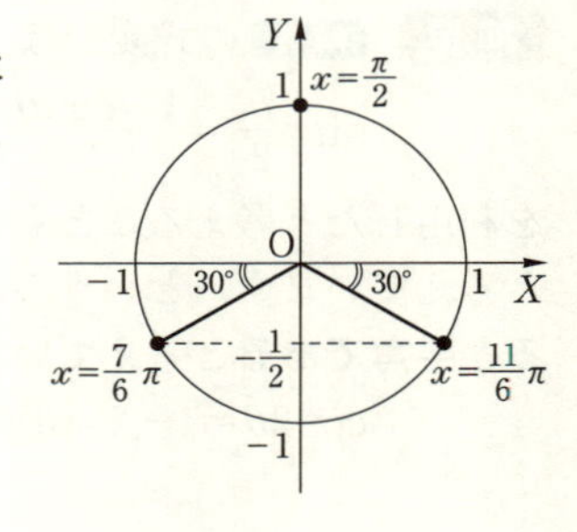

このように，本問は x の範囲が $0\leqq x<2\pi$ なので

$t=\pm1$ 　　のとき，x は 1 個

$-1<t<1$ のとき，x は 2 個

となります．

解答

(1) $t=\sin x$ とするとき

$$\begin{aligned}f(x)&=2\sin^2 x+4\sin x+3\cos 2x\\&=2\sin^2 x+4\sin x+3(1-2\sin^2 x)\\&=-4\sin^2 x+4\sin x+3\\&=\boldsymbol{-4t^2+4t+3}\end{aligned}$$

(2) $g(t)=-4t^2+4t+3$ とすると

$$g(t)=-4\left(t-\frac{1}{2}\right)^2+4$$

である．

$0 \leqq x < 2\pi$ から $-1 \leqq \sin x \leqq 1$，つまり
$-1 \leqq t \leqq 1$ なので

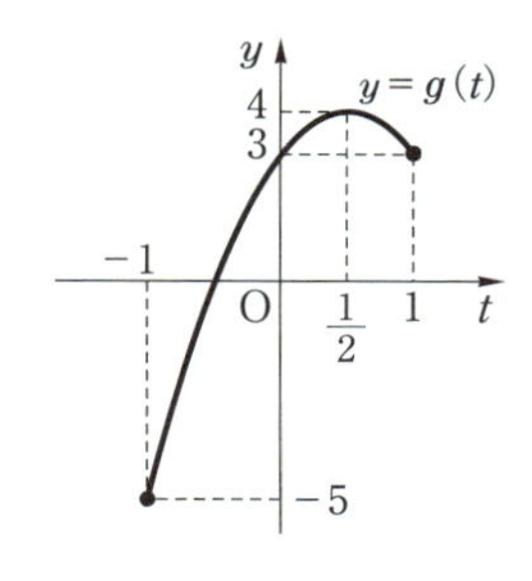

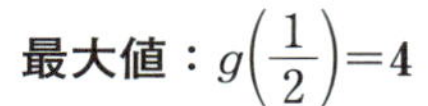

最大値：$g\left(\frac{1}{2}\right)=\mathbf{4}$

最小値：$g(-1)=\mathbf{-5}$

最大値をとるのは，$t=\frac{1}{2}$ のときだから

$$\sin x=\frac{1}{2} \qquad \therefore \quad \boldsymbol{x=\frac{\pi}{6},\ \frac{5}{6}\pi}$$

最小値をとるのは，$t=-1$ のときだから

$$\sin x=-1 \qquad \therefore \quad \boldsymbol{x=\frac{3}{2}\pi}$$

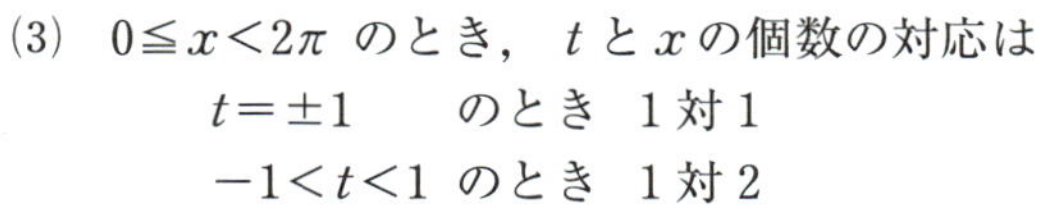

(3) $0 \leqq x < 2\pi$ のとき，t と x の個数の対応は

$t=\pm 1$ 　　のとき 1対1
$-1<t<1$ のとき 1対2

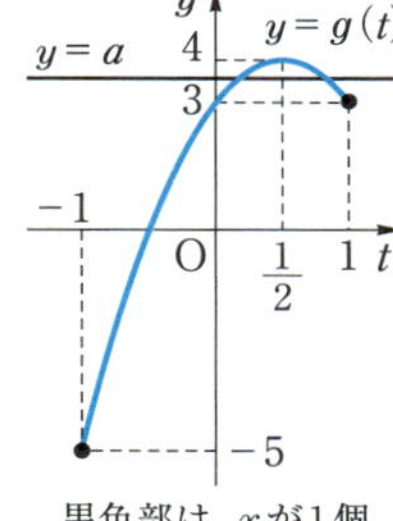

黒色部は，x が1個
青色部は，x が2個

なので，x についての方程式 $f(x)=a$ が相異なる 4 個の解をもつのは，t についての方程式 $g(t)=a$ が $-1<t<1$ の範囲に異なる 2 個の解をもつときである．

つまり，$y=g(t)$ のグラフと $y=a$ のグラフが $-1<t<1$ において，異なる 2 点で交わるときだから，求める a の値の範囲は

$\boldsymbol{3<a<4}$

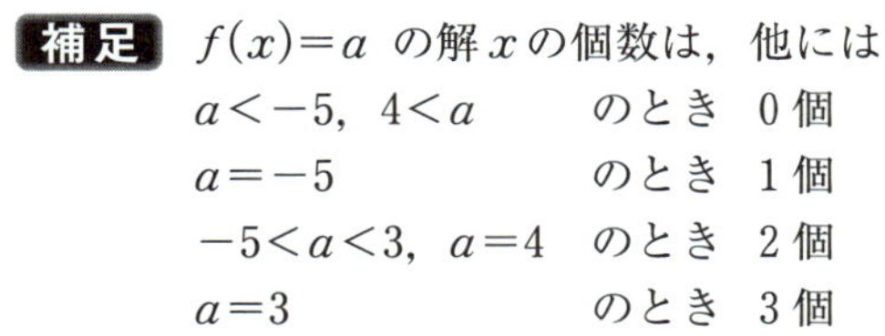

補足 $f(x)=a$ の解 x の個数は，他には

$a<-5,\ 4<a$ 　　のとき 0 個
$a=-5$ 　　　　のとき 1 個
$-5<a<3,\ a=4$ のとき 2 個
$a=3$ 　　　　　のとき 3 個

となります．

メインポイント

おきかえたら，解の対応に注意！

30 非有名角の三角比

アプローチ

(1)はいわゆる**3倍角の公式**です．確実に作れるようにしておきましょう．

(2)のような非有名角の三角比は，その角度をθとおいて

$$\boldsymbol{n\theta=}(\textbf{有名角})$$

となる自然数nを見つけることが大切です．

◀大学入試においては，ほとんどの場合，$n=5$ です．

解答

(1) 加法定理により

$$\begin{aligned}&\cos 3\theta\\&=\cos(2\theta+\theta)\\&=\cos 2\theta\cos\theta-\sin 2\theta\sin\theta\\&=(2\cos^2\theta-1)\cos\theta-2\sin\theta\cos\theta\cdot\sin\theta\\&=2\cos^3\theta-\cos\theta-2(1-\cos^2\theta)\cos\theta\\&=4\cos^3\theta-3\cos\theta\end{aligned}$$

◀2倍角の公式を作るときと同様に，$3\theta=2\theta+\theta$ として加法定理を適用します．

(2) $\theta=54°$ とすると $5\theta=270°$ だから

$$3\theta=270°-2\theta$$

が成り立つ．

◀5倍角の公式を作ってもいいけど，この方がラク！

よって

$$\begin{aligned}&\cos 3\theta=\cos(270°-2\theta)\\\iff&4\cos^3\theta-3\cos\theta=-\sin 2\theta\\\iff&4\cos^3\theta-3\cos\theta+2\sin\theta\cos\theta=0\\\iff&\cos\theta\{4(1-\sin^2\theta)-3+2\sin\theta\}=0\\\iff&\cos\theta(4\sin^2\theta-2\sin\theta-1)=0\end{aligned}$$

◀左辺は(1)，右辺は単位円または加法定理．

$\cos\theta\neq0$ なので

◀$\cos 54°>0$ ですね．

$$4\sin^2\theta-2\sin\theta-1=0$$

$$\therefore\quad \sin\theta=\frac{1\pm\sqrt{5}}{4}$$

$0<\sin\theta<1$ なので

$$\sin\theta=\frac{1+\sqrt{5}}{4}$$

である．

したがって

$$\cos\theta=\sqrt{1-\left(\frac{1+\sqrt{5}}{4}\right)^2}$$
$$=\boldsymbol{\frac{\sqrt{10-2\sqrt{5}}}{4}}$$

◀$\cos 54°>0$ ですね．

(3)　求める面積は，右図の△OAB の面積の 5 倍である．図から

$$AB=2AH=2r\cos 54°,\ OH=r\sin 54°$$

なので，求める面積は

$$5\cdot\frac{1}{2}\cdot 2r\cos 54°\cdot r\sin 54°$$
$$=5r^2\cdot\frac{\sqrt{10-2\sqrt{5}}}{4}\cdot\frac{1+\sqrt{5}}{4}$$
$$=\frac{5}{16}r^2\sqrt{2\sqrt{5}(\sqrt{5}-1)(\sqrt{5}+1)^2}$$
$$=\boldsymbol{\frac{5}{8}r^2\sqrt{10+2\sqrt{5}}}$$

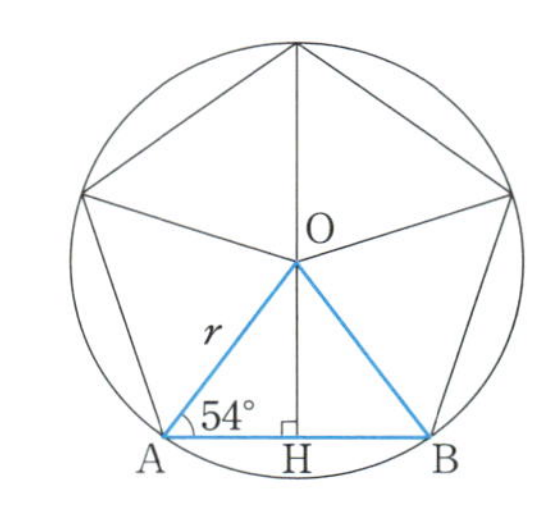

注意!　正多角形の重心は，外接円の中心です．

補足　(1)と同様にして sin の 3 倍角の公式も作れます．

$$\boldsymbol{\sin 3\theta}=\sin(2\theta+\theta)$$
$$=\sin 2\theta\cos\theta+\cos 2\theta\sin\theta$$
$$=2\sin\theta\cos\theta\cdot\cos\theta+(1-2\sin^2\theta)\sin\theta$$
$$=2\sin\theta(1-\sin^2\theta)+(1-2\sin^2\theta)\sin\theta$$
$$=\boldsymbol{-4\sin^3\theta+3\sin\theta}$$

メインポイント

非有名角は，有名角になるように自然数倍！

31 2直線のなす角

アプローチ

2直線のなす角は，**傾きに注目して tan の加法定理**を利用するのがセオリーです．

すると，$\tan\angle \mathrm{APB}$ を x の式で表せ，あとはその式の最大値を求めることになるのですが，分数式が出てきて困ってしまいます．

◀ $0 \leqq \theta < \dfrac{\pi}{2}$ において，$\tan\theta$ は単調に増加します．

そこで思い出してほしいのが，**相加・相乗平均の関係**です．数学Ⅰ・A・Ⅱ・Bの範囲では，分数式の処理は多くの場合，相加・相乗平均の関係です．

◀ **8 相加・相乗平均の関係**参照．

また，別解 では幾何的な解答を載せています．

解答

$x=0$ のとき，$\angle \mathrm{APB}=0$ である．

$x>0$ のとき，右図のように角度 α, β をとって，2直線 AP, BP の傾きに注目することで

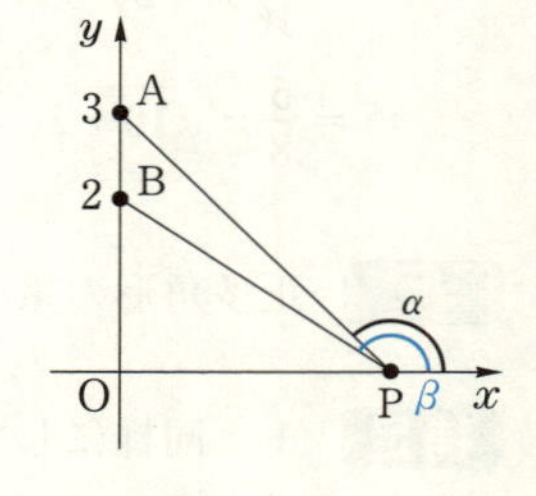

$$\tan\alpha=-\frac{3}{x},\quad \tan\beta=-\frac{2}{x}$$

であるから

$$\begin{aligned}\tan\angle \mathrm{APB}&=\tan(\beta-\alpha)\\&=\frac{\tan\beta-\tan\alpha}{1+\tan\beta\tan\alpha}\\&=\frac{\left(-\frac{2}{x}\right)-\left(-\frac{3}{x}\right)}{1+\left(-\frac{2}{x}\right)\left(-\frac{3}{x}\right)}\\&=\frac{x}{x^2+6}\\&=\frac{1}{x+\frac{6}{x}}\end{aligned}$$

◀ 数学Ⅲまで学習している人は，この式を x で微分してもイイですね．

相加・相乗平均の関係より

$$x+\frac{6}{x}\geqq 2\sqrt{x\cdot\frac{6}{x}}=2\sqrt{6}$$

$$\therefore\quad \tan\angle \mathrm{APB}=\frac{1}{x+\frac{6}{x}}\leqq\frac{1}{2\sqrt{6}}$$

等号成立条件は

$$x=\frac{6}{x} \iff x=\sqrt{6} \quad (\because \quad x>0)$$

図から ∠APB はつねに鋭角なので，∠APB が最大になるのは tan∠APB が最大のときである．

◀ ∠APB が鈍角なら tan∠APB<0 となります．

つまり，$x=\sqrt{6}$ のときである．

図の対称性から $x<0$ のときも同様なので，求める x の値は $\boldsymbol{x=\pm\sqrt{6}}$ である．

別解

2点A，Bが固定されているので，∠APB が最大になるのは，3点A，B，Pを通る円の半径が最小のときである．

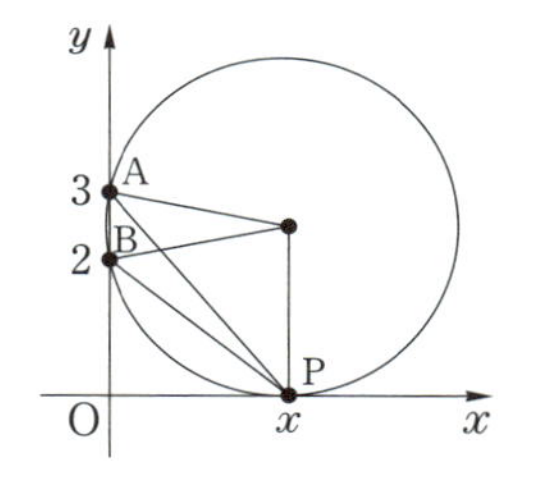

それは右図のように，円が x 軸に接するときで，このとき中心の y 座標が $\frac{5}{2}$ になることから，円の半径は $\frac{5}{2}$ である．よって，中心から点Aまでの距離に注目して

$$x^2+\left(\frac{1}{2}\right)^2=\left(\frac{5}{2}\right)^2$$

$$\therefore \quad x=\pm\sqrt{6}$$

メインポイント

2直線のなす角は tan の加法定理！

32 指数関数の不等式

アプローチ

まず，$t=2^x$ とおきかえます．このとき $t>0$ であることに注意しましょう．

つまり，t についての2次不等式が $t>0$ の範囲においてつねに成り立つような a の値の範囲を求めることになります．あとは **21 2次不等式が成り立つ条件**と同様に最小値に注目します．

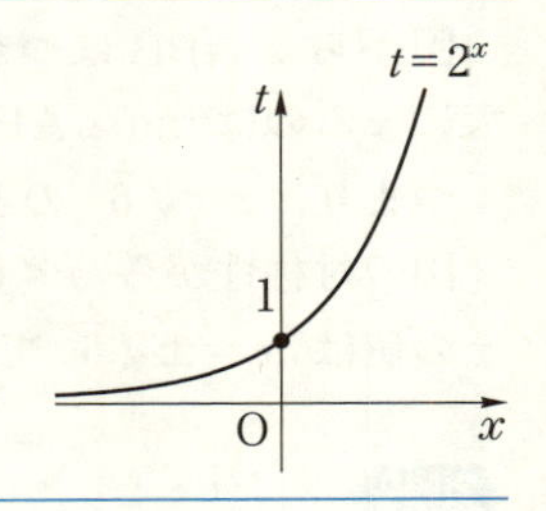

解答

$t=2^x$ とおくと，$t>0$ であり

$$2^{2x+2}+2^x a+1-a>0$$

$$\iff (2^x)^2\cdot 2^2+2^x a+1-a>0$$

$$\iff 4t^2+at+1-a>0 \quad \cdots\cdots(*)$$

◀指数法則は正確に使えるようにしておきましょう．

となるので，不等式$(*)$が $t>0$ の範囲において成り立つ条件を求める．

$f(t)=4t^2+at+1-a$ とすると

$$f(t)=4\left(t+\frac{a}{8}\right)^2-\frac{a^2}{16}-a+1$$

とできるので，軸：$t=-\dfrac{a}{8}$ の位置で場合を分ける．

i）

ii）

i）$-\dfrac{a}{8}\leqq 0$ つまり $a\geqq 0$ の場合

$$f(0)=1-a\geqq 0 \qquad \therefore \quad a\leqq 1$$

◀$t>0$ なので，$f(0)=0$ でも題意が成立します．

$a\geqq 0$ とあわせて

$$0\leqq a\leqq 1$$

ii) $0<-\dfrac{a}{8}$ つまり $a<0$ の場合

$$f\left(-\frac{a}{8}\right)=-\frac{a^2}{16}-a+1>0$$

$$\iff a^2+16a-16<0$$

$$\iff -8-4\sqrt{5}<a<-8+4\sqrt{5}$$

◀頂点が確実に定義域に含まれる場合という意味で，場合分けの等号は外しました.

$a<0$ とあわせて

$$-8-4\sqrt{5}<a<0$$

i), ii) あわせて，求める a の値の範囲は

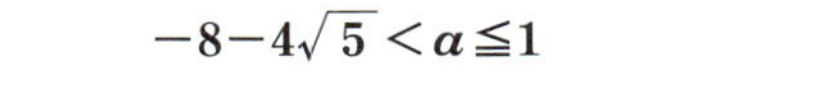

$$\boldsymbol{-8-4\sqrt{5}<a\leqq 1}$$

別解 ((＊) までは **解答** と同じ)

$$(＊) \iff a(t-1)>-4t^2-1$$

とできるので，$t>0$ において直線 $y=a(t-1)$ が放物線 $y=-4t^2-1$ のグラフよりも上側にあるときを考える.

$y=a(t-1)$ は点 $(1,\ 0)$ を通り，傾き a の直線であり，放物線 $y=-4t^2-1$ と接するのは $f(t)=0$ が重解をもつときである.

$$\text{判別式}：D=a^2-4\cdot4(1-a)=0$$

$$\iff a^2+16a-16=0$$

$$\iff a=-8\pm4\sqrt{5}$$

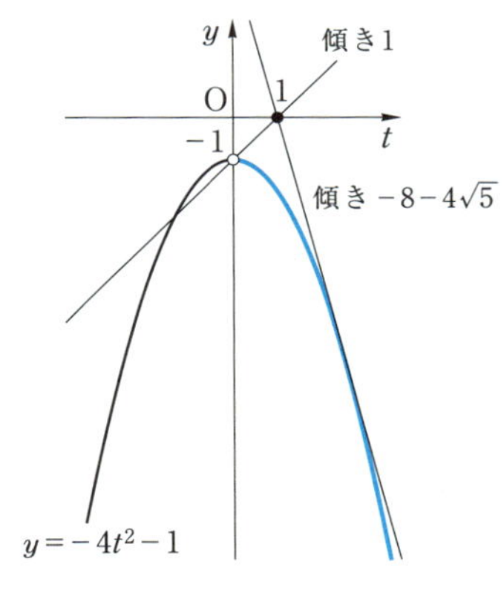

右図の接線の傾きは負なので，$-8-4\sqrt{5}$ である.
したがって，右図から，傾き a の値の範囲は

$$-8-4\sqrt{5}<a\leqq 1$$

メインポイント

おきかえたら新変数の変域チェック！

33 p^x+p^{-x} のおきかえ

アプローチ

まず，$t=2^x+2^{-x}$ とおきかえます．すると与式は t についての 2 次方程式になるのですが，聞かれていることはもとの「x についての方程式」の実数解の個数なので，**t と x の対応**の仕方を調べる必要があります．

◀ 29 解の対応のときと同様です．

このおきかえは，相加・相乗平均の関係から

$$2^x+2^{-x} \geqq 2\sqrt{2^x \cdot 2^{-x}}=2 \qquad \therefore \quad t \geqq 2$$

◀等号は $x=0$ のとき成立．

と，t の値の範囲を求めることもできますが，本問は上記の通り **t と x の対応**が重要なので，あまり意味がありません．そこで，次のように考えます．

◀おきかえた変数の範囲のチェックは，関数のとりうる値を調べるときでしたね．

例えば，$t=3$ のとき

$$3=2^x+2^{-x} \iff 3 \cdot 2^x=(2^x)^2+1$$

◀両辺に 2^x をかけました．

$$\iff (2^x)^2-3 \cdot 2^x+1=0$$

$$\iff 2^x=\frac{3 \pm \sqrt{5}}{2}$$

◀ 2 次方程式の解の公式．

となり，右辺が異なる 2 つの正の値を表すので，右図のように対応する x の値が 2 個存在することがわかります．

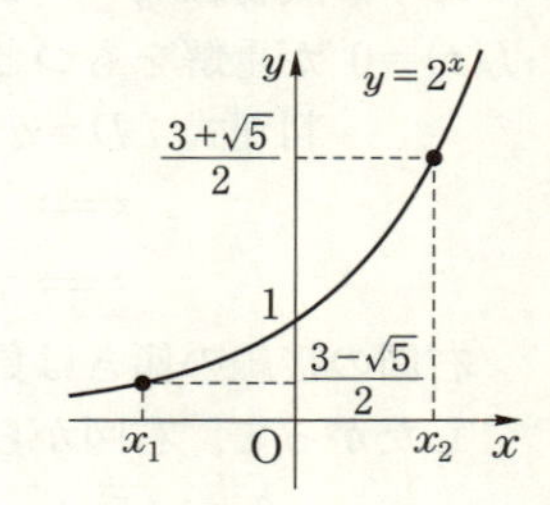

このように，

$t=2^x+2^{-x}$ を $2^x=\cdots$ に式変形して，右辺が正の値をとるかどうかで，対応する x の存在性を確認

します．

解答

$t=2^x+2^{-x}$ とおくと

$$t \cdot 2^x=(2^x)^2+1 \iff (2^x)^2-t \cdot 2^x+1=0$$

$$\iff 2^x=\frac{t \pm \sqrt{t^2-4}}{2}$$

とできる．

$t<2$ のとき，右辺が負または虚数になるので対応する x が存在しない．

◀ $t \leqq -2$ のとき負，$-2<t<2$ のとき虚数．

$t=2$ のとき，右辺が1になるので対応する x は $x=0$ の1個だけ.

$t>2$ のとき，右辺は異なる2つの正の値であるので，対応する x は2個存在する.

また

$$t^2=(2^x)^2+2\cdot 2^x\cdot 2^{-x}+(2^{-x})^2$$
$$=4^x+2+4^{-x}$$
$$\therefore\quad 4^x+4^{-x}=t^2-2$$

とできるので，与式から

$$(t^2-2)-3at+2(a^2+1)=0$$
$$\iff t^2-3at+2a^2=0$$
$$\iff (t-a)(t-2a)=0$$
$$\therefore\quad t=a,\ 2a$$

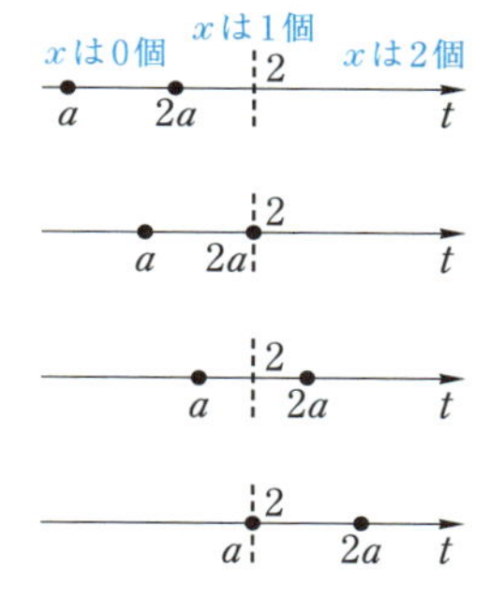

したがって，$a\leqq 2$ における与方程式の実数解の個数は

$a<1$　のとき0個
$a=1$　のとき1個
$1<a<2$　のとき2個
$a=2$　のとき3個

補足 厳密には数学Ⅲの内容ですが，$t=2^x+2^{-x}$ のグラフは右のようになります.

これを見れば，t と x の対応がわかりやすいですね.

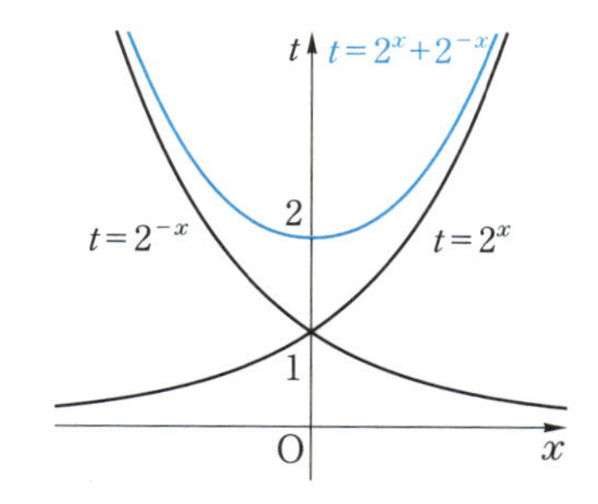

メインポイント

$t=p^x+p^{-x}$ は
- 範囲 ⟶ 相加・相乗平均の関係
- 解の対応 ⟶ $p^x=\cdots$ に式変形

34 桁数と最高位の数字

アプローチ

(1), (2)は実験してみればすぐにわかると思いますが，**周期性**がテーマです．数列 $\{3^n\}$ を並べてみると

$$3,\ 9,\ 27,\ 81,\ 243,\ 729,\ 2187,\ \cdots\cdots$$

となり，一の位は 3，9，7，1 の繰り返しであることがわかります．

◀厳密には
$3^{n+4}-3^n=(3^4-1)\cdot 3^n$
$=80\cdot 3^n$
から，3^n と 3^{n+4} を 10 で割った余りが等しいことが示されます．

$2013=2010+3$ なので，2013^n と 3^n の一の位は同じ数字ですから，あとは何回繰り返すか調べるだけです．(2)も同様です．

(3)は桁数を求める頻出問題です．例えば「3 桁の自然数 N」といわれたら

$$100 \leqq N \leqq 999 < 1000$$
$$\therefore \quad 10^2 \leqq N < 10^3$$

とできることはわかりますね．だから，逆に

$$\boldsymbol{10^{k-1} \leqq A < 10^k}$$

となる自然数 k が，A の桁数であるということです．

◀10^k は 0 が k 個並んで，最大の位に 1 が入るので $k+1$ 桁です．

(4)は，さらに範囲を狭めたいのです．例えば「3 桁で，最高位の数字が 5 の自然数 N」といわれたら

$$500 \leqq N \leqq 599 < 600$$
$$\therefore \quad 5\cdot 10^2 \leqq N < 6\cdot 10^2$$

とできます．だから

$$\boldsymbol{m\cdot 10^{k-1} \leqq A < (m+1)\cdot 10^{k-1}}$$

となる m $(m=1,\ 2,\ \cdots\cdots,\ 9)$ が，A の最高位の数字です．

◀この m はたかだか 9 通りなので順に調べていけばよいのです．

解答

(1) 2013^n (n ：自然数) の一の位は 3，9，7，1 の繰り返しであり，$25=4\cdot 6+1$ なので，2013^{25} の一の位の数字は **3** である．

◀周期が 4 であり，それを 6 セット繰り返して，あと 1 つ進むということ．

(2)　(1)と同様に，13^n（n：自然数）の一の位は 3，9，7，1 の繰り返しであり，$2013=4\cdot503+1$ なので 13^{2013} の一の位の数字は 3．

　つまり，13^{2013} を 5 で割った余りは **3** である．

◀一の位の数字が 7 だったら，5 で割った余りは 2 となります．

(3)　3^{2013} の常用対数をとると

$$\log_{10}3^{2013}=2013\log_{10}3$$
$$=2013\cdot0.4771$$
$$=960.4023$$

となるので，右図から

$$10^{960}<3^{2013}<10^{961}$$

である．

　よって，3^{2013} の桁数は **961** である．

◀底を 10 とする対数を**常用対数**といいます．

(4)　(2)の計算と

$$\log_{10}(2\cdot10^{960})=\log_{10}2+960$$
$$=960.3010$$
$$\log_{10}(3\cdot10^{960})=\log_{10}3+960$$
$$=960.4771$$

から，右図のように

$$2\cdot10^{960}<3^{2013}<3\cdot10^{960}$$

となるので，3^{2013} の最高位の数字は **2** である．

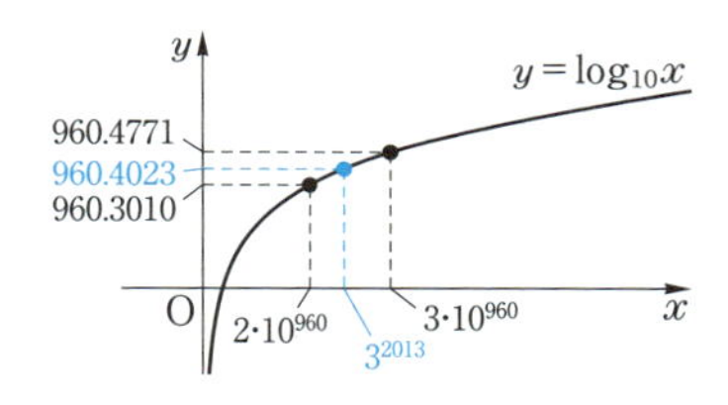

補足　結局のところ，A の桁数と最高位の数字は，**桁数を $\log_{10}A$ の整数部分で，最高位の数字を $\log_{10}A$ の小数部分で調べられる**ということになります．

　また，例えば 2^{100} と $2^{100}+1$ の桁数が等しいことは感覚的にわかりますね．だって，1 を加えたぐらいで桁は変わらないですから．（2^{100} は 99…99 という数ではない．）

　つまり，桁数を調べることと一の位の数字を求めることは，全然別の問題なのです．

メインポイント

一の位の数字は周期性，桁数と最高位の数字は常用対数で調べる！

35 対数不等式の表す領域

アプローチ

対数の等式・不等式を扱うときは，底をそろえておくのが原則です．そのための公式が**底の変換公式**

$$\log_P Q=\frac{\log_a Q}{\log_a P}$$

◀底 a を自由に決められる．

です．このとき，底を何にそろえるかは自由ですが，本問においては2にしておくのが無難でしょう．

すると，$\log_2 x$ が分母に出てくるのですが，これを安易に払ってしまうのは危険です．分母を払うということは両辺に $\log_2 x$ をかけるということですが，本問は不等式なので **$\log_2 x$ の符号が重要**になります．

したがって，**$\log_2 x$ の符号についての場合分け**が必要です．

そして，対数の等式・不等式は最終的に，**左辺と右辺に log が1個ずつ**ある形が目標です．そうすれば，真数だけを取り出せます．

◀方程式や不等式を「解く」問題でも，同様です．

$$\log_a P=\log_a Q \iff P=Q$$

$1<a$ のとき，$\log_a P>\log_a Q \iff P>Q$

$0<a<1$ のとき，$\log_a P>\log_a Q \iff P<Q$

解答

真数と底の条件より

$$0<x,\ x\neq 1,\ 0<y$$

◀底 x は1という値をとれません．

このとき，与式を変形して

$$\frac{1}{\log_2 x}-\frac{(\log_2 y)^2}{\log_2 x}<4\log_2 x-4\log_2 y$$

$$\iff \frac{1}{\log_2 x}<\frac{(\log_2 y)^2-4\log_2 y\log_2 x+4(\log_2 x)^2}{\log_2 x}$$

$$\iff \frac{1}{\log_2 x}<\frac{(\log_2 y-2\log_2 x)^2}{\log_2 x} \quad \cdots\cdots(*)$$

◀なるべく分母を払わないまま式変形します．

i) $\log_2 x>0$ つまり $1<x$ の場合，(＊) から

$$1<(\log_2 y-2\log_2 x)^2$$
$$\iff \log_2 y-2\log_2 x<-1,\ 1<\log_2 y-2\log_2 x$$
$$\iff \log_2 y<\log_2 x^2-\log_2 2,\ \log_2 x^2+\log_2 2<\log_2 y$$
$$\iff \log_2 y<\log_2 \frac{x^2}{2},\ \log_2 2x^2<\log_2 y$$
$$\iff y<\frac{x^2}{2},\ 2x^2<y$$

ii) $\log_2 x<0$ つまり $0<x<1$ の場合

i) の不等号をすべて逆向きにして

$$\frac{x^2}{2}<y<2x^2$$

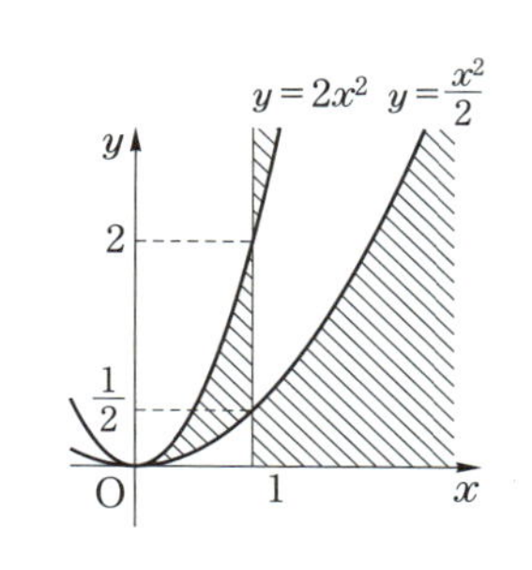

以上から，求める領域は右図の斜線部である．ただし，境界はすべて含まない．

参考

対数の定義は

$$\boldsymbol{a^n=P \iff \log_a P=n}$$

という同値変形で与えられます．つまり，**$\log_a P$ とは a を P にする指数**のことです．

したがって（n を消去することで）

$$\boldsymbol{a^{\log_a P}=P}$$

という関係が得られます．このことから

$$P^{\log_P Q}=a^{\log_a Q}(=Q)$$
$$\therefore\ \boldsymbol{\log_a P \log_P Q=\log_a Q}$$

となります．両辺を $\log_a P$ で割ると底の変換公式が得られますが，実はこのままでも使い勝手のいい形なのです．青字の部分を省略して右辺にできると見れば，例えば

$$\log_3 5\log_5 9=\log_3 9=2$$

と処理できます．

メインポイント

対数の等式・不等式は，左辺と右辺に log が 1 個ずつある形に！

第4章　微分・積分

36 極値をもつ条件

アプローチ

3 次関数 $f(x)$ と 2 次関数 $f'(x)$ は下図のような関係になっています．(x^3 の係数が正の場合です．)

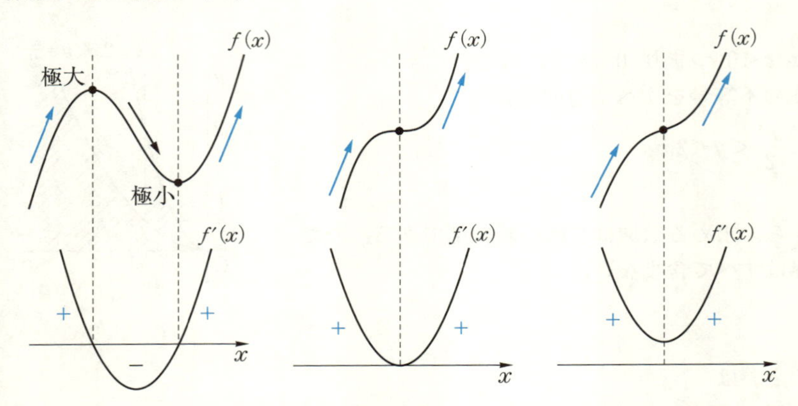

一般に，多項式の関数 $f(x)$ の**極値とは，$f'(x)$ の符号が変わるところの値**のことです．

したがって，(2)では $f'(x)$ のグラフが上図 (左) のようになることが必要十分条件となります．

そして(3)では，$f'(-a)=0$ だけでは不十分です．上図 (中央) のように，$f'(x)=0$ になる部分があっても，そこで符号変化が起こらなければ極値にはならないのです．だから，(2)で求めた条件とあわせる必要があります．

解答

(1)　$f(x)=x^3+(a-2)x^2+3x$ を x で微分すると

$$\boldsymbol{f'(x)=3x^2+2(a-2)x+3}$$

(2)　$f(x)$ が極値をもつのは，$f'(x)$ のグラフが x 軸と異なる 2 点で交わるときである．

$$f'(x)=3\left(x+\frac{a-2}{3}\right)^2-\frac{(a-2)^2}{3}+3$$

とできるから，頂点の y 座標に注目して

$$-\frac{(a-2)^2}{3}+3<0$$

$$\iff (a-2)^2-3\cdot3>0$$

$$\iff (a+1)(a-5)>0$$

$$\iff \boldsymbol{a<-1,\ 5<a}$$

◀判別式 $D>0$ でも OK.

(3) $f(x)$ が $x=-a$ で極値をもつためには，

$f'(-a)=0$ が必要だから

$$f'(-a)=3a^2-2a(a-2)+3=0$$

$$\iff a^2+4a+3=0$$

$$\iff (a+3)(a+1)=0$$

$$\iff a=-3,\ -1$$

◀これだけでは，左ページの中央の図の可能性があります.

(2)の結果とあわせて

$$\boldsymbol{a=-3}$$

このとき

$$f(x)=x^3-5x^2+3x$$

$$f'(x)=3x^2-10x+3=(3x-1)(x-3)$$

よって，増減表は次の通り.

x	$\cdots$	$\frac{1}{3}$	$\cdots$	3	$\cdots$
$f'(x)$	$+$	0	$-$	0	$+$
$f(x)$	↗		↘		↗

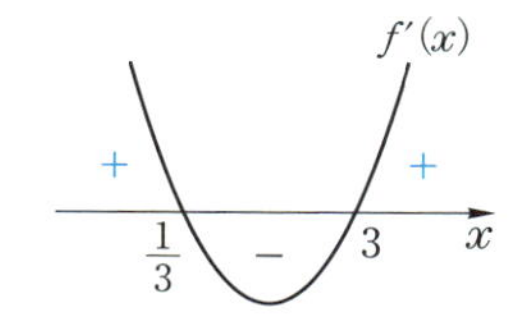

したがって，求める極大値は

$$f\left(\frac{1}{3}\right)=\frac{1}{27}-\frac{5}{9}+1=\boldsymbol{\frac{13}{27}}$$

メインポイント

極値は $f'(x)$ の符号が変化するところ

37 3次関数の最大値

アプローチ

3次関数の最大・最小を求めるとき，極値をもつようなグラフをイメージしてしまいがちです．本問も前問 **36** と同様に，$f'(x)$ のグラフの様子を考えることが大切です．k の値によっては，そもそも極値をもたない場合もあります．

解答

$f(x)=-x^3-3x^2+3kx+3k+2$ を x で微分して

$$f'(x)=-3x^2-6x+3k$$
$$=-3(x+1)^2+3+3k$$

i） $3+3k \leqq 0$ つまり $k \leqq -1$ の場合

すべての x で $f'(x) \leqq 0$ なので，$f(x)$ は単調減少である．よって，$-1 \leqq x \leqq 1$ における最大値は $f(-1)=0$ である．

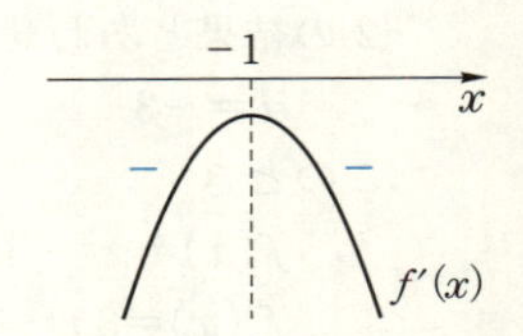

ii） $0<3+3k$ つまり $-1<k$ の場合

$f'(x)=0$ とすると

$$x^2+2x-k=0$$
$$\therefore \quad x=-1\pm\sqrt{1+k}$$

よって，$-1 \leqq x$ における増減表は次の通り．

x	-1	$\cdots$	$-1+\sqrt{1+k}$	$\cdots$
$f'(x)$		$+$	0	$-$
$f(x)$		↗		↘

したがって，$-1 \leqq x \leqq 1$ における最大値は以下の通り．

(イ) $1<-1+\sqrt{1+k}$ の場合

◀極大値が見えない（定義域に含まれない）場合です．

$$2<\sqrt{1+k}$$

両辺ともに正だから2乗して

$$4<1+k \iff 3<k$$

この場合

最大値 $f(1)=6k-2$

(ロ)　$-1+\sqrt{1+k} \leqq 1$ つまり $-1<k \leqq 3$ の場合
$f(x)$ を x^2+2x-k で割ることで
$f(x)=(x^2+2x-k)(-x-1)+(2k+2)x+2k+2$
とできるので

$$\text{最大値}\ f(-1+\sqrt{1+k})=(2k+2)\sqrt{1+k}$$
$$=2(\sqrt{1+k})^3$$

◀極大値が見える（定義域に含まれる）場合です．

◀$x=-1+\sqrt{1+k}$ のとき $x^2+2x-k=0$ です．

以上，まとめて

$$\text{最大値}\begin{cases} \mathbf{0} & (\boldsymbol{k} \leqq -\mathbf{1}) \\ \mathbf{2}(\sqrt{\mathbf{1}+\boldsymbol{k}})^3 & (-\mathbf{1}<\boldsymbol{k} \leqq \mathbf{3}) \\ \mathbf{6}\boldsymbol{k}-\mathbf{2} & (\mathbf{3}<\boldsymbol{k}) \end{cases}$$

参考　3 次関数の最大値・最小値を求めるときは，最初に**立方完成**するのも有効です．

一般に，$y=ax^3+bx^2+cx+d$ を $y=a(x-p)^3+e(x-p)+q$ に式変形することを**立方完成**といいます．こうすることで，$y=ax^3+ex$ のグラフを x 軸方向に p，y 軸方向に q 平行移動したものであることがわかります．

本問の $f(x)$ の場合には

$$f(x)=-x^3-3x^2+3kx+3k+2$$
$$=-x^3-3x^2-3x-1+3kx+3k+2+3x+1$$
$$=-(x+1)^3+(3k+3)x+(3k+3)$$
$$=-(x+1)^3+(3k+3)(x+1)$$

とすることで，$y=f(x)$ のグラフは，$y=-x^3+(3k+3)x$ のグラフを x 軸方向に -1 平行移動したものであることがわかります．

グラフを x 軸方向に平行移動しても定義域も一緒に移動することで最大値・最小値には変化がありません．したがって，$y=-x^3+(3k+3)x$ の $0 \leqq x \leqq 2$ における最大値を求めても同じことになります．このとき

$$y'=-3x^2+(3k+3)$$

から，$-1<k$ の場合の $y'=0$ の解は $x=\pm\sqrt{1+k}$ となり，極値を求める計算がラクになります．

メインポイント

3 次関数 $f(x)$ の最大・最小は，まず $f'(x)$ のグラフの様子で場合分け！

第4章

38 3次不等式が成り立つ条件

アプローチ

本問は，**21 2次不等式が成り立つ条件**と同じ考え方で解けます．つまり，$0 \leqq x \leqq 1$ において

$$f(x) \geqq 0 \text{ が成り立つ}$$
$$\iff (f(x) \text{ の最小値}) \geqq 0$$

と考えます．

ただし，**21** の 別解 のように，先に必要条件でおさえておくとラクになり，無駄な計算を省けます．

◀本問は，$f(0)$ と $f(1)$ の値に注目します．

解答

$0 \leqq x \leqq 1$ において $f(x) \geqq 0$ が成り立つには

$$f(0)=a \geqq 0 \text{ かつ } f(1)=-2a+1 \geqq 0$$

すなわち

$$0 \leqq a \leqq \frac{1}{2}$$

が必要であるから，以下，この範囲で考える．

$f(x)=x^3-3ax+a$ を x で微分して

$$f'(x)=3x^2-3a=3(x+\sqrt{a})(x-\sqrt{a})$$

i） $a=0$ の場合

x	0	$\cdots$	1
$f'(x)$	0	$+$	
$f(x)$		↗	

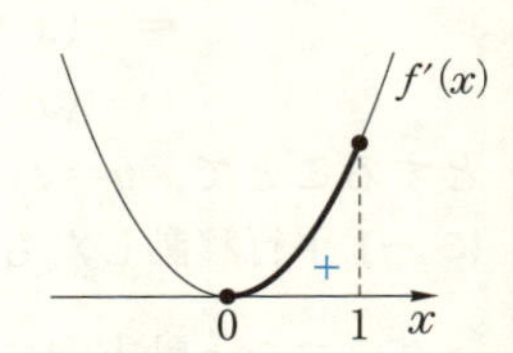

最小値は $f(0)=0$ だから，$0 \leqq x \leqq 1$ において $f(x) \geqq 0$ が成り立つ．

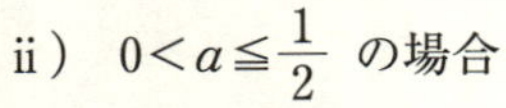

ii） $0<a \leqq \frac{1}{2}$ の場合

x	0	$\cdots$	$\sqrt{a}$	$\cdots$	1
$f'(x)$		$-$	0	$+$	
$f(x)$		↘		↗	

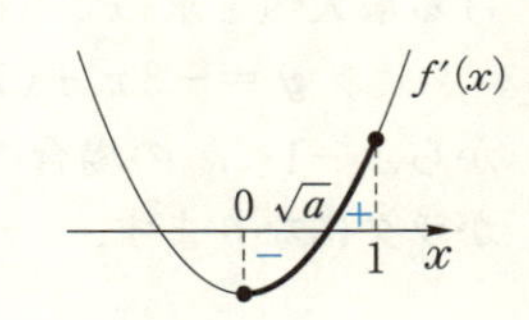

最小値は

$$f(\sqrt{a})=a\sqrt{a}-3a\sqrt{a}+a$$
$$=a(1-2\sqrt{a})$$

だから，$0 \leqq x \leqq 1$ において $f(x) \geqq 0$ が成り立つ条件は

$$a(1-2\sqrt{a}) \geqq 0$$

$$\iff 1-2\sqrt{a} \geqq 0 \quad (\because \quad 0<a)$$

$$\therefore \quad a \leqq \frac{1}{4}$$

$0<a \leqq \dfrac{1}{2}$ とあわせて

$$0<a \leqq \frac{1}{4}$$

i)，ii) あわせて，求める a の値の範囲は

$$\boldsymbol{0 \leqq a \leqq \frac{1}{4}}$$

別解

$f(x) \geqq 0$ は $\dfrac{1}{3}x^3 \geqq a\left(x-\dfrac{1}{3}\right)$ とできる．

$$y=\frac{1}{3}x^3 \Longrightarrow y'=x^2$$

なので，$\left(t,\ \dfrac{1}{3}t^3\right)$ における接線の方程式は

$$y=t^2x-\frac{2}{3}t^3$$

これが，点 $\left(\dfrac{1}{3},\ 0\right)$ を通るとき

$$0=\frac{1}{3}t^2-\frac{2}{3}t^3 \iff t^2(2t-1)=0$$

$$\therefore \quad t=0,\ \frac{1}{2}$$

よって，右図のようになるから，求める a の値の範囲は

$$0 \leqq a \leqq \frac{1}{4}$$

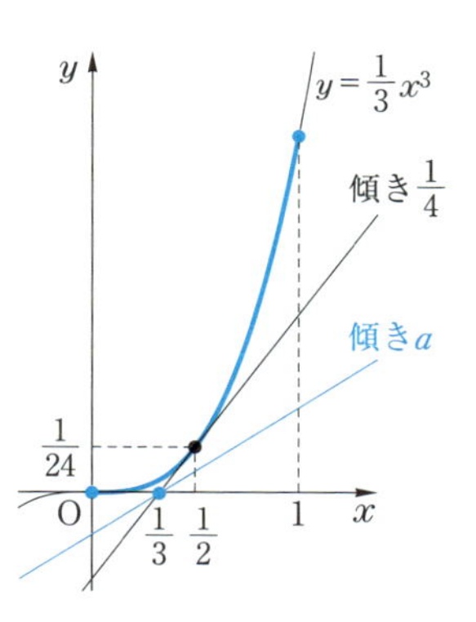

メインポイント

不等式が成り立つ条件は，最小値 (or 最大値) に注目して考える！

39 3次方程式の実数解

アプローチ

$y=x^3-\frac{3}{2}x^2-6x-k$ のグラフと $y=0$ (x 軸) の交点を考えても解けますが，少しメンドウです．

文字定数は分離

してあげましょう！

すると，3次曲線を固定でき，直線 $y=k$ だけを動かすことで，交点 (＝実数解) の動きを把握できます．

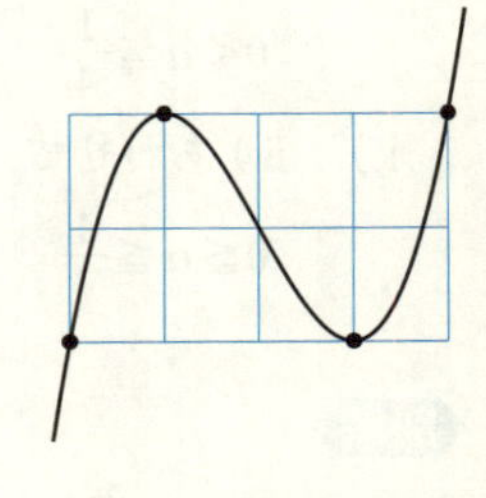

また，極値をもつ3次関数のグラフは右図のように，合同な長方形を8枚並べたところにピッタリとハマります．この知識を利用すると，交点の動く範囲がわかりやすいです．
(筆者は『タタミ8畳（じょう）』と呼んでいます.)

解答

(1) $f(x)=x^3-\frac{3}{2}x^2-6x$ とすると方程式 (＊) は

$$f(x)-k=0 \iff f(x)=k$$

とできるから，方程式 (＊) が異なる3つの実数解をもつのは，$y=f(x)$ のグラフと直線 $y=k$ が異なる3点で交わるときである．

$$f'(x)=3x^2-3x-6=3(x+1)(x-2)$$

であるから，$f(x)$の増減は次の通り．

x	$\cdots$	-1	$\cdots$	2	$\cdots$
$f'(x)$	$+$	0	$-$	0	$+$
$f(x)$	↗	$\frac{7}{2}$	↘	-10	↗

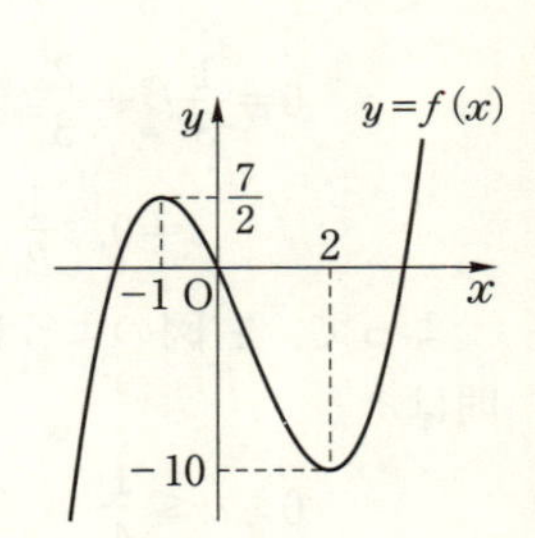

したがって，$y=f(x)$ のグラフは右のようになるので，求める k の値の範囲は

$$\boldsymbol{-10<k<\frac{7}{2}}$$

(2) 方程式 (∗) の実数解は，$y=f(x)$ と $y=k$ の交点の x 座標である．

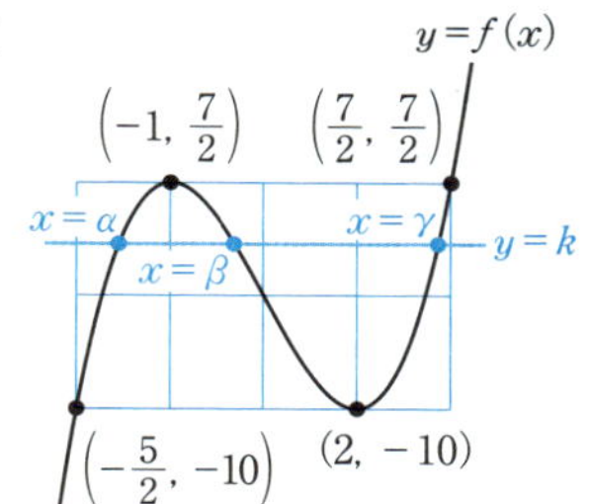

(a) $f\left(\dfrac{7}{2}\right)=\dfrac{7}{2}$，$f\left(-\dfrac{5}{2}\right)=-10$ なので，$y=f(x)$ のグラフは右のようになる．

したがって，α，β，γ の取りうる値の範囲は

$$\boldsymbol{-\frac{5}{2}<\alpha<-1,\ \ -1<\beta<2,\ \ 2<\gamma<\frac{7}{2}}$$

(b) 方程式 (∗) において，解と係数の関係から

$$\begin{cases}\alpha+\beta+\gamma=\dfrac{3}{2} & \cdots\cdots① \\ \alpha\beta+\beta\gamma+\gamma\alpha=-6 & \cdots\cdots② \\ \alpha\beta\gamma=k & \cdots\cdots③\end{cases}$$

が成り立つので

$$\begin{aligned}\alpha\gamma&=-\beta(\alpha+\gamma)-6 \quad (\because\ ②)\\ &=-\beta\left(\frac{3}{2}-\beta\right)-6 \quad (\because\ ①)\\ &=\beta^2-\frac{3}{2}\beta-6\\ &=\left(\beta-\frac{3}{4}\right)^2-\frac{105}{16}\end{aligned}$$

◀ β についての 2 次関数になりました．

$-1<\beta<2$ なので，$\beta=\dfrac{3}{4}$ において最小値

$\alpha\gamma=\boldsymbol{-\dfrac{105}{16}}$ をとり，③ から

$$k=-\frac{105}{16}\cdot\frac{3}{4}=\boldsymbol{-\frac{315}{64}}$$

メインポイント

文字定数は分離せよ！

40 接線の本数

アプローチ

曲線 $y=f(x)$ の接線の本数を数えるには，接点の座標を $(t,\ f(t))$ とおいて

(接線の本数)=(接点 t の個数)

と考えることが大切です．

したがって(3)では，t についての方程式（解答の③式）の実数解 t がちょうど2個になる条件を求めることになります．

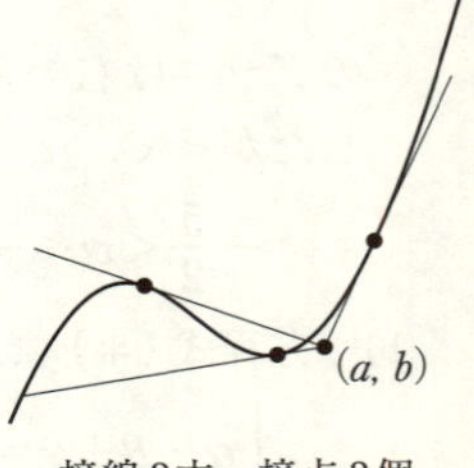

接線3本，接点3個

解答

(1) $C: y=x^3-x \Longrightarrow y'=3x^2-1$

なので，点 $(t,\ t^3-t)$ における接線の方程式は

$$\boldsymbol{y=(3t^2-1)x-2t^3} \quad \cdots\cdots①$$

◀点 $(t,\ t^3-t)$ を通り，傾き $3t^2-1$ の直線です．

(2) 点 $(s,\ s^3-s)$ における接線の方程式は

$$y=(3s^2-1)x-2s^3 \quad \cdots\cdots②$$

①，②が一致するのは

$$3t^2-1=3s^2-1 \text{ かつ } -2t^3=-2s^3$$

を満たすときであり，これらから

$$t^2=s^2 \text{ かつ } t^3=s^3$$

$$\Longleftrightarrow t=\pm s \text{ かつ } t=s$$

これらを同時に満たすのは，$t=s$ のときに限る．

◀2直線が一致するのは，傾きが等しく，かつ y 切片が等しいとき．

(3) ①が点 $(a,\ b)$ を通るとき

$$b=(3t^2-1)a-2t^3$$

$$\Longleftrightarrow 2t^3-3at^2+(a+b)=0 \quad \cdots\cdots③$$

(2)で示したことから，接線①の本数は，方程式③の実数解 t の個数と一致するので，③がちょうど2個の実数解をもつ条件を求める．

◀(2)によって，異なる2点で接するような接線が存在しないことを保証しているのです．

$f(t)=2t^3-3at^2+(a+b)$ とすると

$$f'(t)=6t^2-6at=6t(t-a)$$

であるから，$f(t)=0$ がちょうど2個の実数解を

もつ条件は

$$a \neq 0 \text{ かつ } f(0) \cdot f(a) = 0$$
$$\iff a \neq 0 \text{ かつ} (a+b)(-a^3+a+b) = 0$$

点AはC上にないから $b \neq a^3 - a$ である．

よって，求める条件は

$$\boldsymbol{a \neq 0 \text{ かつ } a+b=0}$$

◀ $f(t)=0$ がちょうど2個の実数解をもつのは，$y=f(t)$ のグラフが下図のように，極値をもち，かつ極値の一方が0のときです．

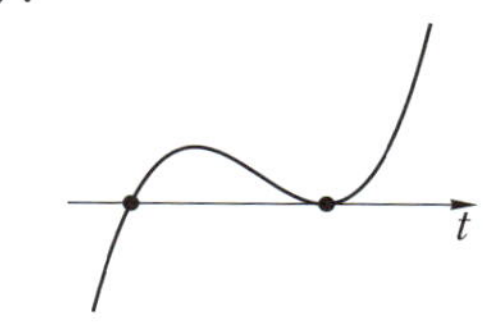

補足 4次以上の関数では，右図のような場合があります．

本問においてそのような場合がないことを，(2)によって保証しているのです．

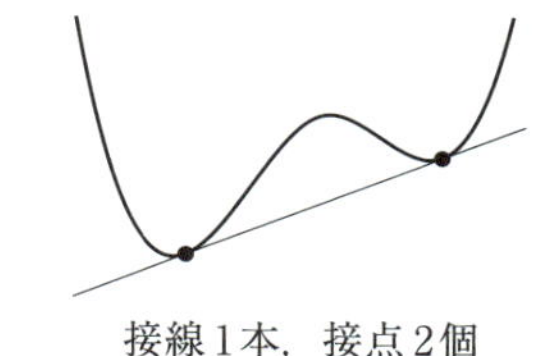

接線1本，接点2個

参考

接線が3本引けるのは，③が異なる3個の実数解をもつときで，その条件は

$$a \neq 0 \text{ かつ } f(0) \cdot f(a) < 0$$
$$\iff a \neq 0 \text{ かつ } (a+b)(-a^3+a+b) < 0$$

接線が1本だけ引けるのは，③が実数解を1個だけもつときで，その条件は

$$a = 0 \text{ または} (a \neq 0 \text{ かつ } f(0) \cdot f(a) > 0)$$
$$\iff a = 0 \text{ または}$$
$$(a \neq 0 \text{ かつ } (a+b)(-a^3+a+b) > 0)$$

これらから，点$(a,\ b)$の存在領域を xy 平面に図示すると右図のようになります．

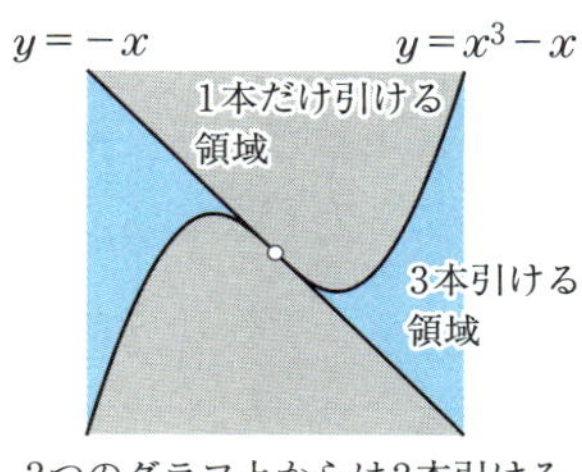

2つのグラフ上からは2本引ける．ただし，2つのグラフの交点からは1本だけ．

メインポイント

接線の本数は，接点の個数に等しい！

41 積分方程式

アプローチ

積分で表された式を含んだ等式から，もとの関数の式を求めるときは次の2つの方針が基本です．

① **積分区間に変数がない**
　　⟶ **定積分を文字定数でおく**

◀定積分の計算結果は定数になります．

② **積分区間に変数がある**
　　⟶ **微分積分の基本定理**

◀定積分の計算結果は関数になります．

つまり，(1)は $a=\int_0^1 f(t)\,dt$ とおいて $f(x)$ を整理し，(2)は両辺を x で微分します．

微分積分の基本定理

$$\frac{d}{dx}\int_a^x f(t)\,dt=f(x)\quad (a\text{ は定数})$$

◀$\dfrac{d}{dx}$ は「x で微分する」という意味の記号です．

証明　$F'(x)=f(x)$とすると

$$\int_a^x f(t)\,dt=\Big[F(t)\Big]_a^x=F(x)-F(a)$$

$F(a)$ は定数だから，両辺を x で微分することで

$$\frac{d}{dx}\int_a^x f(t)\,dt=F'(x)-0=f(x)$$

となる．　（証明終了）

「積分してから微分すればもとに戻る」という，当たり前に感じる定理ですが，◀この定理があるから「積分は微分の逆」として扱えるようになったのです．

解答

(1)　$a=\int_0^1 f(t)\,dt$とおくと

$$f(x)=3x^2+ax+1$$

となるので

◀複雑そうに見えた $f(x)$ が，実はただの2次関数であることがわかりました．

$$a=\int_0^1 (3t^2+at+1)\,dt$$

$$=\left[t^3+\frac{1}{2}at^2+t\right]_0^1$$

$$=\frac{1}{2}a+2$$

$$\therefore\quad a=4,\quad \boldsymbol{f(x)=3x^2+4x+1}$$

(2) 両辺を x で微分すれば

$$(3x+1)g(x)=4g(x)+15x^2-6x-9$$
$$\iff 3(x-1)g(x)=3(x-1)(5x+3)$$

◀微分積分の基本定理.

よって，$x \neq 1$ のとき

$$g(x)=5x+3$$

となり，これは条件 $g(1)=8$ に適する.

したがって，すべての実数 x に対して

$$\boldsymbol{g(x)=5x+3}$$

である.

また，与式に $x=1$ を代入すれば

$$0=4\int_k^1(5t+3)\,dt-24$$
$$\iff \int_k^1(5t+3)\,dt=6$$

◀$\int_1^1(3t+1)g(t)\,dt$ は，積分区間の幅が 0 なので，0 になります.

ここで

$$\int_k^1(5t+3)\,dt=\left[\frac{5}{2}t^2+3t\right]_k^1$$
$$=-\frac{5}{2}k^2-3k+\frac{11}{2}$$

であるから

$$-\frac{5}{2}k^2-3k+\frac{11}{2}=6$$
$$\iff 5k^2+6k+1=0$$
$$\iff (k+1)(5k+1)=0$$
$$\therefore \quad \boldsymbol{k=-1,\ -\frac{1}{5}}$$

第4章

メインポイント

積分が定数なら文字でおき，関数なら微分する！

42 絶対値の定積分

アプローチ

本問において，$|t^2-x^2|$ は「t についての関数」でしょうか？　それとも「x についての関数」でしょうか？　その答えは，後ろにある dt が教えてくれます．

◀ $\int_{-1}^{1}|t^2-x^2|dt$ の意味を考えます．

後ろに dt があるということは，**t について積分**するということですから，$|t^2-x^2|$ を「t についての関数」と見るべきであり，かつ**積分区間も t の値の範囲**と考えます．このとき x は定数として扱います．

◀ このとき x は定数として扱います．

(1)，(2)ともに $x \geqq 0$ であることに注意すると，$y=|t^2-x^2|$ のグラフと積分区間の対応は下の2パターンに場合分けされます．

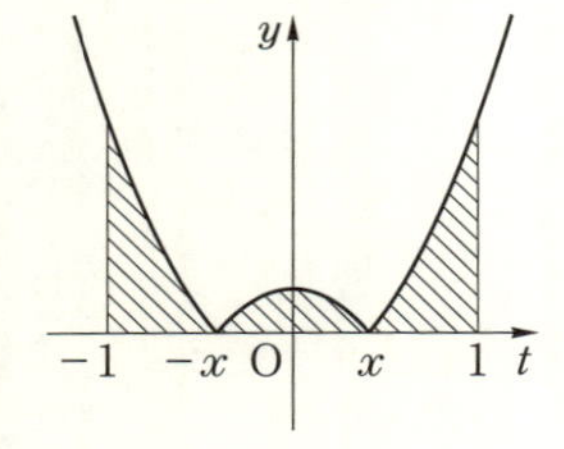

$1\leqq x$ の場合

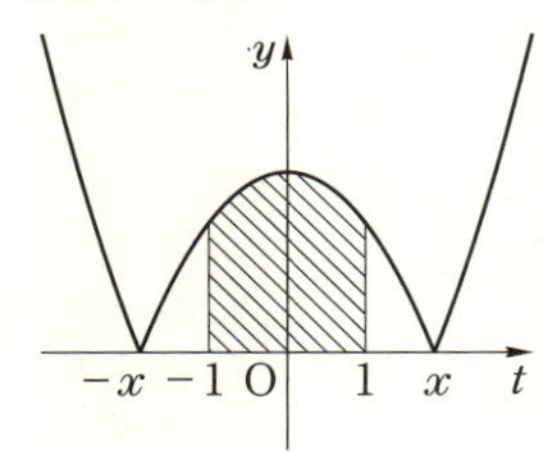

◀ つねに $|t^2-x^2|\geqq 0$ だから，$\int_{-1}^{1}|t^2-x^2|dt$ は斜線部分の面積を表します．

また，いずれにせよ，グラフは y 軸対称なので，斜線部分の面積は $0\leqq t\leqq 1$ の部分の面積の2倍です．

◀ グラフが y 軸対称である関数を**偶関数**といいます．

解答

(1)　$|t^2-x^2|$ は t についての偶関数であり，$0\leqq x\leqq 1$ のとき

$$
\begin{aligned}
f(x)&=2\int_0^1|t^2-x^2|dt \\
&=2\left\{\int_0^x(-t^2+x^2)dt+\int_x^1(t^2-x^2)dt\right\} \\
&=2\left\{\left[-\frac{1}{3}t^3+x^2t\right]_0^x+\left[\frac{1}{3}t^3-x^2t\right]_x^1\right\} \\
&=2\left\{\frac{2}{3}x^3-0+\left(\frac{1}{3}-x^2\right)-\left(-\frac{2}{3}x^3\right)\right\} \\
&=\frac{8}{3}x^3-2x^2+\frac{2}{3}
\end{aligned}
$$

◀ 図からわかるように，$t=x$ の左右でグラフの式が変わります．だから，積分も $t=x$ で切り分けます．

となる．したがって

$$f'(x)=8x^2-4x=4x(2x-1)$$

であり，増減は次の通り．

x	0	$\cdots$	$\frac{1}{2}$	$\cdots$	1
$f'(x)$	0	$-$	0	$+$	
$f(x)$		↘		↗	

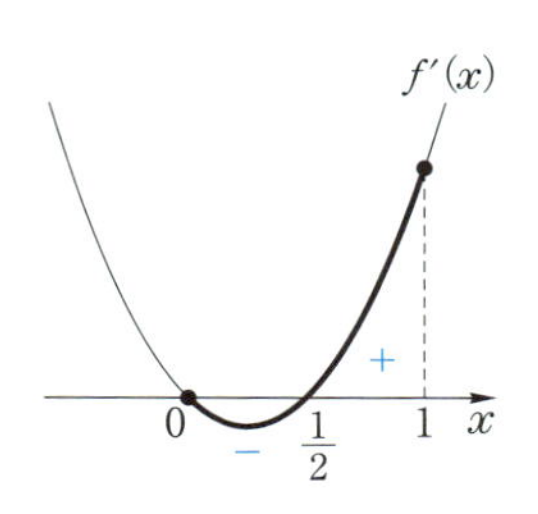

$f(0)=\frac{2}{3}$，$f(1)=\frac{4}{3}$なので

最大値：$f(1)=\mathbf{\frac{4}{3}}$，最小値：$f\left(\frac{1}{2}\right)=\mathbf{\frac{1}{2}}$

(2)　$x \geqq 1$ のとき

$$\begin{aligned} f(x)&=2\int_0^1 |t^2-x^2|\,dt \\ &=2\int_0^1 (-t^2+x^2)\,dt \\ &=2\left[-\frac{1}{3}t^3+x^2t\right]_0^1 \\ &=2x^2-\frac{2}{3} \end{aligned}$$

(1)とあわせて，$x \geqq 0$ における $y=f(x)$ のグラフは右の太線部である．

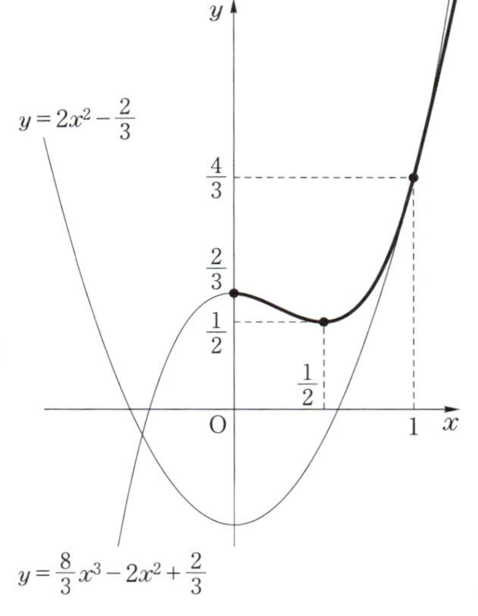

メインポイント

dt とあるなら t についての関数と見て，t について積分！

第4章

43 面積の基本

アプローチ

右図のような，$\alpha \leqq x \leqq \beta$，$g(x) \leqq y \leqq f(x)$ の領域の面積 S は

$$\boldsymbol{S=\int_{\alpha}^{\beta}\{f(x)-g(x)\}dx}$$

で求められます．このとき，引く順番や積分区間を間違えると正しい値が出ないので注意が必要です．

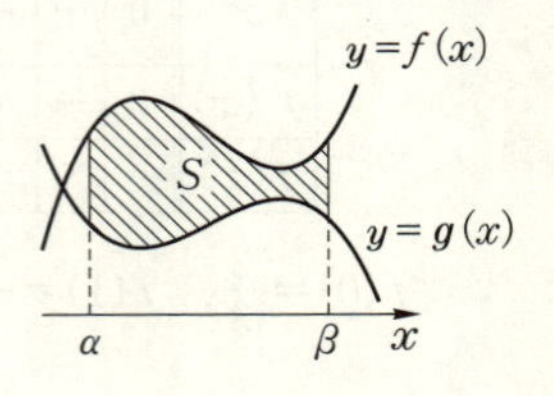

だから

$$\boldsymbol{S=\int_{\text{左}}^{\text{右}}(\text{上}-\text{下})dx}$$

と覚えておきましょう．

なお，「グラフが x 軸の下にあるときはマイナスをつける」なんて覚え方はナンセンスです．右図の斜線部分の面積 S は，「上」を x 軸 $(y=0)$，「下」を $y=-x^2$ と考えて

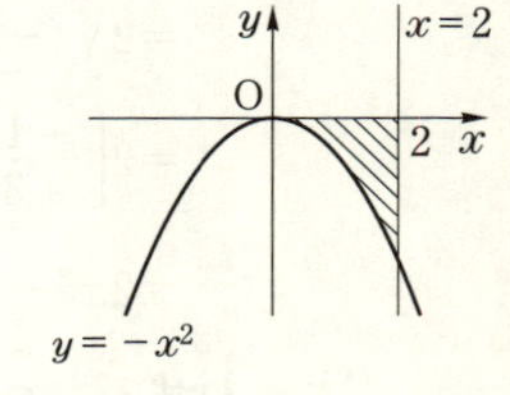

$$\begin{aligned} S&=\int_0^2\{0-(-x^2)\}dx \\ &=\int_0^2 x^2dx \\ &=\left[\frac{1}{3}x^3\right]_0^2=\frac{8}{3} \end{aligned}$$

と求めればいいのです．

解答

(1)　$y=-x^2+4x=-(x-2)^2+4$ とできることに注意して，$y=f(x)$ のグラフは下図の太線部分．

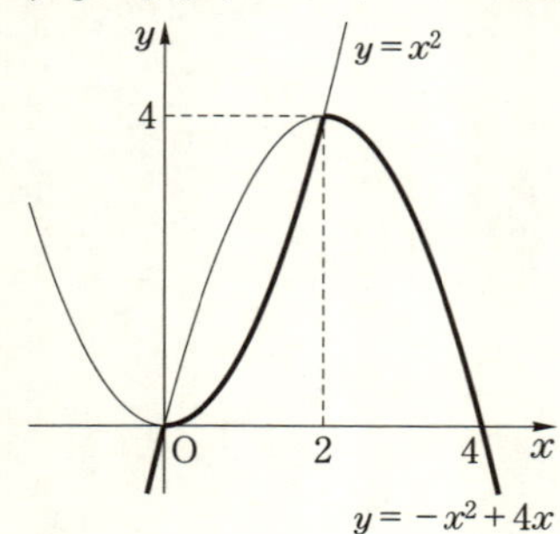

(2) 求める面積は下図の斜線部分（2 か所）の面積の合計だから

$$S=\int_0^1(x-x^2)\,dx+\int_1^2(x^2-x)\,dx+\int_2^3\{(-x^2+4x)-x\}\,dx$$

$$=\left[\frac{1}{2}x^2-\frac{1}{3}x^3\right]_0^1+\left[\frac{1}{3}x^3-\frac{1}{2}x^2\right]_1^2+\left[-\frac{1}{3}x^3+\frac{3}{2}x^2\right]_2^3$$

$$=\frac{1}{2}(1^2-0^2)-\frac{1}{3}(1^3-0^3)+\frac{1}{3}(2^3-1^3)-\frac{1}{2}(2^2-1^2)$$

$$-\frac{1}{3}(3^3-2^3)+\frac{3}{2}(3^2-2^2)$$

$$=\frac{1}{2}-\frac{1}{3}+\frac{7}{3}-\frac{3}{2}-\frac{19}{3}+\frac{15}{2}$$

$$=\frac{13}{2}-\frac{13}{3}=\boldsymbol{\frac{13}{6}}$$

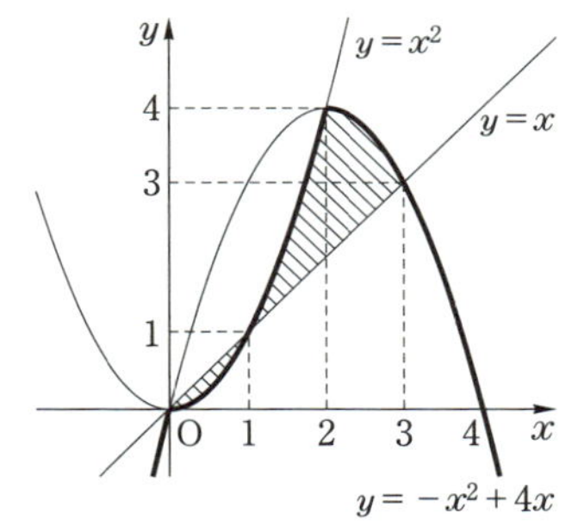

◀上下の組合せが
$0<x<1$,
$1<x<2$,
$2<x<3$
でそれぞれ異なるのがわかりますね.

補足 例えば $\left[\frac{1}{3}x^3-\frac{1}{2}x^2\right]_1^2$ の計算は

$$\left(\frac{1}{3}\cdot2^3-\frac{1}{2}\cdot2^2\right)-\left(\frac{1}{3}\cdot1^3-\frac{1}{2}\cdot1^2\right)=\left(\frac{8}{3}-2\right)-\left(\frac{1}{3}-\frac{1}{2}\right)=\frac{2}{3}-\left(-\frac{1}{6}\right)=\frac{5}{6}$$

とするより，解答 のように

$$\frac{1}{3}(2^3-1^3)-\frac{1}{2}(2^2-1^2)=\frac{7}{3}-\frac{3}{2}=\frac{5}{6}$$

とした方が，通分をするのが 1 回で済むのでラクです.

メインポイント

面積の基本は，（上－下）を積分！

44 接する2つのグラフの間の面積

アプローチ

接する2つのグラフの間の面積を求める計算に，厳密には数学Ⅲの内容になりますが

$$\textbf{公式}\quad \int(x-\alpha)^n dx=\frac{1}{n+1}(x-\alpha)^{n+1}+C$$

が使えます．

◀ $\int x^n dx=\frac{1}{n+1}x^{n+1}+C$ を x 軸方向に α 平行移動したものと理解できます．

解答

(1)　$C: y=x^2 \Longrightarrow y'=2x$ なので

$$l_1: y=2ax-a^2,\quad l_2: y=2bx-b^2$$

これらから y を消去すれば

$$2(a-b)x=a^2-b^2$$

$$\Longleftrightarrow 2(a-b)x=(a-b)(a+b)$$

$$\Longleftrightarrow x=\frac{a+b}{2}\quad (\because\ a-b\neq 0)$$

これを l_1 の式に代入すると

$$y=2a\cdot\frac{a+b}{2}-a^2=ab$$

$$\therefore\quad \mathbf{R}\left(\frac{\boldsymbol{a+b}}{\mathbf{2}},\ \boldsymbol{ab}\right)$$

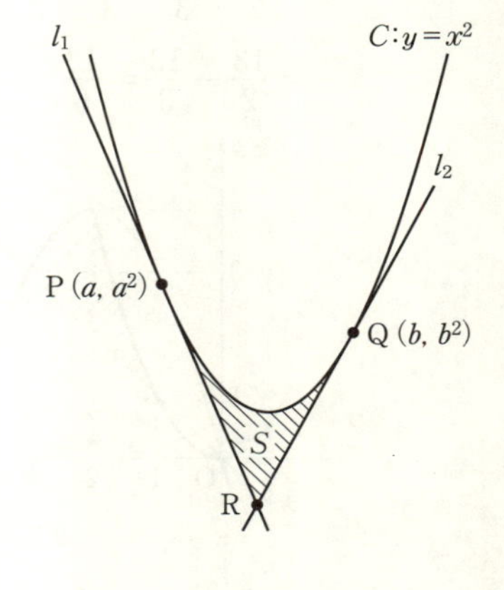

(2)　$r=\dfrac{a+b}{2}$ とおいて，求める面積 S は

$$S=\int_a^r\{x^2-(2ax-a^2)\}dx+\int_r^b\{x^2-(2bx-b^2)\}dx$$

$$=\int_a^r(x-a)^2dx+\int_r^b(x-b)^2dx$$

$$=\left[\frac{1}{3}(x-a)^3\right]_a^r+\left[\frac{1}{3}(x-b)^3\right]_r^b$$

$$=\frac{1}{3}(r-a)^3-0+0-\frac{1}{3}(r-b)^3$$

$$=\frac{1}{3}(r-a)^3+\frac{1}{3}(b-r)^3$$

$$=\frac{2}{3}\left(\frac{b-a}{2}\right)^3=\frac{\mathbf{1}}{\mathbf{12}}(\boldsymbol{b-a})^3$$

◀ C と l_1 は $x=a$ で接しているので，重解をもつ形 $(x-a)^2$ に因数分解できます．C と l_2 も同様です．

$r=\dfrac{a+b}{2}$ から

◀ $2r=a+b$

$\therefore\quad r-a=b-r=\dfrac{b-a}{2}$

とできます．

(3) $l_1 \perp l_2$ のとき，傾きに注目して

$$2a\cdot 2b=-1 \iff a=-\frac{1}{4b}$$

このとき，(2)の結果は

$$S=\frac{1}{12}\left(b+\frac{1}{4b}\right)^3$$

となる．

◀分数式の最大・最小は **相加・相乗平均の関係** を疑いましょう．

$a<b$ と $ab=-\frac{1}{4}<0$ から，b は正である．

したがって，相加・相乗平均の関係により

$$b+\frac{1}{4b} \geqq 2\sqrt{b\cdot\frac{1}{4b}}=1$$

$$\therefore \quad S \geqq \frac{1}{12}\cdot 1^3=\frac{1}{12}$$

◀この段階ではまだ，最小値が $\frac{1}{12}$ とは確定できません．等号成立条件も調べる必要があります．

等号成立条件は

$$b=\frac{1}{4b} \iff b=\frac{1}{2} \quad (\because \quad b>0)$$

である．よって，S の最小値は

$$\boldsymbol{S=\frac{1}{12}}$$

第4章

補足 (2)の途中式 $\int_a^r (x-a)^2\,dx+\int_r^b (x-b)^2\,dx$ は下図の斜線部分の面積を表すので

$$\int_a^r (x-a)^2\,dx+\int_r^b (x-b)^2\,dx=2\int_a^r (x-a)^2\,dx$$

とできます．

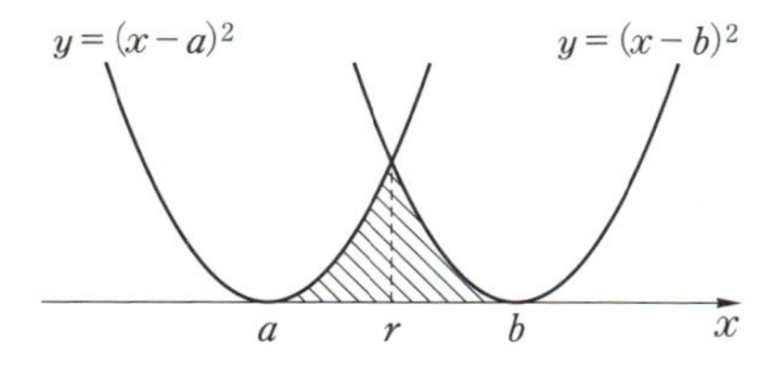

メインポイント

接するときは，重解をもつ形に因数分解してから積分！

45 2つのグラフに囲まれた面積

アプローチ

2つの放物線に囲まれた部分の面積，または放物線と直線に囲まれた部分の面積の計算には

公式 $\displaystyle\int_{\alpha}^{\beta}(x-\alpha)(x-\beta)\,dx=-\frac{1}{6}(\beta-\alpha)^3$ ◀いわゆる $\frac{1}{6}$ 公式です.

が使えます．この公式はグラフの平行移動によって次のように証明されます．

証明

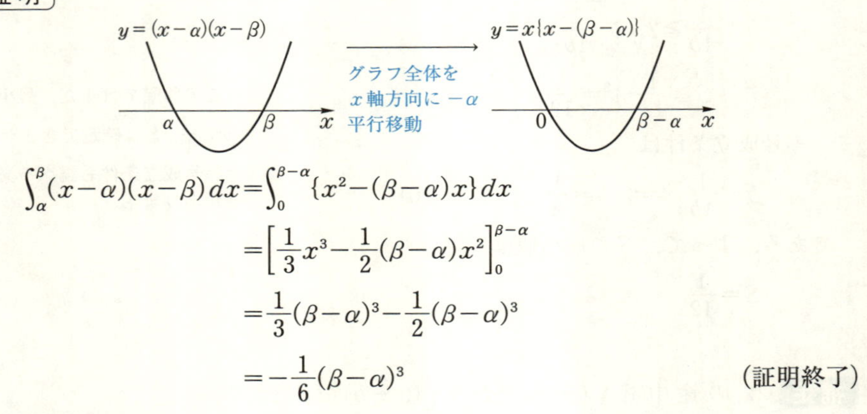

$$\int_{\alpha}^{\beta}(x-\alpha)(x-\beta)\,dx=\int_{0}^{\beta-\alpha}\{x^2-(\beta-\alpha)x\}\,dx$$
$$=\left[\frac{1}{3}x^3-\frac{1}{2}(\beta-\alpha)x^2\right]_0^{\beta-\alpha}$$
$$=\frac{1}{3}(\beta-\alpha)^3-\frac{1}{2}(\beta-\alpha)^3$$
$$=-\frac{1}{6}(\beta-\alpha)^3$$

(証明終了)

解答

(1) 2つの放物線の式を

$$y=f(x)=\frac{1}{2}x^2-3a$$
$$y=g(x)=-\frac{1}{2}x^2+2ax-a^3-a^2$$

とすると

$$f(x)-g(x)=x^2-2ax+a^3+a^2-3a$$

であり，$y=f(x)$ と $y=g(x)$ が異なる2点で交わるのは，$f(x)-g(x)=0$ が異なる2つの実数解をもつときだから

判別式：$\dfrac{D}{4}=(-a)^2-1\cdot(a^3+a^2-3a)$
$$=-a^3+3a>0$$
$$\iff a(a+\sqrt{3})(a-\sqrt{3})<0$$
$$\iff a<-\sqrt{3},\ 0<a<\sqrt{3}$$

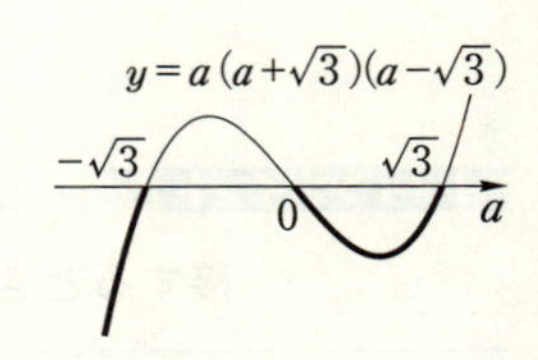

a は正なので，求める a の値の範囲は

$$\boldsymbol{0<a<\sqrt{3}}$$

(2) $f(x)-g(x)=0$ の 2 つの解 α，β $(\alpha<\beta)$ は

$$\alpha=a-\sqrt{\frac{D}{4}},\quad \beta=a+\sqrt{\frac{D}{4}}$$

であるから

$$
\begin{aligned}
S(a)&=\int_{\alpha}^{\beta}\{g(x)-f(x)\}\,dx\\
&=-\int_{\alpha}^{\beta}(x-\alpha)(x-\beta)\,dx\\
&=\frac{1}{6}(\beta-\alpha)^3\\
&=\frac{1}{6}\left(2\sqrt{\frac{D}{4}}\right)^3\\
&=\boldsymbol{\frac{4}{3}(-a^3+3a)^{\frac{3}{2}}}
\end{aligned}
$$

◀ $\alpha<x<\beta$ において
$f(x)-g(x)<0$
なので
上：$g(x)$　下：$f(x)$
です．

$f(x)-g(x)$
α　β　x

第4章

(3) $h(a)=-a^3+3a$ $(0<a<\sqrt{3})$ とすると

$$h'(a)=-3a^2+3=-3(a+1)(a-1)$$

なので，増減表は次の通り．

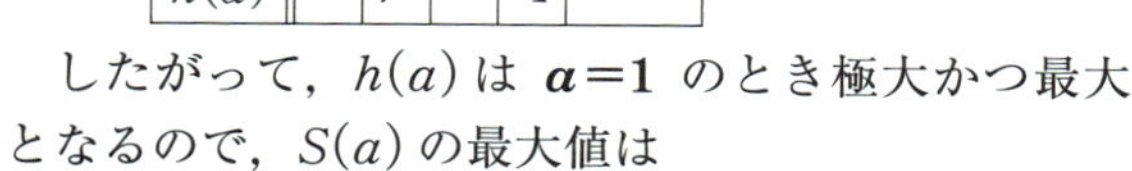

x	(0)	$\cdots$	1	$\cdots$	$(\sqrt{3})$
$h'(a)$		$+$	0	$-$	
$h(a)$		↗		↘	

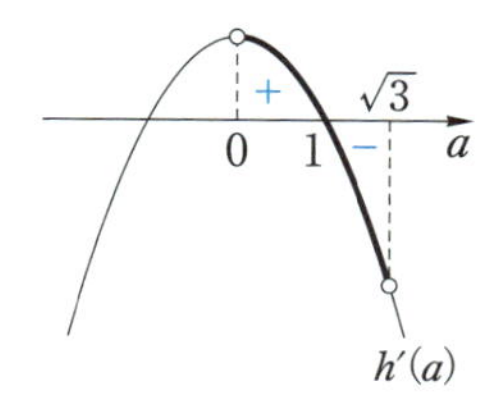

したがって，$h(a)$ は $\boldsymbol{a=1}$ のとき極大かつ最大となるので，$S(a)$ の最大値は

$$
\begin{aligned}
S(1)&=\frac{4}{3}(-1^3+3\cdot1)^{\frac{3}{2}}\\
&=\boldsymbol{\frac{8\sqrt{2}}{3}}
\end{aligned}
$$

メインポイント

2 つのグラフに囲まれた面積は $\frac{1}{6}$ 公式！

第5章 幾何

46 三角形の形状決定

アプローチ

三角形の形状を調べるときは，角度についての議論で攻めるよりも，辺の長さについて調べた方がわかりやすいことが多いです．

つまり，正弦定理から

$$2R=\frac{a}{\sin A} \iff \boldsymbol{\sin A=\frac{a}{2R}}$$

◀ R は外接円の半径です．

とでき，また，余弦定理から

$$\boldsymbol{\cos A=\frac{b^2+c^2-a^2}{2bc}}$$

◀ もちろん，$\sin B$ や $\cos C$ も文字を入れ替えて同様に表します．

とできるので，これらを利用して**辺の長さの条件**を調べるのです．

解答

(1) 三角形 ABC の外接円の半径を R として，正弦定理により

$$\sin A=\frac{a}{2R},\ \sin B=\frac{b}{2R}$$

が成り立つから

$$\frac{b}{\sin A}=\frac{a}{\sin B}$$

$$\iff b\cdot\frac{2R}{a}=a\cdot\frac{2R}{b}$$

$$\iff b^2=a^2 \qquad \therefore \quad b=a$$

◀ 結局，R は消えてしまいます．

したがって，三角形 ABC は **CA＝BC の二等辺三角形**である．

(2) 余弦定理により

$$\cos A=\frac{b^2+c^2-a^2}{2bc},\ \cos B=\frac{c^2+a^2-b^2}{2ca}$$

が成り立つから

$$\frac{a}{\cos A}=\frac{b}{\cos B}$$

$$\iff a\cdot\frac{2bc}{b^2+c^2-a^2}=b\cdot\frac{2ca}{c^2+a^2-b^2}$$

$\iff b^2+c^2-a^2=c^2+a^2-b^2$

$\iff 2b^2=2a^2 \qquad \therefore \quad b=a$

したがって，三角形 ABC は **CA＝BC の二等辺三角形**である．

(3) 余弦定理により

$$\cos A=\frac{b^2+c^2-a^2}{2bc},\ \cos B=\frac{c^2+a^2-b^2}{2ca}$$

が成り立つから

$$\frac{b}{\cos A}=\frac{a}{\cos B}$$

$$\iff b\cdot\frac{2bc}{b^2+c^2-a^2}=a\cdot\frac{2ca}{c^2+a^2-b^2}$$

$$\iff b^2(c^2+a^2-b^2)=a^2(b^2+c^2-a^2)$$

$$\iff b^2c^2-b^4=c^2a^2-a^4$$

$$\iff (b^2-a^2)c^2-(b^4-a^4)=0$$

$$\iff (b^2-a^2)\{c^2-(b^2+a^2)\}=0$$

$$\therefore \quad b=a \quad \text{または} \quad c^2=a^2+b^2$$

◀ $c^2=a^2+b^2$ は三平方の定理ですね．

したがって，三角形 ABC は **CA＝BC の二等辺三角形，または，∠C＝90° の直角三角形**である．

第5章

補足 条件 $\sin A+\cos A=1$ を満たす三角形 ABC はどのような三角形でしょうか？

この場合，上記の 解答 と同じようにしても，うまくいきません．この場合には，条件式を **A についての方程式**と見て処理することになります．

$$\sin A+\cos A=1 \iff \sin\left(A+\frac{\pi}{4}\right)=\frac{1}{\sqrt{2}}$$

$$\therefore \quad A=\frac{\pi}{2}$$

これで，∠A＝90° の直角三角形であることがわかりました．

このような例外もありますが，解答 のように辺の長さで調べるのが原則です．

メインポイント

三角形の形状は，角度よりも辺の長さで調べる！

47 円の内接四角形

アプローチ

円の内接四角形には，**対角の和が 180°** という性質があります．これと余弦定理を利用することで，角度や対角線の長さを調べられます．

このとき

$$\boldsymbol{\cos(\pi-\theta)=-\cos\theta}$$

$$\boldsymbol{\sin(\pi-\theta)=\sin\theta}$$

を使うことになります．

解答

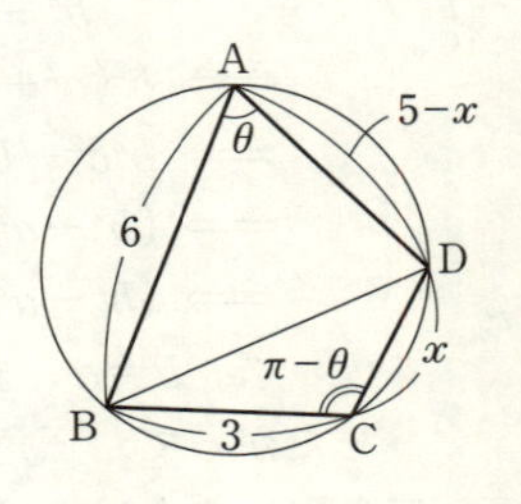

(1) $\angle\mathrm{BAD}=\theta$ とおいて，$\triangle\mathrm{ABD}$ における余弦定理から

$$\begin{aligned}\mathrm{BD}^2&=6^2+(5-x)^2-2\cdot6(5-x)\cos\theta\\&=x^2-10x+61-12(5-x)\cos\theta\quad\cdots\cdots①\end{aligned}$$

$\triangle\mathrm{BCD}$ における余弦定理から

$$\begin{aligned}\mathrm{BD}^2&=3^2+x^2-2\cdot3x\cos(\pi-\theta)\\&=x^2+9+6x\cos\theta\quad\cdots\cdots②\end{aligned}$$

①，②から BD^2 を消去して

$$x^2-10x+61-12(5-x)\cos\theta=x^2+9+6x\cos\theta$$

$$\iff 6(x-10)\cos\theta=2(5x-26)$$

$$\iff \cos\theta=\frac{26-5x}{3(10-x)}$$

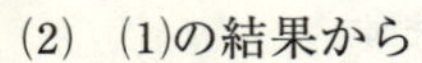

(2) (1)の結果から

$$\begin{aligned}\sin\theta&=\sqrt{1-\frac{(26-5x)^2}{9(10-x)^2}}\\&=\sqrt{\frac{(4+2x)(56-8x)}{9(10-x)^2}}\\&=\frac{4\sqrt{(2+x)(7-x)}}{3(10-x)}\end{aligned}$$

◀ $\sin\theta>0$ です．

◀ $0<x<5$ から $10-x>0$ です．

なので，四角形 ABCD の面積 $S(x)$ は

$$\begin{aligned}S(x)&=\triangle\mathrm{ABD}+\triangle\mathrm{BCD}\\&=\frac{1}{2}\cdot6(5-x)\sin\theta+\frac{1}{2}\cdot3x\sin(\pi-\theta)\\&=\frac{3}{2}(10-2x)\sin\theta+\frac{3}{2}x\sin\theta\\&=\frac{3}{2}(10-x)\sin\theta\end{aligned}$$

$=2\sqrt{(2+x)(7-x)}$

$=2\sqrt{-x^2+5x+14}$

$=2\sqrt{-\left(x-\dfrac{5}{2}\right)^2+\dfrac{81}{4}}$

◀$\sqrt{\quad}$ の中が 2 次関数になりました.

とでき，$0<x<5$ に注意すると，$\boldsymbol{x=\dfrac{5}{2}}$ のとき

最大で，その値は

$$S\left(\frac{5}{2}\right)=2\sqrt{\frac{81}{4}}=\mathbf{9}$$

参考 円の内接四角形 ABCD を，対角線 BD で切り分けた **2 つの三角形の面積の比**は

$$\triangle ABD : \triangle BCD$$
$$=\frac{1}{2}AB\cdot AD\cdot\sin A : \frac{1}{2}BC\cdot CD\cdot\sin C$$
$$=AB\cdot AD : BC\cdot CD \quad (\because\ \ \sin C=\sin(\pi-A)=\sin A)$$

となります．つまり，対角線以外の **2 辺の積の比**になっています．

したがって，対角線 BD と AC の交点を E とするとき，△ABD と △BCD は底辺 BD を共有していると見て

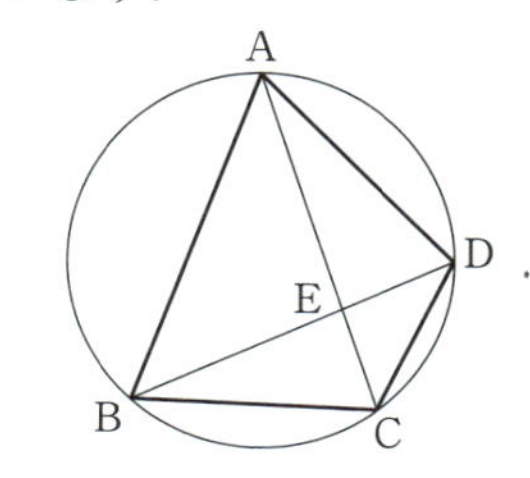

$$AE : EC=(\triangle ABD \text{ の高さ}) : (\triangle BCD \text{ の高さ})$$
$$=\triangle ABD : \triangle BCD$$
$$=AB\cdot AD : BC\cdot CD$$

となります．

第5章

メインポイント

円の内接四角形は対角の和が 180°

48 方べきの定理

アプローチ

円が関係する三角形の相似の中でも，代表的なものが次の3パターンです．

i）**円の中にリボンの形**

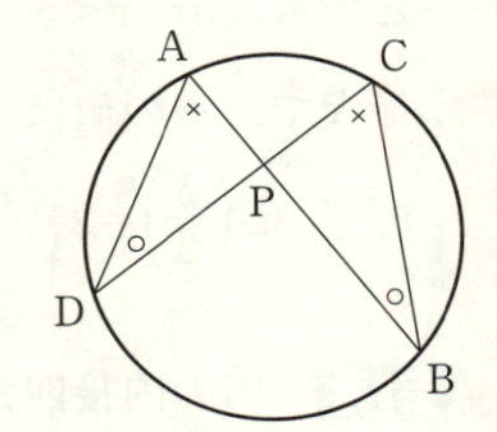

円周角の定理により

$\angle \mathrm{PAD}=\angle \mathrm{PCB}$

$\angle \mathrm{PDA}=\angle \mathrm{PBC}$

$\therefore \quad \triangle \mathrm{PAD} \backsim \triangle \mathrm{PCB}$

ii）**内接四角形とハミ出す三角形**

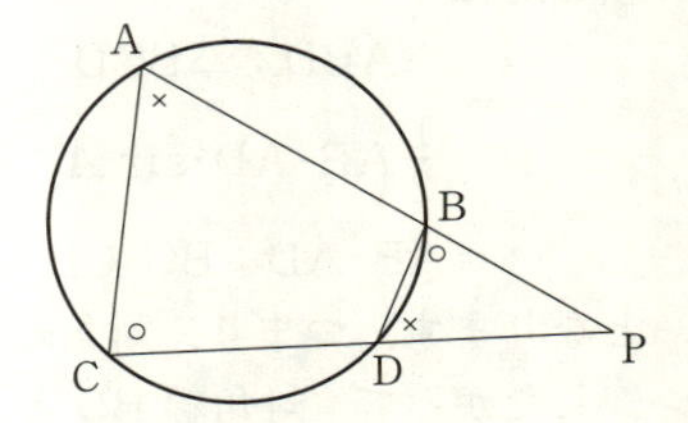

円の内接四角形の性質（対角の和が180°）から

$\angle \mathrm{PAC}=\angle \mathrm{PDB}$

$\angle \mathrm{PCA}=\angle \mathrm{PBD}$

$\therefore \quad \triangle \mathrm{PAC} \backsim \triangle \mathrm{PDB}$

iii）**接線とハミ出す三角形**

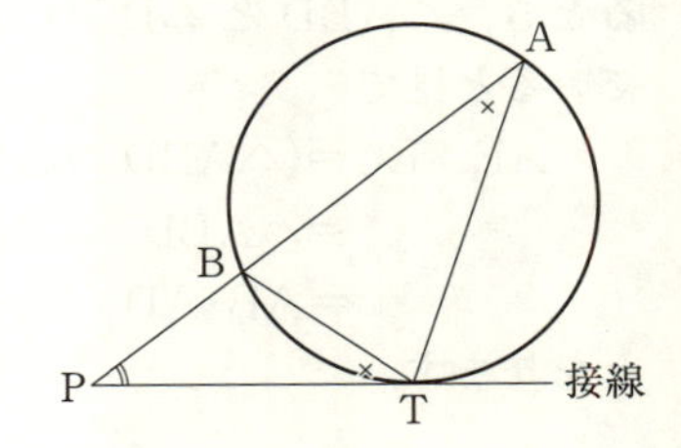

接弦定理により

$\angle \mathrm{PAT}=\angle \mathrm{PTB}$

また，共通角なので

$\angle \mathrm{APT}=\angle \mathrm{TPB}$

$\therefore \quad \triangle \mathrm{APT} \backsim \triangle \mathrm{TPB}$

例えば，iii）において，対応する辺の比に注目して

$\mathrm{AP}:\mathrm{TP}=\mathrm{PT}:\mathrm{PB}$

$\therefore \quad \mathrm{AP}\cdot\mathrm{BP}=\mathrm{TP}^2$

としたものが**方べきの定理**です．

しかし，この結果だけを暗記していたら

$\mathrm{AP}:\mathrm{TP}=\mathrm{TA}:\mathrm{BT}$

という比の式は出てこないことになってしまいます．

◀例えばBTの長さが与えられているなら，この式の方がいいですよね．

だから，方べきの定理を暗記するのではなく，**これらの相似を見抜ける**ようにしておきましょう．

解答

(1)　AE＝DE＝x，CD＝y とおく．

△ABC∽△DEC であるから

◀左ページの ⅱ）の相似です．

AB：DE＝BC：EC＝CA：CD

$$\iff \frac{42}{5}:x=\left(\frac{6}{5}+y\right):(14-x)=14:y$$

$$\iff \begin{cases} x\left(\frac{6}{5}+y\right)=\frac{42}{5}(14-x) & \cdots\cdots① \\ 14x=\frac{42}{5}y & \cdots\cdots② \end{cases}$$

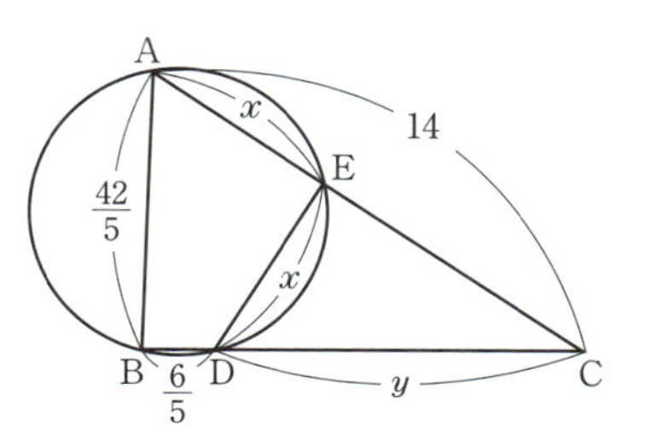

②から，$y=\frac{5}{3}x$ なので，①に代入して

$$x\left(\frac{6}{5}+\frac{5}{3}x\right)=\frac{42}{5}(14-x)$$

$$\iff x(18+25x)=3^2\cdot14(14-x)$$

$$\iff 25x^2+144x-2^2\cdot3^2\cdot7^2=0$$

$$\iff (25x+294)(x-6)=0$$

$x>0$ なので $x=6$ であり，$y=\frac{5}{3}x$ から

$y=10$ である．

$\therefore$　**AE＝6，CD＝10**

(2)　(1)の結果から △CDE の 3 辺の長さの比が

DE：EC：CD＝6：8：10＝3：4：5

なので，△CDE は ∠CED＝90° の直角三角形である．

よって，∠AED＝90° なので，△AED は直角二等辺三角形であり，斜辺 AD が円Oの直径である．

したがって，求める円Oの半径は

$$\frac{AD}{2}=\frac{6\sqrt{2}}{2}=\mathbf{3\sqrt{2}}$$

◀この直角に気づかなかったら，47 と同様に余弦定理を利用して cos を求め，さらに正弦定理から外接円の半径を求めることになります．

メインポイント

方べきの定理の暗記ではなく，相似を見抜く！

49 メネラウスの定理

アプローチ

メネラウスの定理を使うときは，どの三角形とどの直線の組合せに適用しているのかを，はっきりさせましょう．

メネラウスの定理

下図のとき，△ABC と直線 PQR について

$$\frac{AR}{RB}\cdot\frac{BP}{PC}\cdot\frac{CQ}{QA}=1$$

が成り立つ．

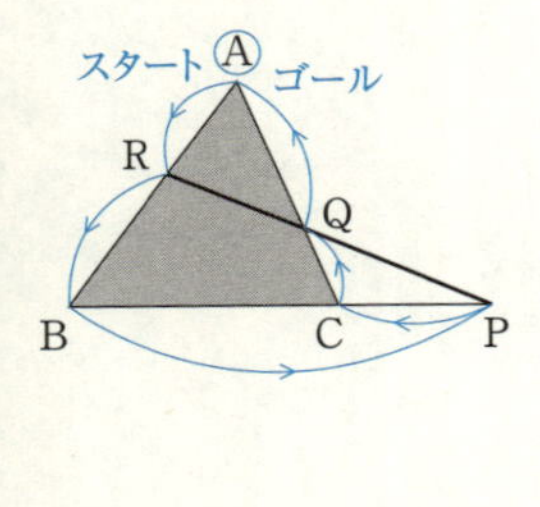

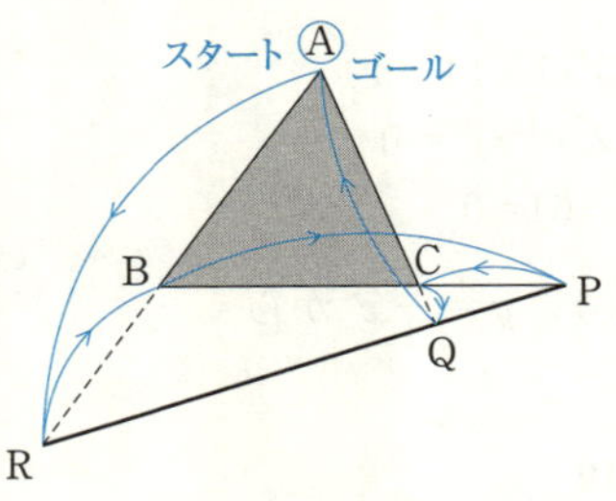

◀三角形と直線が交わっている必要はありません．

解答

(1)　直線 AG と辺 BC の交点を M とすれば，M は BC の中点であり

$$AG:GM=2:1$$

である．

△AMC と直線 EHG に関するメネラウスの定理により

$$\frac{AG}{GM}\cdot\frac{ME}{EC}\cdot\frac{CH}{HA}=1$$

$$\iff \frac{2}{1}\cdot\frac{3}{2}\cdot\frac{CH}{HA}=1$$

$$\iff \frac{CH}{HA}=\frac{1}{3}$$

$\therefore$ **CH : HA = 1 : 3**

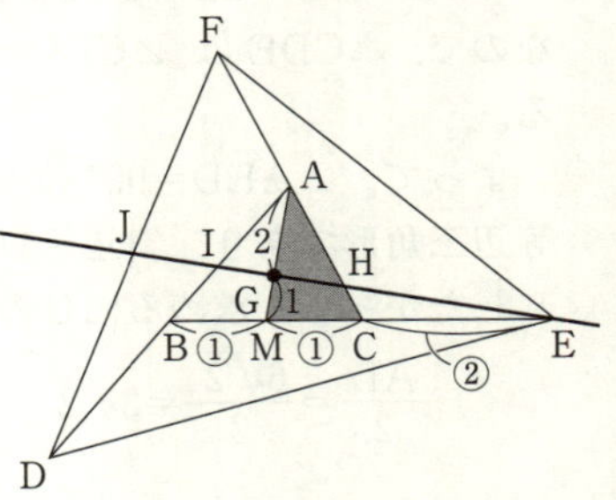

(2) △ABC と直線 EHI に関するメネラウスの定理により

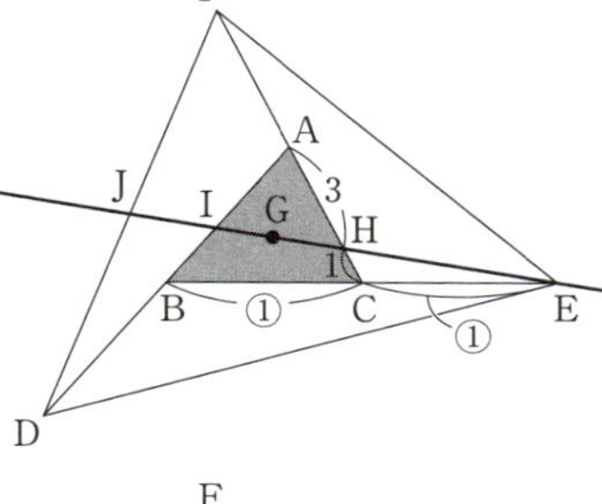

$$\frac{\mathrm{AI}}{\mathrm{IB}}\cdot\frac{\mathrm{BE}}{\mathrm{EC}}\cdot\frac{\mathrm{CH}}{\mathrm{HA}}=1$$

$$\Longleftrightarrow \frac{\mathrm{AI}}{\mathrm{IB}}\cdot\frac{2}{1}\cdot\frac{1}{3}=1$$

$$\Longleftrightarrow \frac{\mathrm{AI}}{\mathrm{IB}}=\frac{3}{2}$$

∴ **BI：IA＝2：3**

(3) △AFD と直線 HIJ に関するメネラウスの定理により

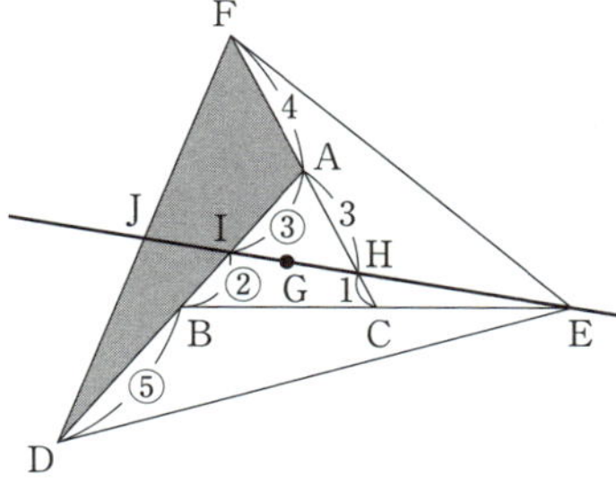

$$\frac{\mathrm{DJ}}{\mathrm{JF}}\cdot\frac{\mathrm{FH}}{\mathrm{HA}}\cdot\frac{\mathrm{AI}}{\mathrm{ID}}=1$$

$$\Longleftrightarrow \frac{\mathrm{DJ}}{\mathrm{JF}}\cdot\frac{7}{3}\cdot\frac{3}{7}=1$$

$$\Longleftrightarrow \frac{\mathrm{DJ}}{\mathrm{JF}}=1$$

∴ **DJ：JF＝1：1**

補足 ベクトルを利用するのも有効です．例えば(1)は

$$\overrightarrow{\mathrm{AG}}=\frac{1}{3}(\overrightarrow{\mathrm{AB}}+\overrightarrow{\mathrm{AC}}),\ \overrightarrow{\mathrm{AE}}=-\overrightarrow{\mathrm{AB}}+2\overrightarrow{\mathrm{AC}}$$

であり，点Hが直線 EG 上にあるから

$$\overrightarrow{\mathrm{AH}}=\overrightarrow{\mathrm{AE}}+k\overrightarrow{\mathrm{EG}}=(1-k)\overrightarrow{\mathrm{AE}}+k\overrightarrow{\mathrm{AG}}$$

$$=(1-k)(-\overrightarrow{\mathrm{AB}}+2\overrightarrow{\mathrm{AC}})+k\cdot\frac{1}{3}(\overrightarrow{\mathrm{AB}}+\overrightarrow{\mathrm{AC}})$$

$$=\left(-1+\frac{4}{3}k\right)\overrightarrow{\mathrm{AB}}+\left(2-\frac{5}{3}k\right)\overrightarrow{\mathrm{AC}}$$

と表せて，点Hは直線 AC 上でもあるから

$$-1+\frac{4}{3}k=0$$

$$\therefore\ k=\frac{3}{4},\ \overrightarrow{\mathrm{AH}}=\frac{3}{4}\overrightarrow{\mathrm{AC}}$$

メインポイント

三角形の周りの線分比はメネラウスの定理！

50 正四面体の切り口の面積

アプローチ

本問のような立体（空間図形）の問題であっても，

ひとつひとつの処理は平面図形を取り出して行う

ことになります．

したがって，空間を把握するのが苦手であっても，まずはそのつど注目する平面を正確に取り出す練習をしましょう．

解答

(1)　△ABD における余弦定理から

$$AD^2=3^2+1^2-2\cdot3\cdot1\cos60°=7$$

$$\therefore\quad \mathbf{AD=\sqrt{7}}$$

◀△ACD でも OK.

(2)　△OAE，△CDE における余弦定理から

$$AE^2=3^2+(3-t)^2-2\cdot3(3-t)\cos60°$$
$$=t^2-3t+9$$
$$DE^2=2^2+t^2-2\cdot2\cdot t\cos60°$$
$$=t^2-2t+4$$

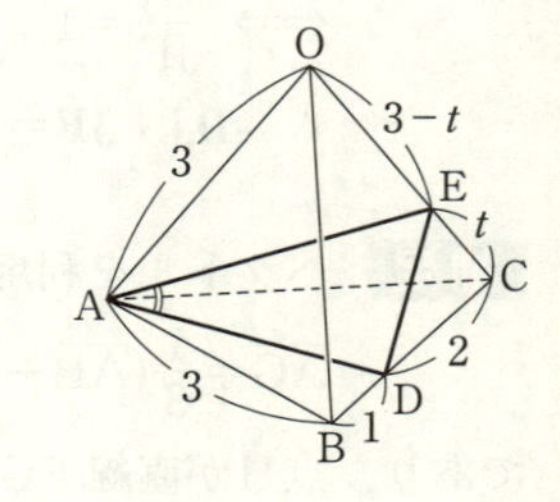

よって，△ADE における余弦定理から

$$\cos\angle DAE=\frac{AD^2+AE^2-DE^2}{2\cdot AD\cdot AE}$$
$$=\frac{7+(t^2-3t+9)-(t^2-2t+4)}{2\sqrt{7}\sqrt{t^2-3t+9}}$$
$$=\boldsymbol{\frac{12-t}{2\sqrt{7}\sqrt{t^2-3t+9}}}$$

◀プロセスを誘導している設問なので，答えは少しキタナイですね．

(3)　(2)より

$$\sin\angle DAE=\sqrt{1-\left(\frac{12-t}{2\sqrt{7}\sqrt{t^2-3t+9}}\right)^2}$$
$$=\frac{\sqrt{4\cdot7(t^2-3t+9)-(12-t)^2}}{2\sqrt{7}\sqrt{t^2-3t+9}}$$
$$=\frac{\sqrt{27t^2-60t+108}}{2\sqrt{7}\sqrt{t^2-3t+9}}$$

なので

$$\triangle ADE=\frac{1}{2}AD\cdot AE\sin\angle DAE$$

$$=\frac{1}{2}\cdot\sqrt{7}\cdot\sqrt{t^2-3t+9}\cdot\frac{\sqrt{27t^2-60t+108}}{2\sqrt{7}\sqrt{t^2-3t+9}}$$

$$=\frac{1}{4}\sqrt{27t^2-60t+108}$$

$$=\frac{1}{4}\sqrt{27\left(t-\frac{10}{9}\right)^2+\frac{224}{3}}$$

図から $0<t<3$ であることに注意して，△ADE の

面積は $\boldsymbol{t=\frac{10}{9}}$ のとき最小値をとり，その最小値は

$$\frac{1}{4}\sqrt{\frac{224}{3}}=\sqrt{\frac{\mathbf{14}}{\mathbf{3}}}$$

補足 やはりこの問題も，ベクトルを利用して次のように解くことができます．

内分の公式より

$$\overrightarrow{AD}=\frac{2\overrightarrow{AB}+\overrightarrow{AC}}{3},\quad \overrightarrow{AE}=\frac{t\overrightarrow{AO}+(3-t)\overrightarrow{AC}}{3}$$

であり，$|\overrightarrow{AB}|^2=|\overrightarrow{AC}|^2=|\overrightarrow{AO}|^2=9$，$\overrightarrow{AB}\cdot\overrightarrow{AC}=\overrightarrow{AC}\cdot\overrightarrow{AO}=\overrightarrow{AO}\cdot\overrightarrow{AB}=\frac{9}{2}$ なので

$$|\overrightarrow{AD}|^2=\frac{1}{9}(4|\overrightarrow{AB}|^2+4\overrightarrow{AB}\cdot\overrightarrow{AC}+|\overrightarrow{AC}|^2)=7$$

$$|\overrightarrow{AE}|^2=\frac{1}{9}\{t^2|\overrightarrow{AO}|^2+2t(3-t)\overrightarrow{AO}\cdot\overrightarrow{AC}+(3-t)^2|\overrightarrow{AC}|^2\}$$

$$=t^2-3t+9$$

$$\overrightarrow{AD}\cdot\overrightarrow{AE}=\frac{1}{9}\{(3-t)|\overrightarrow{AC}|^2+2(3-t)\overrightarrow{AB}\cdot\overrightarrow{AC}+t\overrightarrow{AC}\cdot\overrightarrow{AO}+2t\overrightarrow{AO}\cdot\overrightarrow{AB}\}$$

$$=-\frac{1}{2}t+6$$

$$\therefore\quad \triangle ADE=\frac{1}{2}\sqrt{|\overrightarrow{AD}|^2|\overrightarrow{AE}|^2-(\overrightarrow{AD}\cdot\overrightarrow{AE})^2}$$

$$=\frac{1}{2}\sqrt{7(t^2-3t+9)-\left(-\frac{1}{2}t+6\right)^2}$$

$$=\frac{1}{4}\sqrt{27t^2-60t+108}$$

（以下省略）

メインポイント

注目する平面を取り出して処理する！

第5章

51 四面体の埋め込み

アプローチ

1つの頂点から出ている3辺の長さが等しい四面体は**直円錐**に埋め込めます．すると，垂線が底面の中心に下りることがイメージしやすいですね．

◀筆者は**三脚型四面体**と呼んでいます．

また，4つの面がすべて合同であるような四面体のことを**等面四面体**といいます．この等面四面体は，**直方体**に埋め込めます．

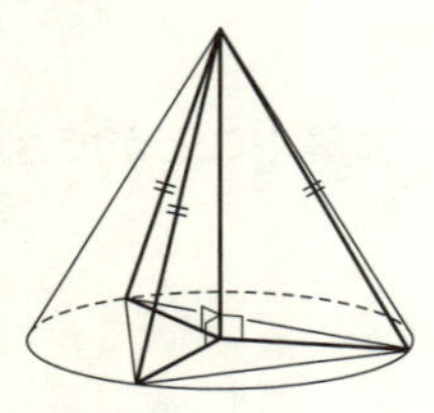

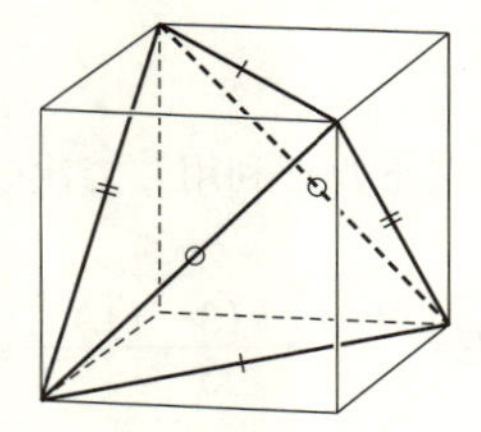

解答

［A］ △ABCにおける余弦定理から

$$\cos\angle \mathrm{CAB}=\frac{3^2+4^2-(\sqrt{13})^2}{2\cdot3\cdot4}=\frac{1}{2}$$

よって，$\angle\mathrm{CAB}=60°$ である．

△ABCの外接円の半径を R とすると，正弦定理から

$$2R=\frac{\sqrt{13}}{\sin60°}\qquad\therefore\quad R=\sqrt{\frac{13}{3}}$$

DA＝DB＝DC から，四面体ABCDは右図のように円錐に埋め込むことができるので，△DAHにおける三平方の定理から

$$\mathrm{DH}=\sqrt{\mathrm{DA}^2-R^2}$$
$$=\sqrt{3^2-\left(\sqrt{\frac{13}{3}}\right)^2}$$
$$=\sqrt{\frac{\mathbf{14}}{\mathbf{3}}}$$

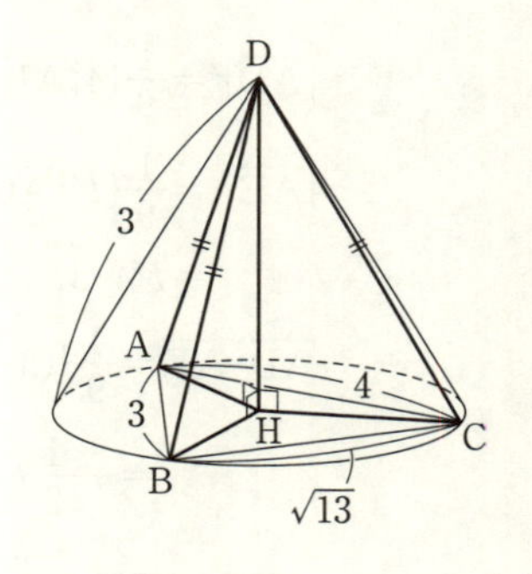

したがって，四面体ABCDの体積は

$$\frac{1}{3}\triangle\mathrm{ABC}\cdot\mathrm{DH}=\frac{1}{3}\cdot\frac{1}{2}\cdot3\cdot4\sin60°\cdot\sqrt{\frac{14}{3}}$$
$$=\sqrt{\mathbf{14}}$$

［B］ 題意の四面体は等面四面体なので，右図のように3辺の長さが x，y，z である直方体に埋め込める．

このとき

$$\begin{cases} x^2+y^2=49 & \cdots\cdots① \\ y^2+z^2=64 & \cdots\cdots② \\ z^2+x^2=81 & \cdots\cdots③ \end{cases}$$

3式を加えて，2で割れば

$$x^2+y^2+z^2=97 \quad \cdots\cdots④$$

②，④から

$$x^2+64=97 \iff x^2=33$$

$$\therefore \quad x=\sqrt{33}$$

③，④から

$$y^2+81=97 \iff y^2=16$$

$$\therefore \quad y=4$$

①，④から

$$z^2+49=97 \iff z^2=48$$

$$\therefore \quad z=4\sqrt{3}$$

求める体積は，直方体の体積から周りの4つの四面体の体積を除いたものだから

$$xyz-4\cdot\frac{1}{3}\cdot\frac{1}{2}xy\cdot z=\frac{1}{3}xyz$$

$$=\frac{1}{3}\cdot\sqrt{33}\cdot4\cdot4\sqrt{3}$$

$$=\mathbf{16\sqrt{11}}$$

補足 正四面体は，三脚型と見ることも，等面四面体と見る（立方体に埋め込む）ことも，どちらでもできます．

メインポイント

特別な四面体は埋め込んで考える！

52 正八面体の内接球・外接球

アプローチ

立体を処理するときの1つの手段として，**対称面で切る**という方法があります．

対称面とは，立体をその面で切って2つに分けたとき，その2つが鏡写しの状態になるような面のことです．例えば球の場合，中心を通るように切れば，必ず鏡写しの状態になります．

なお，1つの立体に対称面は複数存在することもあるので，**どの対称面で切るかは何を求めるかによって変わります．**

◀もちろん，対称面をもたない立体もあります．（というより，もつ場合が特殊なのです．）

解答

図①～④のように各点をとる．ここで，M，N はそれぞれ辺 BE，CD の中点である．

図①

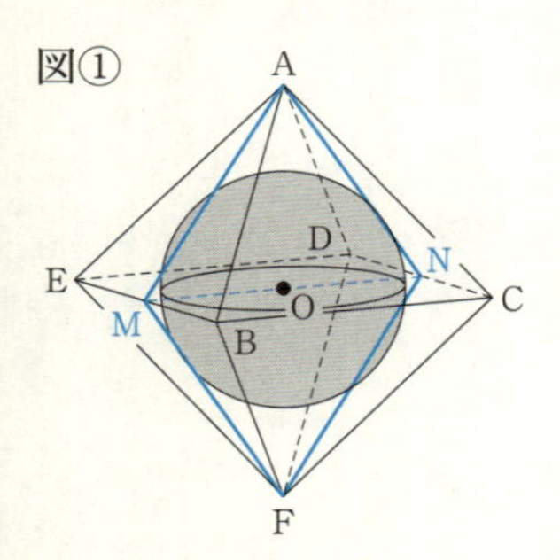

図②

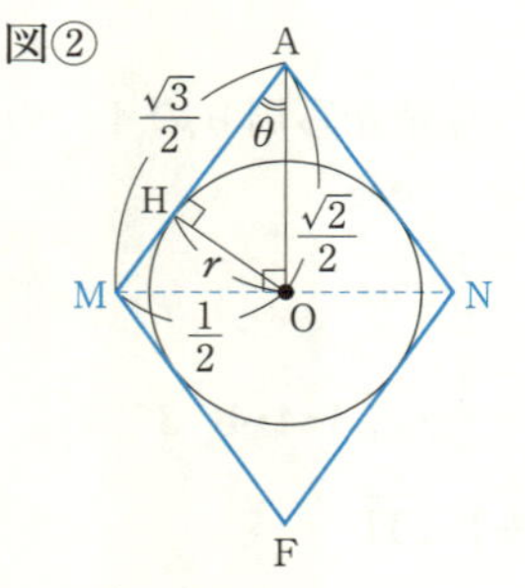

◀内接球は辺や頂点でなく，面に接することに注意しましょう．

図③

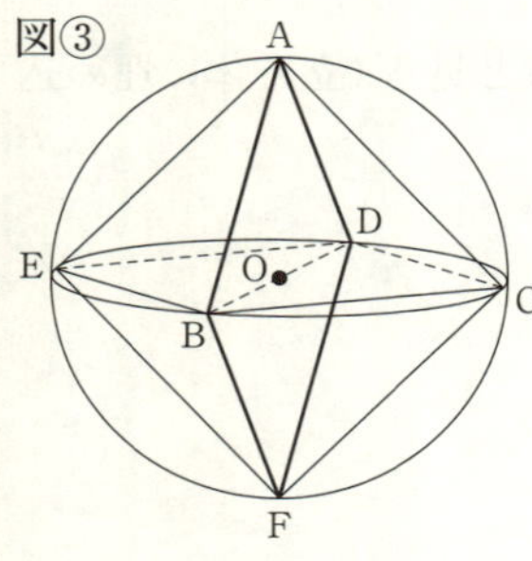

図④

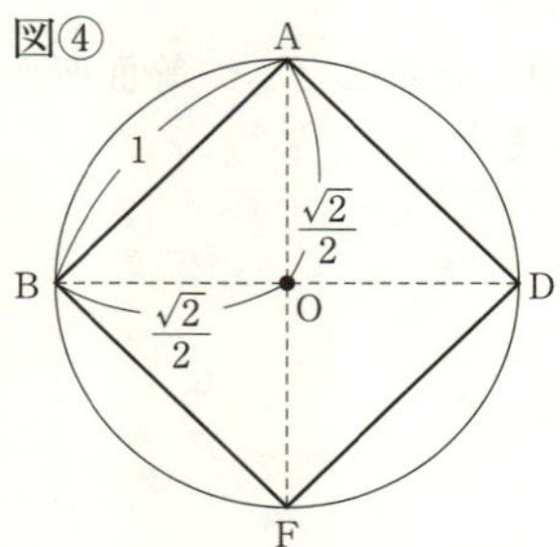

◀外接球は頂点に接します．

△ABE は1辺の長さが1の正三角形なので

$$AM=\frac{\sqrt{3}}{2}$$

また，図④のように，△OAB は斜辺の長さが1の直角二等辺三角形なので

$$OA=\frac{\sqrt{2}}{2}$$

題意の内接球と面 ABE の接点は，線分 AM 上にあり，その点をHとする．

内接球の半径を r，$\angle OAH=\theta$ とおいて，図②から

$$\begin{aligned} r&=OH\\ &=OA\sin\theta\\ &=OA\cdot\frac{OM}{AM}\\ &=\frac{\sqrt{2}}{2}\cdot\frac{1}{\sqrt{3}}=\frac{\sqrt{6}}{6} \end{aligned}$$

よって，内接球の体積は

$$\frac{4}{3}\pi r^3=\frac{4}{3}\pi\left(\frac{\sqrt{6}}{6}\right)^3=\boldsymbol{\frac{\sqrt{6}}{27}\pi}$$

◀半径 r の球の体積 V は
$V=\frac{4}{3}\pi r^3$

図④から外接球の半径は $\frac{\sqrt{2}}{2}$ なので，その表面積は

$$4\pi\left(\frac{\sqrt{2}}{2}\right)^2=\boldsymbol{2\pi}$$

◀半径 r の球の表面積 S は
$S=4\pi r^2$

メインポイント

立体は対称面で切る！

第6章 図形と方程式

53 直線に関する対称点

アプローチ

この問題は「直線 l_1, l_2 が鏡になっていて，O から発射されたレーザー光が 2 点 C，B で反射して点Aに届く」と考えるとわかりやすいです．

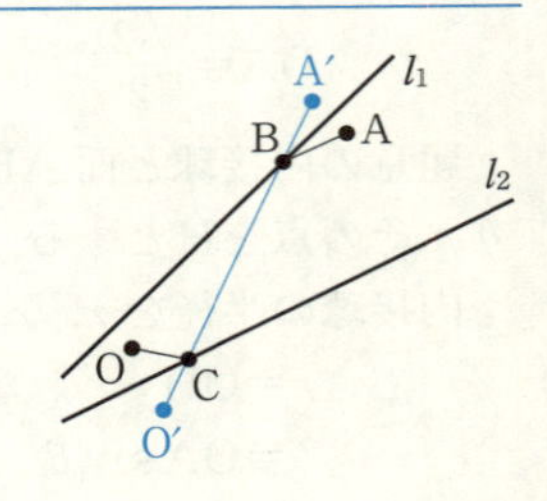

鏡に反射された光は，鏡の中から直進してくるように見えますよね．鏡 l_2 の中の世界にOの像 O′ があって，そこから鏡 l_1 の中の世界にあるAの像 A′ まで**直進する光をイメージする**のです．

解答

$$l_1 : x-y+1=0 \iff y=x+1$$

に関して A(5, 5) と対称な点を $A'(p,\ q)$ とおくと，

AA' の中点 $\left(\dfrac{5+p}{2},\ \dfrac{5+q}{2}\right)$ が l_1 上にあることから

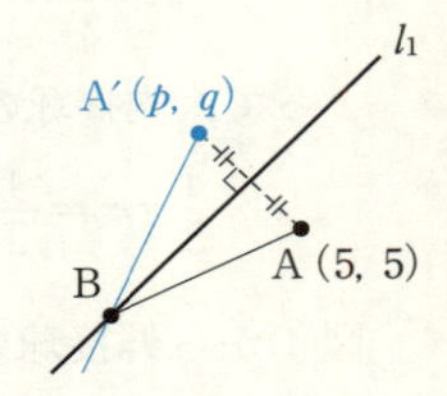

$$\frac{5+q}{2}=\frac{5+p}{2}+1 \quad \therefore \quad q=p+2 \quad \cdots\cdots ①$$

また，AA' と l_1 が直交することから

$$\frac{q-5}{p-5}\cdot 1=-1 \quad \therefore \quad q=-p+10 \quad \cdots\cdots ②$$

①，②を連立して

$$p=4,\ q=6 \quad \therefore \quad A'(4,\ 6)$$

次に

$$l_2 : x-2y-2=0 \iff y=\frac{1}{2}x-1$$

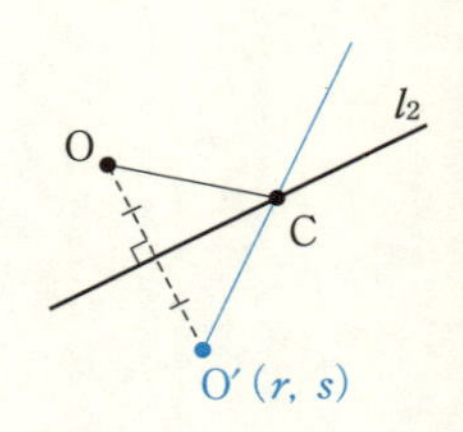

に関して原点Oと対称な点を $O'(r,\ s)$ とおくと，OO' の中点 $\left(\dfrac{r}{2},\ \dfrac{s}{2}\right)$ が l_2 上にあることから

$$\frac{s}{2}=\frac{1}{2}\cdot\frac{r}{2}-1 \quad \therefore \quad s=\frac{1}{2}r-2 \quad \cdots\cdots ③$$

また，OO' と l_2 が直交することから

$$\frac{s}{r}\cdot\frac{1}{2}=-1 \quad \therefore \quad s=-2r \quad \cdots\cdots ④$$

③，④を連立して

$$r=\frac{4}{5},\ s=-\frac{8}{5} \qquad \therefore\ O'\left(\frac{4}{5},\ -\frac{8}{5}\right)$$

よって，直線 O′A′ の傾きは

$$\frac{6-\left(-\frac{8}{5}\right)}{4-\frac{4}{5}}=\frac{38}{16}=\frac{19}{8}$$

であり，直線 O′A′ の方程式は

$$y=\frac{19}{8}x-\frac{7}{2}$$

となる．

◀この直線と l_1，l_2 との交点がそれぞれ B，C ということになります．

これと l_1 を連立して

$$\frac{19}{8}x-\frac{7}{2}=x+1 \iff x=\frac{36}{11}$$

$$\therefore\ \mathbf{B}\left(\frac{\mathbf{36}}{\mathbf{11}},\ \frac{\mathbf{47}}{\mathbf{11}}\right)$$

l_2 と連立して

$$\frac{19}{8}x-\frac{7}{2}=\frac{1}{2}x-1 \iff x=\frac{4}{3}$$

$$\therefore\ \mathbf{C}\left(\frac{\mathbf{4}}{\mathbf{3}},\ -\frac{\mathbf{1}}{\mathbf{3}}\right)$$

補足 問題が「AB＋BC＋CO の長さが最小となるような点 B，C を求めよ」となっていてもまったく同様の解答になります．

なぜなら，左ページの図から

AB＝A′B，CO＝CO′

となるので，AB＋BC＋CO の長さが最小となるのは，A′B＋BC＋CO′ の長さが最小となるときで，それは結局 4 点 A′，B，C，O′ が一直線上に並ぶときだからです．

第6章

メインポイント

鏡による反射は，鏡の中の像を考えよ！

54 円の方程式

アプローチ

(2)　k の値によらず通る定点とは，

任意の k の値に対して等式を成り立たせるような $(x,\ y)$ のこと

です．したがって，円の方程式を **k についての恒等式**と見て処理します．

(4)　円と直線の位置関係は，

円の中心と直線の距離 d と半径 r の大小に注目する

のがセオリーです．

◀点 $(x_0,\ y_0)$ と直線 $ax+by+c=0$ の距離 d は
$$d=\frac{|ax_0+by_0+c|}{\sqrt{a^2+b^2}}$$
で求められます．

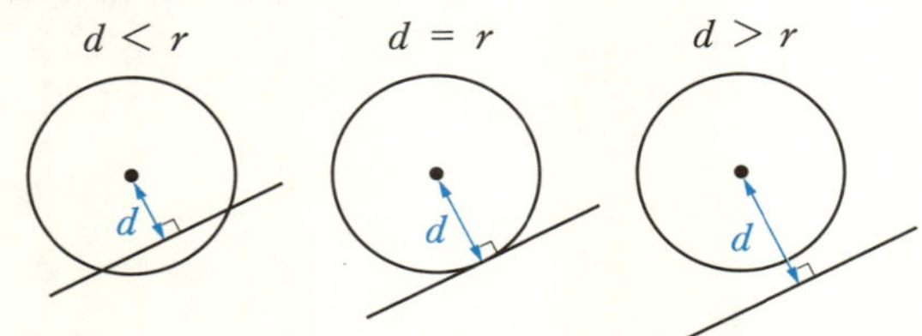

解答

(1)　$x^2+y^2+3kx-ky-10k-20=0$ から
$$\left(x+\frac{3}{2}k\right)^2+\left(y-\frac{1}{2}k\right)^2=\frac{5}{2}k^2+10k+20$$
ここで
$$\frac{5}{2}k^2+10k+20=\frac{5}{2}(k+2)^2+10>0$$
であるから，確かに円を表し，その中心は
$$\left(-\frac{3}{2}k,\ \frac{1}{2}k\right)$$

◀例えば $(x-1)^2+(y+3)^2=0$ は円ではなく，点 $(1,\ -3)$ を表します．だから，右辺が正になることを確認しました．

(2)　$x^2+y^2+3kx-ky-10k-20=0$ から
$$k(3x-y-10)+(x^2+y^2-20)=0$$
とでき，これを k についての恒等式と見ると
$$3x-y-10=0 \text{ かつ } x^2+y^2-20=0$$
これらから y を消去すれば
$$x^2+(3x-10)^2-20=0$$
$$\iff x^2-6x+8=0$$
$$\iff (x-2)(x-4)=0 \qquad \therefore\ x=2,\ 4$$

◀k について整理しました．

よって，求める定点は

$$(x,\ y)=(\mathbf{2},\ \mathbf{-4}),\ (\mathbf{4},\ \mathbf{2})$$

(3) 円 C の半径を r とすると，(1)から

$$r^2=\frac{5}{2}(k+2)^2+10$$

なので，円 C の面積 S は $\boldsymbol{k=-2}$ のとき

最小値：$S=\pi r^2=\mathbf{10\pi}$

をとる．

◀円の面積が最小になるのは半径が最小になるときです．

(4) 直線 $y=\frac{1}{2}x$ すなわち $x-2y=0$ と円 C が接するのは，中心 $\left(-\frac{3}{2}k,\ \frac{1}{2}k\right)$ からの距離が半径に等しいときだから

$$\frac{\left|\left(-\frac{3}{2}k\right)-2\cdot\frac{1}{2}k\right|}{\sqrt{1^2+(-2)^2}}=\sqrt{\frac{5}{2}k^2+10k+20}$$

$$\iff \frac{\sqrt{5}}{2}|k|=\sqrt{\frac{5}{2}k^2+10k+20}$$

両辺ともに 0 以上なので，2 乗して

$$\frac{5}{4}k^2=\frac{5}{2}k^2+10k+20$$

$$\iff k^2+8k+16=0$$

$$\iff (k+4)^2=0$$

$$\therefore\quad \boldsymbol{k=-4}$$

補足 (1)で「円であることが前提で与えられているので，円になることの確認は必要ない」と考えた読者もいるかもしれません．(1)だけなら確かにそうなのですが，例えば，その「確認」の結果が $0<k<2$ となり，(4)の計算結果が $k=1,\ 4$ であれば，もちろん答えは $k=1$ になります．よって「円になることの確認」は解答のどこかでは実行しておくべきことなので，筆者は最初にしておいたのです．(本問はすべての実数 k で円です．)

メインポイント

円と直線の位置関係は，中心から直線までの距離と半径の大小で調べる！

55 弦の長さ

アプローチ

前問と同様，円と直線の位置関係は中心からの距離に注目して考えます．

そして，(3)では弦の長さを考えるのですが，これは弦の中点，円の中心，円と直線の交点で作られる**直角三角形に注目して三平方の定理**を利用します．

◀円と直線の交点を求め，弦の長さを直接求めるのはメンドウです．
(が… 別解 参照．)

解答

(1) 円の方程式は $(x-2)^2+(y-4)^2=5$ とできるので，これは中心 $(2,\ 4)$，半径 $\sqrt{5}$ の円である．

中心 $(2,\ 4)$ と直線 $ax-y+1=0$ の距離 d は

$$d=\frac{|a\cdot 2-4+1|}{\sqrt{a^2+(-1)^2}}=\frac{|2a-3|}{\sqrt{a^2+1}}$$

と表せる．

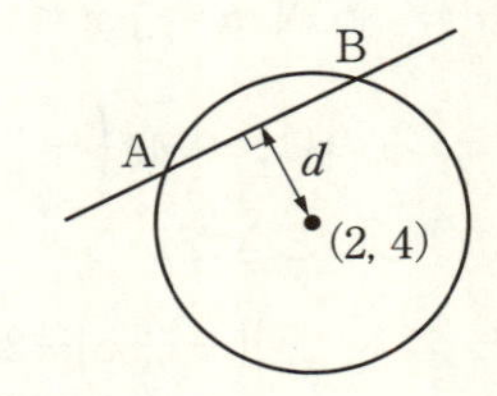

円と直線が異なる 2 点で交わるのは，d が半径より短いときだから

$$\frac{|2a-3|}{\sqrt{a^2+1}}<\sqrt{5}$$

$$\iff |2a-3|<\sqrt{5a^2+5}$$

両辺ともに 0 以上だから，両辺を 2 乗して

$$4a^2-12a+9<5a^2+5$$

$$\iff a^2+12a-4>0$$

$$\therefore\quad \boldsymbol{a<-6-2\sqrt{10},\ -6+2\sqrt{10}<a}$$

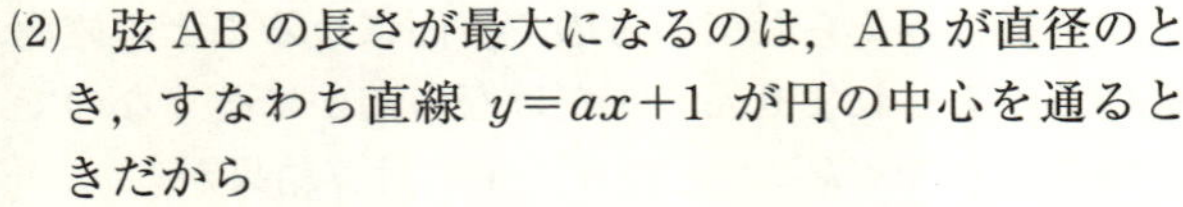

(2) 弦 AB の長さが最大になるのは，AB が直径のとき，すなわち直線 $y=ax+1$ が円の中心を通るときだから

$$4=a\cdot 2+1$$

$$\therefore\quad \boldsymbol{a=\frac{3}{2}}$$

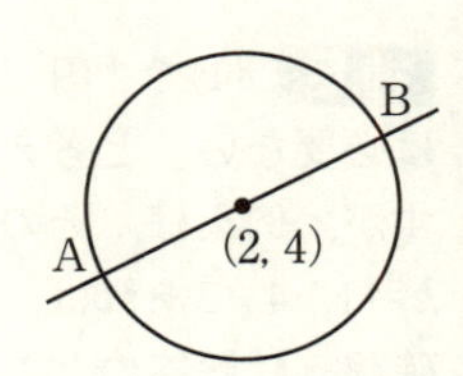

(3) 円の中心をC，弦ABの中点をMとする．

弦ABの長さが2になるとき，直角三角形CMAにおける三平方の定理により

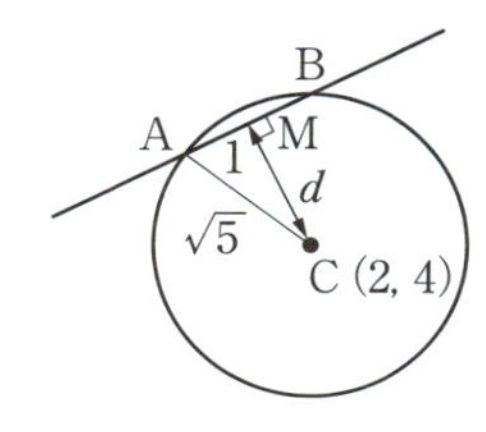

$$\mathrm{CM}=\sqrt{\mathrm{CA}^2-\mathrm{AM}^2}=\sqrt{(\sqrt{5})^2-1^2}=2$$

これが，(1)で求めたdと一致するとき

$$\frac{|2a-3|}{\sqrt{a^2+1}}=2$$

$$\iff |2a-3|=2\sqrt{a^2+1}$$

両辺を2乗して

$$4a^2-12a+9=4(a^2+1)$$

$$\therefore \quad \boldsymbol{a=\frac{5}{12}}$$

別解

円と直線の方程式を連立すると

$$x^2+(ax+1)^2-4x-8(ax+1)+15=0$$

$$\iff (1+a^2)x^2+(-6a-4)x+8=0$$

$$\iff x=\frac{3a+2\pm\sqrt{a^2+12a-4}}{1+a^2}$$

この値をα，β $(\alpha<\beta)$ とするとき，弦ABの長さは

$$\sqrt{1+a^2}(\beta-\alpha)=2\sqrt{\frac{a^2+12a-4}{1+a^2}}$$

と表せるので，題意から

$$2\sqrt{\frac{a^2+12a-4}{1+a^2}}=2$$

$$\iff a^2+12a-4=1+a^2$$

$$\therefore \quad a=\frac{5}{12}$$

◀傾きがaなので，下図のような比になっています．

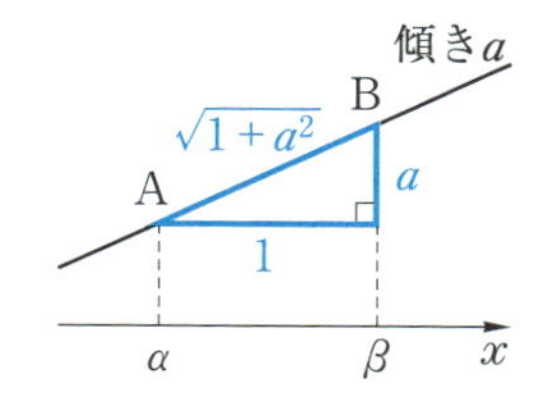

メインポイント

弦の長さは直角三角形を作って求める！

第6章

56 円群の理論（束の理論）

アプローチ

右図のように，2つの円 $f(x,\ y)=0$，$g(x,\ y)=0$ が2点P，Qで交わっているとき

$$f(\mathrm{P})=f(\mathrm{Q})=g(\mathrm{P})=g(\mathrm{Q})=0$$

が成り立ちます．このとき，k を実数として

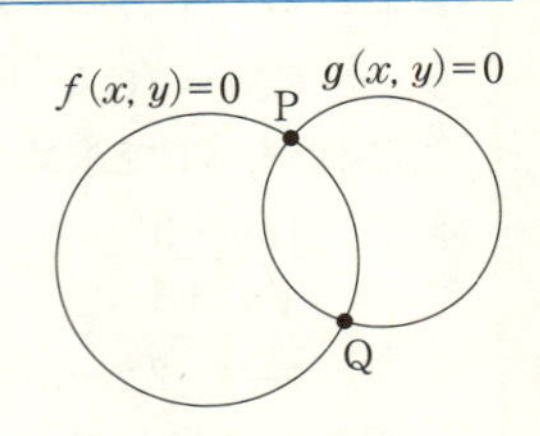

$$\boldsymbol{f(x,\ y)+kg(x,\ y)=0} \quad \cdots\cdots①$$

とすると，k の値に関係なく

$$f(\mathrm{P})+kg(\mathrm{P})=0 \text{ かつ } f(\mathrm{Q})+kg(\mathrm{Q})=0$$

が成り立つので，①は**2点P，Qを通る図形**を表していることになります．そして，それはどのような図形かというと

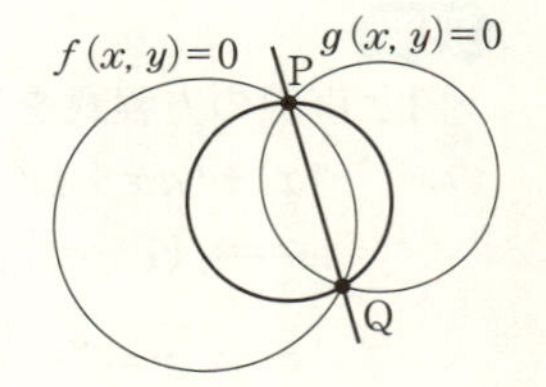

(イ) **ほとんどの場合，円を表す．**

(ロ) **x^2+y^2 を消去するような k の値を選べば，直線PQを表す．**

となります．

しかし，注意しなければいけないことがあります．

この①は，P，Qを通るすべての円を表せるわけではないのです．**どのような k の値を選んでも，①が $g(x,\ y)=0$ を表すことはありません．**

そこで，直線PQの方程式を $h(x,\ y)=0$ として

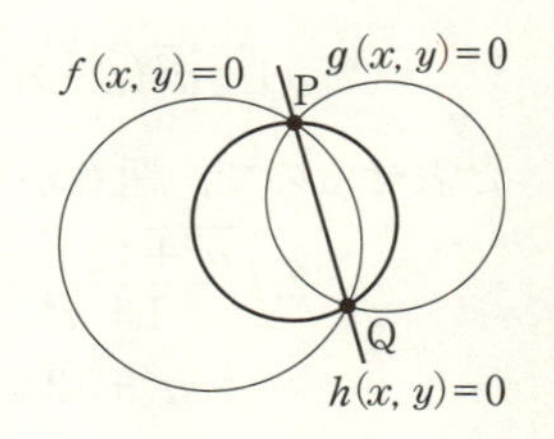

$$\boldsymbol{f(x,\ y)+kh(x,\ y)=0} \quad \cdots\cdots②$$

とすると，これは2点P，Qを通る**すべての円**を表すことができます！（しかも，k の値を求めるときの計算と，その後の式の整理がラクになります．）

結局のところ，上記の内容は

連立方程式をどれだけイジっても
解（交点）は変わらない

ということです．

◀ **補足** 参照．

このような考え方を**円群の理論**，または**束**（そく）**の理論**といいます．

◀ 円でなくても同様の議論ができるので，一般的には束の理論といいます．

解答

(1) $C_1 : x^2+y^2=25$

$C_2 : (x-4)^2+(y-3)^2=2$

$\iff x^2+y^2-8x-6y+23=0$

これらから x^2+y^2 を消去すると

$25-8x-6y+23=0$

$\therefore \quad \mathbf{4x+3y-24=0}$

◀ C_2 の中心 (4, 3) が，ちょうど C_1 上にあるので，2つの円は異なる2点で交わります．

◀左ページの(ロ)です．

(2) 2つの交点を通る円の方程式は，実数 k を用いて

$x^2+y^2-25+k(4x+3y-24)=0$

と表せる．これが (3, 1) を通るとき

$3^2+1^2-25+k(4\cdot3+3\cdot1-24)=0$

$\therefore \quad k=-\dfrac{5}{3}$

◀左ページの②です．

よって，求める円の方程式は

$x^2+y^2-25-\dfrac{5}{3}(4x+3y-24)=0$

$\iff \boldsymbol{\left(x-\dfrac{10}{3}\right)^2+\left(y-\dfrac{5}{2}\right)^2=\dfrac{85}{36}}$

補足 C_1, C_2 の交点を求めることを考えてみましょう．

C_1, C_2 の方程式を連立して，辺々を引いて整理すれば

$4x+3y-24=0 \quad \cdots\cdots(*)$

が得られます．これと C_1 (C_2 でも OK) の方程式から y を消去すれば，x の2次方程式になり，交点の x 座標が求められますが，何を思ったか

$x^2+y^2-25+3(4x+3y-24)=0 \quad \cdots\cdots(**)$

という式を作ってしまったとしましょう．

このとき，(*) と (**) から y を消去して解いても，同じ解 (交点) が得られますよね．

だから (**) も，C_1, C_2 の2交点を通る円を表していることになるのです．

メインポイント

交点を通る図形には，束の理論！

57 軌跡①

アプローチ

軌跡を（幾何的にでなく）計算で求めるときの基本の手順は

① **軌跡を描く点を $(X,\ Y)$ とおく．**

② **すべての条件を数式化する．**

③ **目標は X と Y の関係式．**

です．

◀得られた関係式が等式の場合を**軌跡**と呼び，不等式の場合を**領域**と呼びます．

本問においては，**手順②で**

(イ) 点Pが円 C 上を動くこと

(ロ) 点Qは△PABの重心であること

の**2条件を数式化する**ことになります．

◀$\mathrm{P}(s,\ t)$ とおいて，円 C 上にあることから
$(s-2)^2+(t-1)^2=4$
としてもいいのですが….

解答

(1) 円 C の方程式は $(x-2)^2+(y-1)^2=4$ とできるから，中心は $(2,\ 1)$，半径は2である．

$$l：y=-\frac{1}{2}x+k \iff x+2y-2k=0$$

なので，中心 $(2,\ 1)$ と l の距離に注目して

$$\frac{|2+2\cdot1-2k|}{\sqrt{1^2+2^2}}>2 \iff |k-2|>\sqrt{5}$$

$$\therefore\quad k<2-\sqrt{5},\ 2+\sqrt{5}<k$$

k は正なので

$$\boldsymbol{2+\sqrt{5}<k}$$

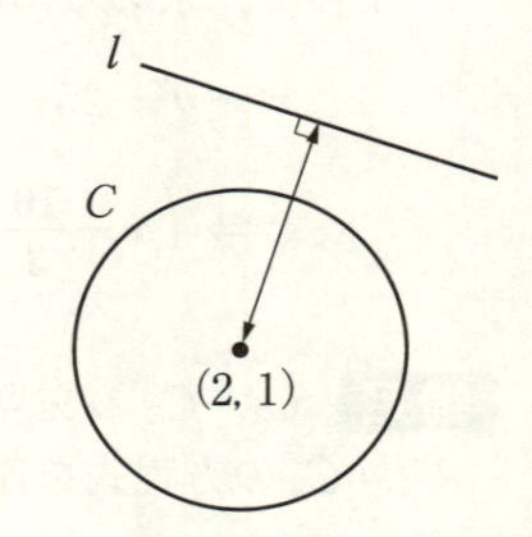

(2) $\mathrm{P}(2\cos\theta+2,\ 2\sin\theta+1)$，$\mathrm{Q}(X,\ Y)$ とおく．ただし，$0\leqq\theta<2\pi$ とする．

◀円周上の点は三角関数でおくと処理しやすいです．
（28 参照．）

点Qは△PABの重心だから

$$X=\frac{(2\cos\theta+2)+2+(2k-2)}{3}$$

$$=\frac{2}{3}\cos\theta+\frac{2k+2}{3}$$

$$Y=\frac{(2\sin\theta+1)+(k-1)+1}{3}$$

$$=\frac{2}{3}\sin\theta+\frac{k+1}{3}$$

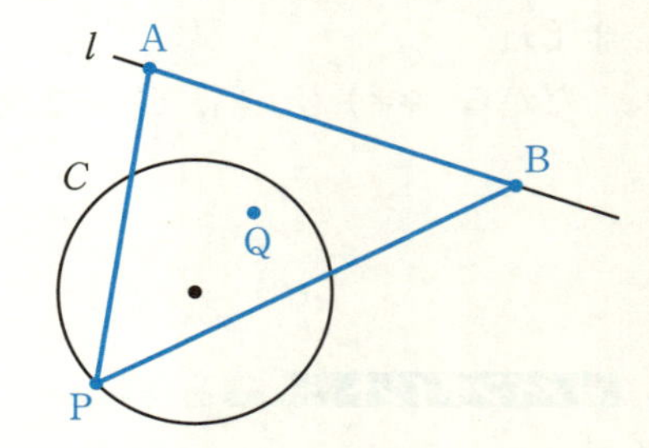

したがって

$$\left(X-\frac{2k+2}{3}\right)^2+\left(Y-\frac{k+1}{3}\right)^2$$
$$=\frac{4}{9}\cos^2\theta+\frac{4}{9}\sin^2\theta=\frac{4}{9}$$

◀この式変形をしなくても
$\begin{pmatrix}x\\y\end{pmatrix}=r\begin{pmatrix}\cos\theta\\\sin\theta\end{pmatrix}+\begin{pmatrix}a\\b\end{pmatrix}$
は中心 $(a,\ b)$，半径 r の円を表します．

よって，点Qは

中心 $\left(\frac{2k+2}{3},\ \frac{k+1}{3}\right)$，半径 $\frac{2}{3}$ の円

上にあり，$0\leqq\theta<2\pi$ から $\mathrm{Q}(X,\ Y)$ はこの円上のすべてを動く．

(3)　A，B は円 C の外側にあるので，(2)で求めた円が円 C と内接することはない．

よって，2円がただ1点を共有するのは，中心間の距離が半径の和に等しいときだから

◀2つの円の位置関係は，中心間の距離に注目します．

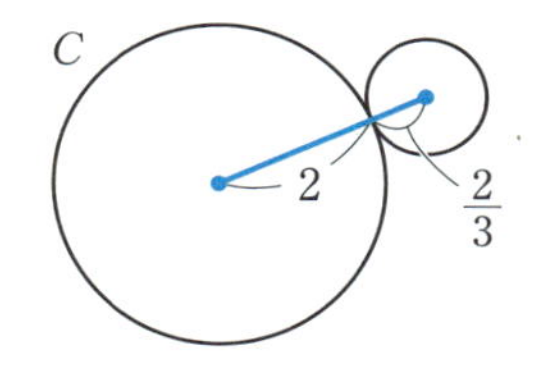

$$\sqrt{\left(\frac{2k+2}{3}-2\right)^2+\left(\frac{k+1}{3}-1\right)^2}=2+\frac{2}{3}$$
$$\Longleftrightarrow\ \sqrt{4\left(\frac{k+1}{3}-1\right)^2+\left(\frac{k+1}{3}-1\right)^2}=\frac{8}{3}$$
$$\Longleftrightarrow\ \sqrt{5\left(\frac{k-2}{3}\right)^2}=\frac{8}{3}$$

(1)の結果から $k-2$ は正なので

$$\sqrt{5}\cdot\frac{k-2}{3}=\frac{8}{3}$$
$$\therefore\ \boldsymbol{k=2+\frac{8}{\sqrt{5}}}$$

メインポイント

軌跡を描く点を $(X,\ Y)$ とおいて，X と Y の関係式を作ることが目標！

58 軌跡②

アプローチ

2交点の座標を実際に求めてから，中点の座標を求めても構いませんが，2交点の x 座標を α, β とするとき，中点の x 座標は $\dfrac{\alpha+\beta}{2}$ なので，**$\alpha+\beta$ の値を知りたい**のです．

交点を求める2次方程式（解答 の①式）の解が α, β のときの $\alpha+\beta$ だから，**解と係数の関係**の出番です．

また，(1)で t の値の範囲に制限があることがわかるので，(2)の軌跡も**範囲の制限**に注意しましょう．

解答

(1)　C_1, C_2 の方程式から y を消去すると

$$(x-t)^2+t=-x^2+4$$

$$\iff 2x^2-2tx+t^2+t-4=0 \quad \cdots\cdots①$$

C_1, C_2 が異なる2点で交わるとき，x についての2次方程式①が異なる2つの実数解をもつので

$$判別式：\frac{D}{4}=(-t)^2-2(t^2+t-4)>0$$

$$\iff t^2+2t-8<0$$

$$\iff (t+4)(t-2)<0$$

$$\therefore \quad \boldsymbol{-4<t<2}$$

(2)　題意の中点を $\mathrm{M}(X,\ Y)$ とおく．また，C_1 と C_2 の2つの交点の x 座標を α, β とおくと，これらは①の2解だから，解と係数の関係より

$$\alpha+\beta=-\frac{-2t}{2}=t$$

であり，M が2交点の中点だから

$$X=\frac{\alpha+\beta}{2}=\frac{t}{2} \quad \cdots\cdots②$$

C_1, C_2 の方程式の辺々を加えて

$$2y=-2tx+t^2+t+4$$

$$\iff y=-tx+\frac{t^2+t+4}{2}$$

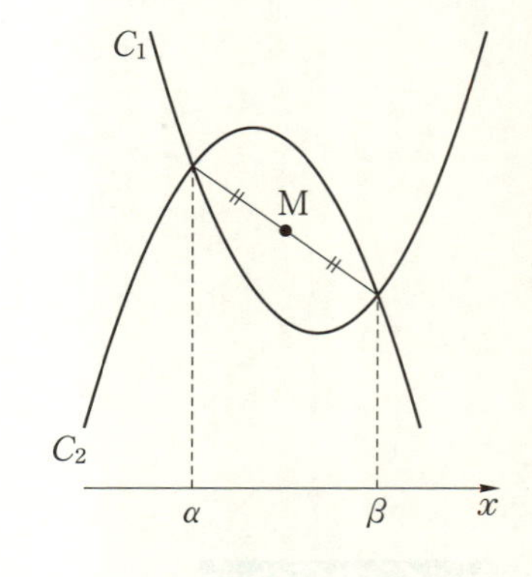

これが2交点を通る直線の方程式であり，点M はこの直線上にあるから

◀56 と同様の考え方です．

$$Y=-tX+\frac{t^2+t+4}{2} \quad \cdots\cdots③$$

②，③から t を消去すると

$$Y=-2X\cdot X+\frac{(2X)^2+2X+4}{2}$$

$$=X+2$$

(1)の結果 $-4<t<2$ と②から

$$-2<X<1$$

なので，求める軌跡は

直線 $y=x+2$ の $-2<x<1$ の部分

となり，右図の青線部である．

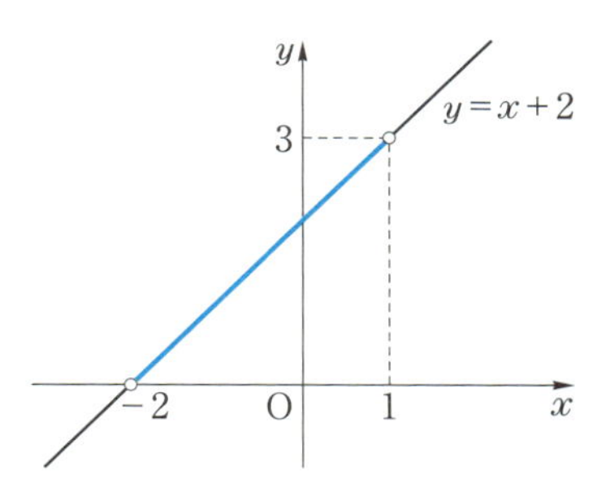

補足 2交点は C_2 上にあるので，その y 座標は $-\alpha^2+4$，$-\beta^2+4$ と表せます．

よって

$$Y=\frac{(-\alpha^2+4)+(-\beta^2+4)}{2}$$

$$=\frac{-(\alpha+\beta)^2+2\alpha\beta+8}{2}$$

$$=\frac{-t^2+2\cdot\frac{t^2+t-4}{2}+8}{2} \quad \left(\because \quad \alpha+\beta=t,\ \alpha\beta=\frac{t^2+t-4}{2}\right)$$

$$=\frac{t+4}{2}$$

とすることで，中点Mの y 座標を t で表すこともできます．

メインポイント

中点の軌跡には，解と係数の関係が有効

59 実数条件と領域

アプローチ

本問は(2)があるので，なんとなく答えにたどり着いてしまうかもしれませんが，(3)だけが問われたとしても同じような議論ができますか？

求めるものが点 $(a+b,\ ab)$ の動く領域なので

$$X=a+b,\quad Y=ab$$

とおき，X と Y の関係式を作ることが目標になるのは 57，58 と同様です．

◀ 解答 では(2)とのつながりを考慮して u，v を使いました．

すると，初見の場合，ほとんどの人が「原点を中心とする半径1の円の内部」という条件から

$$a^2+b^2<1 \iff (a+b)^2-2ab<1$$
$$\iff X^2-2Y<1$$
$$\iff Y>\frac{1}{2}X^2-\frac{1}{2}$$

として終わらせてしまいます．

◀ 点 $(X,\ Y)$ がこの関係式を満たすことは事実ですが，この不等式の表す領域のすべての点を $(X,\ Y)$ がとれるかわかりません．

しかし，例えば $(X,\ Y)=(0,\ 1)$ は上の不等式を満たしますが，$a+b=0$，$ab=1$ から b を消去して

$$a\cdot(-a)=1 \iff a^2=-1$$

とすると，a が実数にならないことがわかります．

問題文に「平面上の点 $(a,\ b)$」とあるので，a，b は実数でなければいけません．つまり，**a，b が実数になる条件**も求める必要があるのです．

そして，これは **a，b を解とする2次方程式が実数解をもつ条件**として求められます．

◀ (2)が何のためにあるのかわかりましたね．

解答

(1) 解と係数の関係から

$$\alpha+\beta=-5,\quad \alpha\beta=2$$

なので

$$\alpha^2+\beta^2=(\alpha+\beta)^2-2\alpha\beta=\mathbf{21}$$

(2)　2次方程式 $t^2-ut+v=0$ が実数解をもつとき

判別式：$D=(-u)^2-4v \geqq 0$

$\therefore \quad v \leqq \dfrac{u^2}{4}$

よって，点 $(u,\ v)$ の存在範囲は右図の斜線部分．ただし境界をすべて含む．

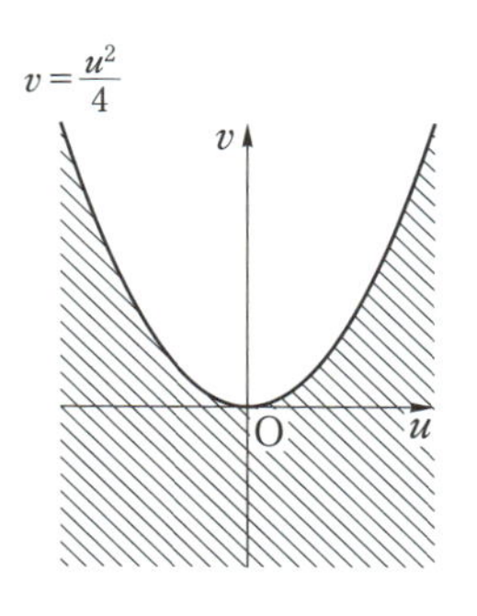

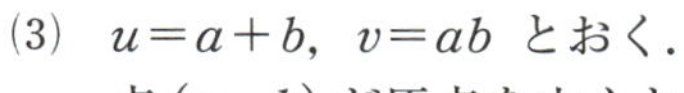

(3)　$u=a+b,\ v=ab$ とおく．

点 $(a,\ b)$ が原点を中心とする半径1の円の内部を動くとき

$a^2+b^2<1 \iff (a+b)^2-2ab<1$

$\therefore \quad v>\dfrac{1}{2}u^2-\dfrac{1}{2} \quad \cdots\cdots①$

また，$a,\ b$ を解とする t の2次方程式の1つは

$(t-a)(t-b)=0 \iff t^2-ut+v=0$

であり，これが実数解をもつ条件は(2)から

$v \leqq \dfrac{u^2}{4} \quad \cdots\cdots②$

◀これで $a,\ b$ が実数であることが保証されました．

よって，求める領域は①，②の共通部分だから，下図の斜線部分．ただし，境界は青線部のみ含む．

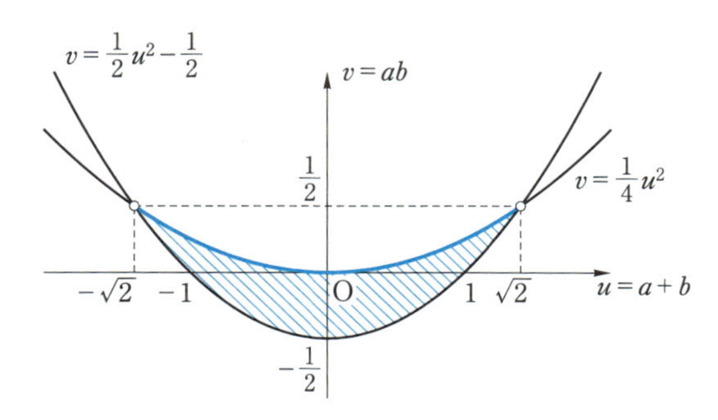

メインポイント

式変形だけでなく，実数条件に注意！

第6章

60 領域と最大・最小

アプローチ

　ある領域内の点 $(x,\ y)$ に対して，$ax+by$ の最大値または最小値を求めるときは

$$\boldsymbol{ax+by=k}$$

とおいて，これを直線の方程式とみなし，その領域と交わるような k の最大値・最小値を考えるのがセオリーです．

　(2)では，$x+2y=k$ とおくと $y=-\dfrac{1}{2}x+\dfrac{1}{2}k$ となるので，傾きは $-\dfrac{1}{2}$ のまま直線を平行移動させて，**これ以上動かすと領域 D から離れてしまう**限界の点を探すことになります．

◀ $y=2x$ に垂直なまま動かすイメージ．

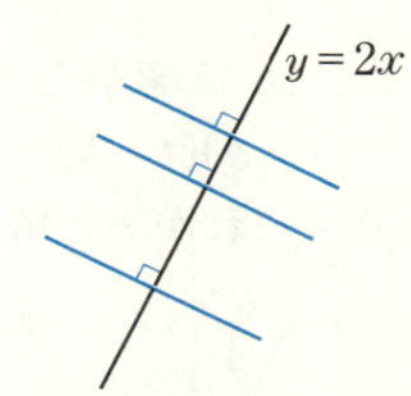

　(3)は，$ax+y=k$ とおくと $y=-ax+k$ となるので，傾き $-a$ の値の範囲によって最大をとる点が変わります．したがって，どのような傾きなら題意に適するのかを考えます．

◀ 傾きが小さすぎると(2)のようになり，大きすぎると $(-5,\ 0)$ で最大値をとることになります．

解答

(1)　$x^2+y^2\leqq 25$ は中心 $(0,\ 0)$，半径 5 の円の周および内部を表す．

　また，$(y-2x-10)(y+x+5)\leqq 0$ から

$$\begin{cases} y-2x-10\geqq 0 \\ y+x+5\leqq 0 \end{cases} \text{ または } \begin{cases} y-2x-10\leqq 0 \\ y+x+5\geqq 0 \end{cases}$$

$$\iff \begin{cases} y\geqq 2x+10 \\ y\leqq -x-5 \end{cases} \text{ または } \begin{cases} y\leqq 2x+10 \\ y\geqq -x-5 \end{cases}$$

　したがって，領域 D は右図の斜線部分である．ただし，境界はすべて含む．

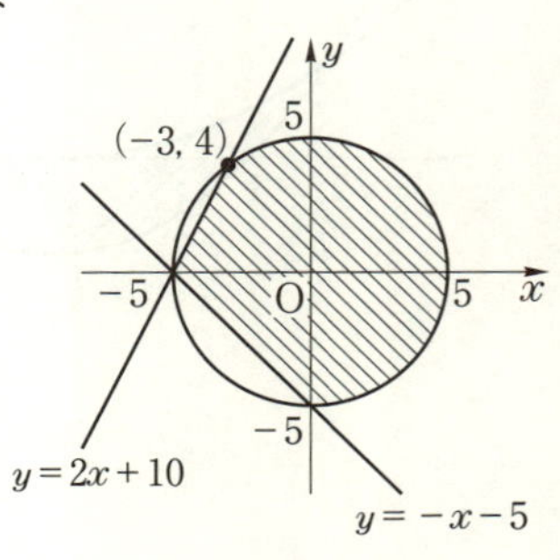

(2)　$x+2y=k$ とおくと，$y=-\dfrac{1}{2}x+\dfrac{1}{2}k$ であり，この直線が領域 D と交わるときを考える．

ⅰ) y 切片 $\frac{1}{2}k$ が最大となるのは，円と第1象限で接するときである．右図からその接点は

$(x,\ y)=(\sqrt{5},\ \mathbf{2\sqrt{5}})$

なので

$M=\sqrt{5}+2\cdot 2\sqrt{5}=\mathbf{5\sqrt{5}}$

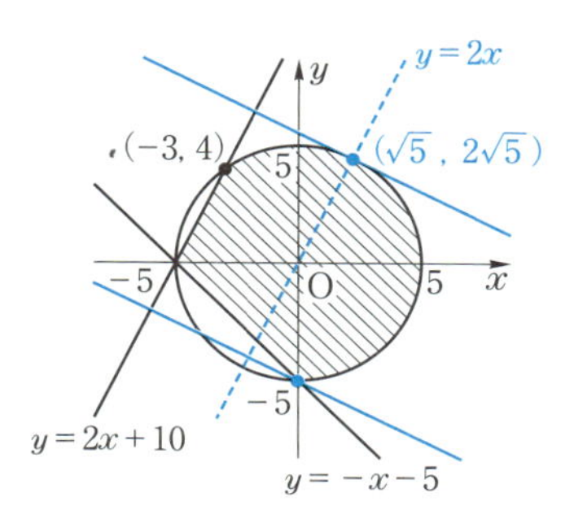

ⅱ) y 切片 $\frac{1}{2}k$ が最小となるのは，点 $(0,\ -5)$ を通るときなので

$(x,\ y)=(\mathbf{0},\ \mathbf{-5})$

において

$m=0+2\cdot(-5)=\mathbf{-10}$

(3) $ax+y=k$ とおくと，$y=-ax+k$ であり，

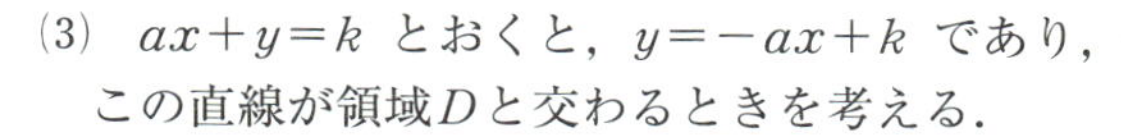
この直線が領域 D と交わるときを考える．

点 $(-3,\ 4)$ と原点を結ぶ直線の傾きが $-\frac{4}{3}$ なので点 $(-3,\ 4)$ における円の接線の傾きは $\frac{3}{4}$ である．

点 $(-3,\ 4)$ において k の値が最大になるのは右図の青実線のようになるときだから，傾きに注目して

$\frac{3}{4}\leqq -a\leqq 2 \qquad \therefore\ \ \mathbf{-2\leqq a\leqq -\frac{3}{4}}$

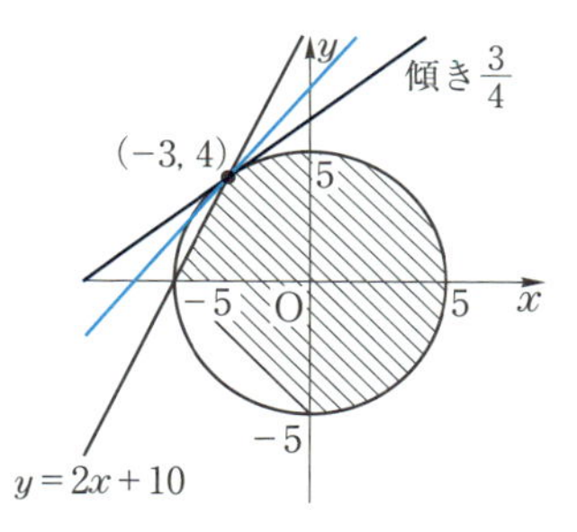

補足　「$=k$ とおいて解く」のがすべてではありません．

例えば $(x+4)^2+(y+3)^2$ の最大・最小は「点 $(-4,\ -3)$ からの距離の2乗」の最大・最小と考えます．(本問においては，最大値：100，最小値：2となります．)

他にも $\frac{y-5}{x+6}$ の最大・最小は「点 $(-6,\ 5)$ からの傾き」の最大・最小と考えます．(本問においては，最大値：0，最小値：-5 となります．)

メインポイント

$ax+by$ の値の範囲は，直線 $ax+by=k$ が領域と交わるような k の値の範囲！

第6章

61 直線の通過領域

アプローチ

直線 $L: y=2tx-t^2$（t ：実数）の通過領域を求めてみましょう．

（考え方①） 実数条件

直線Lは，例えば点(0, 1)を通るのでしょうか？

代入してみると

$$1=2t\cdot 0-t^2 \iff t^2=-1$$

となり，適する実数tが存在しないので，どのような実数tに対しても点(0, 1)は通らないのです．

つまり，**実数tが存在するような点(x, y)の集合**を求めれば，それが直線Lの通過領域となります．したがって

$$y=2tx-t^2 \iff t^2-2xt+y=0$$

を，tについての2次方程式と見て，実数解をもつ条件を考えると

$$判別式：\frac{D}{4}=(-x)^2-1\cdot y \geqq 0$$

$$\therefore \quad y \leqq x^2$$

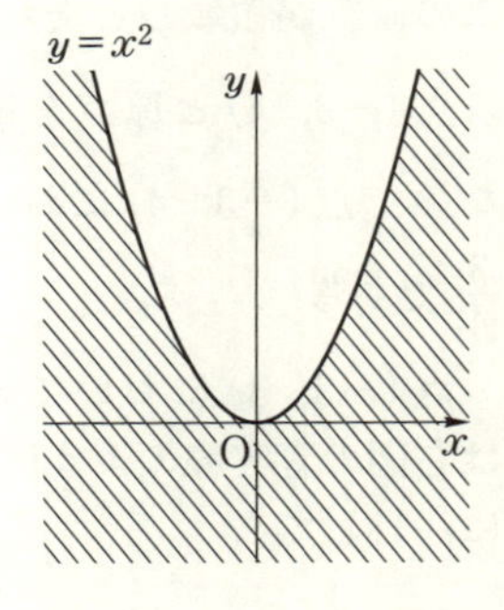

ゆえに，直線Lの通過領域は右図の斜線部分になります．（境界も含む．）

この方法なら，直線である必要もなく，円や放物線の通過領域であっても求められますので，まずはこの方法をマスターしてください．

（考え方②） 包絡線

上記の結果の境界線 $y=x^2$ と直線Lの方程式を連立してみると

$$x^2=2tx-t^2 \iff x^2-2tx+t^2=0$$

$$\iff (x-t)^2=0$$

となり，重解 $x=t$ をもつことから，$y=x^2$ と直線Lは $x=t$ において接していることがわかります．

このような，接する相手のことを**包絡線**といいます．

いいかえれば，包絡線とは**接点の軌跡**のことです．

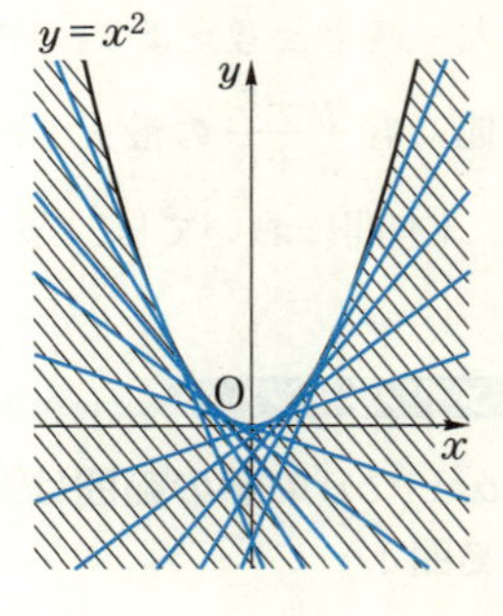

直線の通過領域を求める場合には，この接点の軌跡がわかれば，直線全体の動きがイメージできて，ラクに結果を得られます．したがって，少しズルいのですが，まず判別式：$D=0$ で包絡線を求めてしまい，直線Lが必ず接することを示してから，領域を図示すれば速いのです．

◀パラメータの2次式でないと判別式は使えませんが，出題されるものの多くはパラメータの2次式です．

この方法は，円や放物線などの「曲線の通過領域」には使えませんが，実際の入試で出題される頻度は圧倒的に「直線の通過領域」の方が高いので，現実的な得点力となります．

(考え方③)　ファクシミリ論法

例えば $x=1$ に固定すると，直線Lの方程式は

$$y=2t-t^2$$

となります．この右辺を t についての2次関数 $f(t)$ と見ると

$$f(t)=-(t-1)^2+1$$

とでき，実数 t の範囲に制限がないことから

$$f(t)\leqq 1 \iff y\leqq 1$$

という y の範囲を得られます．

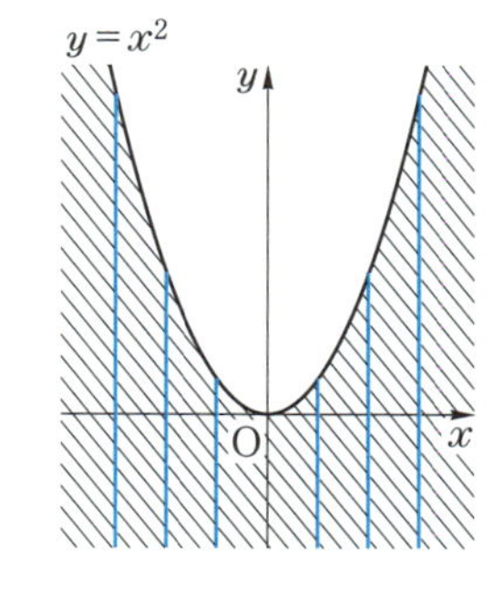

$x=2$ なら

$$y=4t-t^2=-(t-2)^2+4$$
$$\therefore\quad y\leqq 4$$

$x=3$ なら

$$y=6t-t^2=-(t-3)^2+9$$
$$\therefore\quad y\leqq 9$$

$x=x$ なら

$$y=2xt-t^2=-(t-x)^2+x^2$$
$$\therefore\quad y\leqq x^2$$

このように，**xを固定したときのyの範囲**を調べることで，全体の通過領域を調べる方法を**ファクシミリ論法**といいます．

◀なぜ「ファクシミリ」なのか，今の受験生にはわかりにくいでしょう．何かいいネーミングがあれば….

この方法なら，多くの場合には2次関数の最大・最小に帰着できるので，解きなれた問題に見えます．

解答

(1) 右図の b は，三平方の定理から

$$b=\sqrt{(2+1)^2-2^2}=\sqrt{5}$$

であり，円 C と円 D が異なる 2 点で交わるのは，円 D の中心 $(a,\ 0)$ が右図の青線部分にあるときだから，a の値の範囲は

$$-\sqrt{5}<a<\sqrt{5}$$

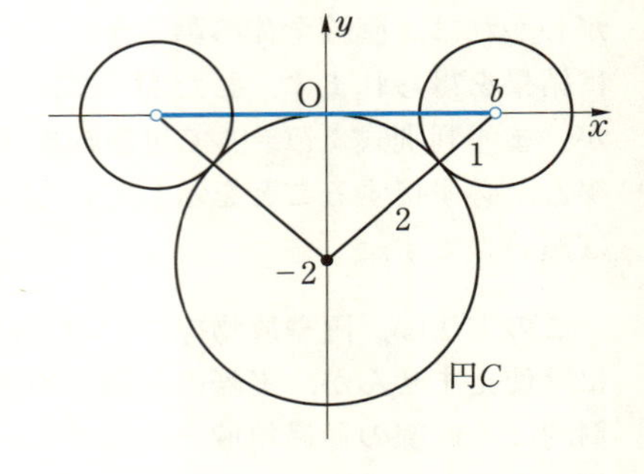

(2) $-\sqrt{5}<a<\sqrt{5}$ において，2 つの円の方程式

$C：x^2+y^2+4y=0$

$D：(x-a)^2+y^2=1$

$\iff x^2+y^2-2ax+a^2-1=0$

から，x^2+y^2 を消去して

$$\boldsymbol{2ax+4y-a^2+1=0}$$

◀56 と同様です．

(3) (2)の結果を a について整理すると

$$a^2-2xa-4y-1=0$$

これが，$-\sqrt{5}<a<\sqrt{5}$ の範囲に実数解をもつような条件を求める．

$f(a)=a^2-2xa-4y-1$ とすると

$$f(a)=(a-x)^2-x^2-4y-1$$

i) $f(-\sqrt{5})\cdot f(\sqrt{5})<0$ の場合

$(2\sqrt{5}x-4y+4)(-2\sqrt{5}x-4y+4)<0$

$\iff (\sqrt{5}x-2y+2)(\sqrt{5}x+2y-2)>0$

このとき，$f(a)=0$ は $-\sqrt{5}<a<\sqrt{5}$ の範囲に実数解をもつ．

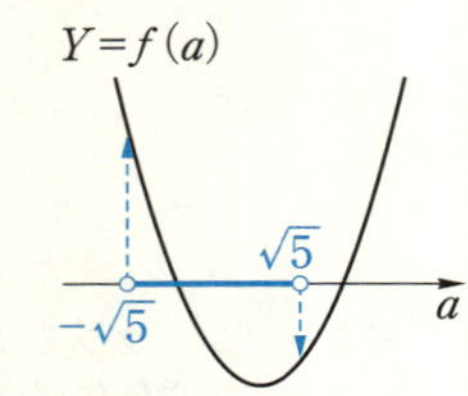

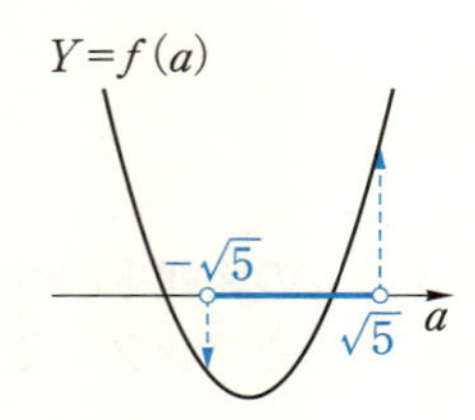

ii） $f(-\sqrt{5})\cdot f(\sqrt{5})\geqq 0$ の場合

$f(a)=0$ が $-\sqrt{5}<a<\sqrt{5}$ の範囲に実数解をもつ条件は

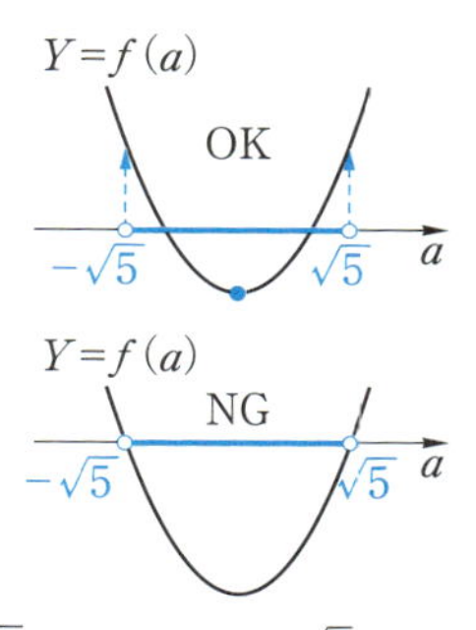

$$\begin{cases} -\sqrt{5}<(\text{頂点の } a \text{ 座標})<\sqrt{5} \\ (\text{頂点の } Y \text{ 座標})\leqq 0 \\ f(-\sqrt{5})\geqq 0 \\ f(\sqrt{5})\geqq 0 \end{cases}$$

ただし，$f(-\sqrt{5})=0$ かつ $f(\sqrt{5})=0$ となる場合は除外する．よって

$$-\sqrt{5}<x<\sqrt{5},\ y\geqq -\frac{1}{4}x^2-\frac{1}{4}$$

$$y\leqq \frac{\sqrt{5}}{2}x+1,\ y\leqq -\frac{\sqrt{5}}{2}x+1$$

ただし，(0, 1) は除外する．

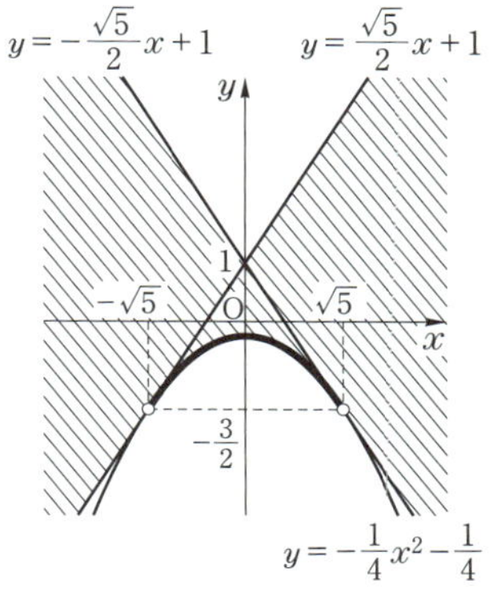

以上から，求める領域は右図の斜線部分である．ただし，境界は太線部分だけ含む．

別解 1

(3) (2)の結果を a についての2次方程式と見て

$$\text{判別式}：\frac{D}{4}=(-x)^2-1\cdot(-4y-1)=0$$

とすると $y=-\frac{1}{4}x^2-\frac{1}{4}$ となる．これと，$2ax+4y-a^2+1=0$ から y を消去すると

$$2ax+4\left(-\frac{1}{4}x^2-\frac{1}{4}\right)-a^2+1=0$$

$$\Longleftrightarrow\ x^2-2ax+a^2=0$$

$$\Longleftrightarrow\ (x-a)^2=0$$

よって，重解 $x=a$ となるので，2つのグラフは $x=a$ において接している．

したがって，$-\sqrt{5}<a<\sqrt{5}$ に注意して，求める領域は右図の通り．ただし，境界は

$$y=-\frac{1}{4}x^2-\frac{1}{4}\ \text{の}\ -\sqrt{5}<x<\sqrt{5}\ \text{の部分の}$$

み含む．

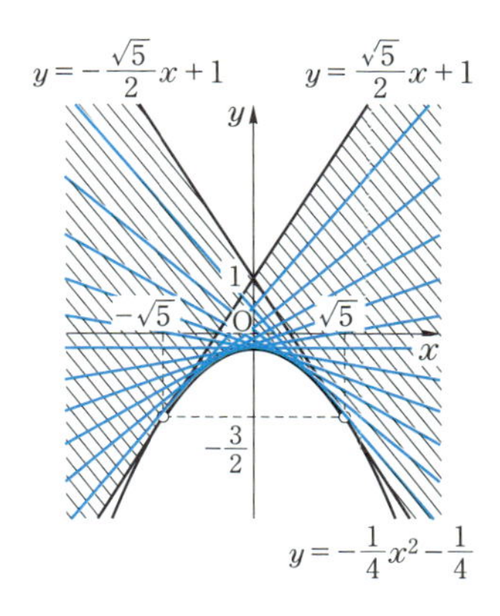

第6章

別解 2

(3) (2)の結果から

$$2ax+4y-a^2+1=0$$

$$\iff y=g(a)=\frac{1}{4}a^2-\frac{x}{2}a-\frac{1}{4}$$

とすると

$$g(a)=\frac{1}{4}(a-x)^2-\frac{1}{4}x^2-\frac{1}{4}$$

であり，$-\sqrt{5}<a<\sqrt{5}$ における $y=g(a)$ のとりうる値の範囲を調べる．

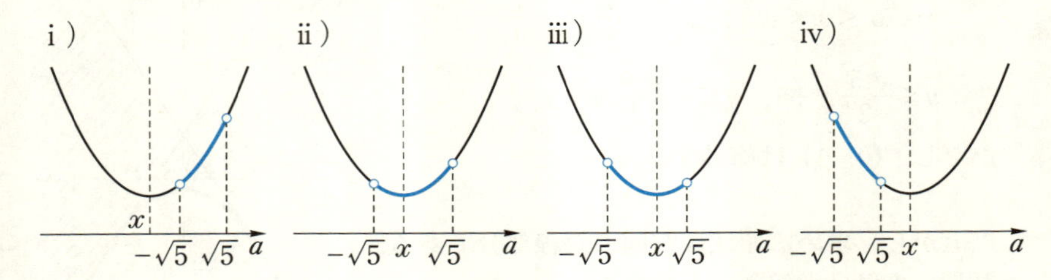

i) $x\leqq-\sqrt{5}$ の場合

$$g(-\sqrt{5})<g(a)<g(\sqrt{5})$$

$$\therefore\quad \frac{\sqrt{5}}{2}x+1<y<-\frac{\sqrt{5}}{2}x+1$$

ii) $-\sqrt{5}<x\leqq 0$ の場合

$$g(x)\leqq g(a)<g(\sqrt{5})$$

$$\therefore\quad -\frac{1}{4}x^2-\frac{1}{4}\leqq y<-\frac{\sqrt{5}}{2}x+1$$

iii) $0\leqq x<\sqrt{5}$ の場合

$$g(x)\leqq g(a)<g(-\sqrt{5})$$

$$\therefore\quad -\frac{1}{4}x^2-\frac{1}{4}\leqq y<\frac{\sqrt{5}}{2}x+1$$

iv) $\sqrt{5}\leqq x$ の場合

$$g(\sqrt{5})<g(a)<g(-\sqrt{5})$$

$$\therefore\quad -\frac{\sqrt{5}}{2}x+1<y<\frac{\sqrt{5}}{2}x+1$$

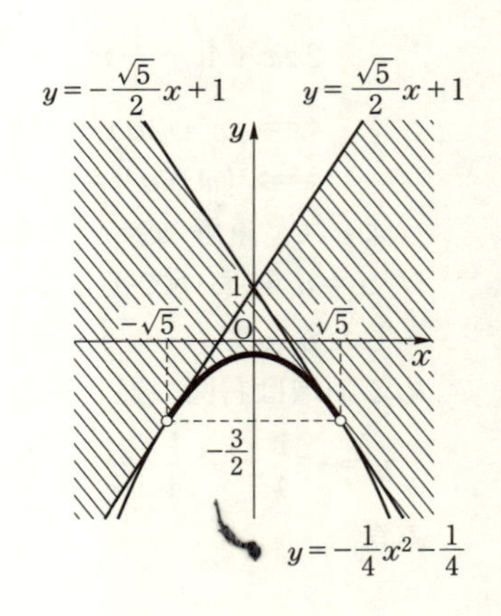

以上から，求める領域は右図の斜線部分．ただし，境界は太線部分のみ含む．

参考

直線の方程式がパラメータの 2 次式になっていなくても，次の方法で包絡線を求めることができます．

① 直線の方程式を，パラメータについて微分する．(x，y は定数と見る．)
② ①で得られた式をパラメータについて解く．
③ ②の結果をもとの直線の方程式に代入して，パラメータを消去する．

本問の場合は

① $2ax+4y-a^2+1=0$ を a について微分すると
$$2x-2a=0$$
② これを a について解くと
$$a=x$$
③ これを $2ax+4y-a^2+1=0$ に代入すると
$$2x^2+4y-x^2+1=0 \qquad \therefore \quad y=-\frac{1}{4}x^2-\frac{1}{4}$$

この方法の厳密な理屈は少し難しいのですが，ファクシミリ論法で求めた境界線（の一部）が $g(a)$ の極値（2 次関数の頂点は極値と見ることもできます）になっていることを考えれば，上記の計算が納得できるのではないでしょうか．

曲線の方程式に対しても，上記の方法で包絡線を求めることができますが，曲線の場合には，包絡線の情報だけでは通過領域が得られません．かならず実数条件への帰着，あるいはファクシミリ論法で方針を立ててください．

第6章

メインポイント

通過領域は 3 つの解法

① パラメータが実数になる条件
② 包絡線の利用
③ ファクシミリ論法

第7章 ベクトル

62 ベクトルの読み方

アプローチ

ベクトルの式変形は**始点のコントロール**が大切です.

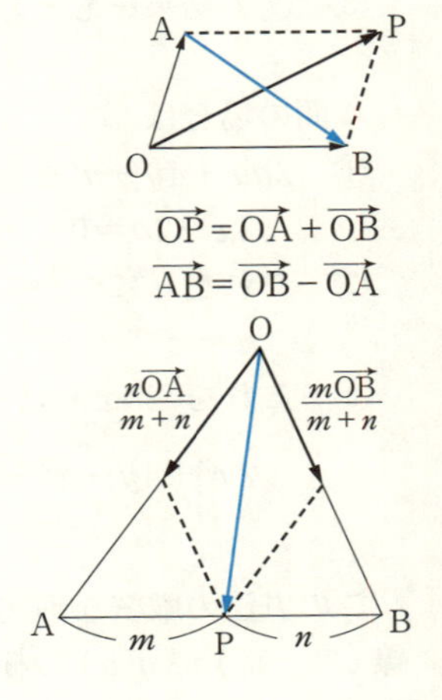

原則としては

始点を変えたくないときは**和**で表す

始点を変えたいときは**差**で表す

となります.

そして，分点公式

> **分点公式**
>
> 線分 AB を $m:n$ に分ける点をPとするとき
>
> $$\overrightarrow{OP}=\frac{n\overrightarrow{OA}+m\overrightarrow{OB}}{m+n}$$
>
> (外分のときは m と n の小さい方を負にする)

をうまく利用できると，ベクトルの式の意味を読み取れるようになります.

また，直線上にある点をベクトルで表現するときは

> **直線上の点の表現**
>
> 直線 AB 上に点Pがあるとき
>
> $\overrightarrow{AP}=k\overrightarrow{AB}$ (k：実数)

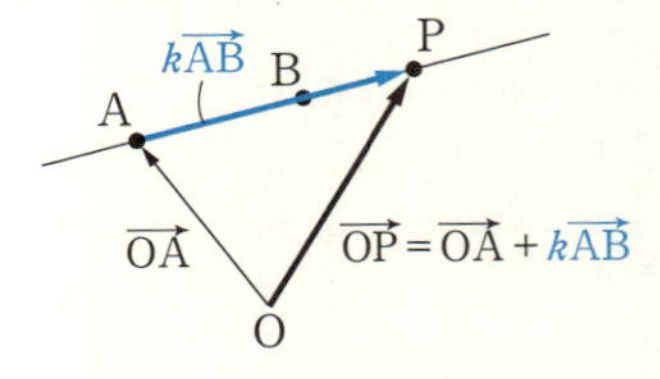

と実数倍で表すのが基本です.

解答

(1) $t=0$ のとき

$$\overrightarrow{PA}+2\overrightarrow{PB}+3\overrightarrow{PC}=\vec{0}$$

$$\iff (-\overrightarrow{AP})+2(\overrightarrow{AB}-\overrightarrow{AP})+3(\overrightarrow{AC}-\overrightarrow{AP})=\vec{0}$$

◀始点をAに統一.

$$\iff \overrightarrow{AP}=\frac{2\overrightarrow{AB}+3\overrightarrow{AC}}{6}$$

分子の係数が 2 と 3 で，分母が 6 は似合いません.

$$\iff \overrightarrow{AP}=\frac{5}{6}\cdot\frac{2\overrightarrow{AB}+3\overrightarrow{AC}}{5}=\overrightarrow{AQ}$$

◀ 5 が似合います！(分点公式にピッタリ！)

よって，**BC を 3：2 に内分する点をQとするとき，AQ を 5：1 に内分する点がPである.**

また，$\triangle PQC=2S$ とおくと，$BQ:QC=3:2$ から

$$\triangle PQB=\frac{3}{2}\triangle PQC=3S$$

$AP:PQ=5:1$ から

$$\triangle PAB=5\triangle PQB=15S$$
$$\triangle PCA=5\triangle PQC=10S$$

したがって

$$\triangle PBC:\triangle PCA:\triangle PAB$$
$$=(2S+3S):10S:15S$$
$$=\mathbf{1:2:3}$$

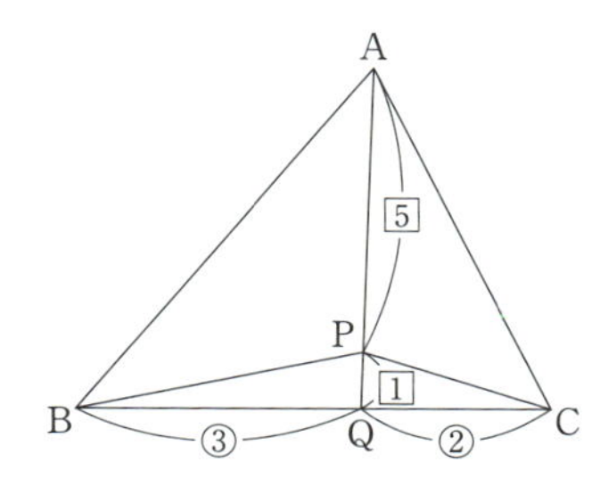

(2) $\overrightarrow{PA}+2\overrightarrow{PB}+3\overrightarrow{PC}=t\overrightarrow{AB}$ から

$$\overrightarrow{AP}=\frac{2-t}{6}\overrightarrow{AB}+\frac{1}{2}\overrightarrow{AC}$$

とできるので，t が実数全体を動くとき，点Pは **ACの中点を通り $\overrightarrow{AB}$ に平行な直線**を表す．

その直線と辺BCの交点Dは，辺BCの中点であるから，点Pが△ABCの内部にある条件は

$$0<\frac{2-t}{6}<\frac{1}{2}$$

$$\therefore\quad \mathbf{-1<t<2}$$

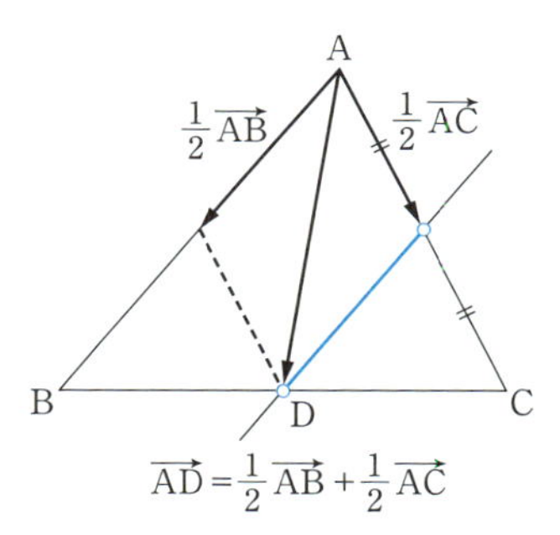

第7章

メインポイント

ベクトルは

① 始点のコントロール
② 分点公式にあうように分母を変える
③ 直線上の点は実数倍で表す

63 2直線の交点をさすベクトル

アプローチ

前問 62 でも書いた通り，直線上にある点をベクトルで表現するときは

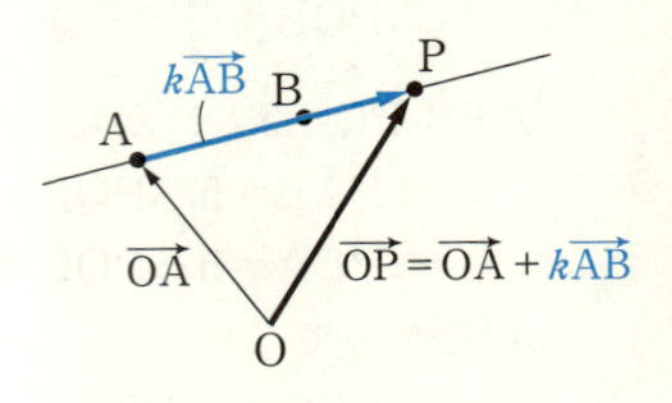

直線上の点の表現

直線 AB 上に点Pがあるとき

$\overrightarrow{\mathbf{AP}}=\boldsymbol{k}\overrightarrow{\mathbf{AB}}$ （$\boldsymbol{k}$：実数）

と実数倍で表すのが基本です．

本問(2)は，点Fが2直線 OE，BC 上にあることを表現すればいいのです．

また，$\overrightarrow{\mathrm{AP}}=k\overrightarrow{\mathrm{AB}}$ は，始点をコントロールして

$$
\begin{aligned}
\overrightarrow{\mathrm{OP}}&=\overrightarrow{\mathrm{OA}}+k\overrightarrow{\mathrm{AB}}\\
&=\overrightarrow{\mathrm{OA}}+k(\overrightarrow{\mathrm{OB}}-\overrightarrow{\mathrm{OA}})\\
&=(1-k)\overrightarrow{\mathrm{OA}}+k\overrightarrow{\mathrm{OB}}\\
&=\boldsymbol{\alpha}\overrightarrow{\mathbf{OA}}+\boldsymbol{\beta}\overrightarrow{\mathbf{OB}}\quad(\boldsymbol{\alpha}+\boldsymbol{\beta}=\mathbf{1})
\end{aligned}
$$

とできます．別解 ではこれを利用しました．

◀つまり
直線上にある
⟺ 係数の和が1
ということです．

解答

(1) $\overrightarrow{\mathrm{AE}}=\dfrac{5}{3}\overrightarrow{\mathrm{AD}}$ から

$$\overrightarrow{\mathrm{OE}}-\overrightarrow{\mathrm{OA}}=\frac{5}{3}(\overrightarrow{\mathrm{OD}}-\overrightarrow{\mathrm{OA}})$$

◀始点をOに統一．

$$\Longleftrightarrow\ \overrightarrow{\mathrm{OE}}=\left(1-\frac{5}{3}\right)\overrightarrow{\mathrm{OA}}+\frac{5}{3}\overrightarrow{\mathrm{OD}}$$

$$\Longleftrightarrow\ \overrightarrow{\mathrm{OE}}=-\frac{2}{3}\overrightarrow{\mathrm{OA}}+\frac{5}{3}\cdot\frac{3}{5}\overrightarrow{\mathrm{OB}}$$

$$\therefore\quad \overrightarrow{\mathbf{OE}}=-\frac{\mathbf{2}}{\mathbf{3}}\vec{\boldsymbol{a}}+\vec{\boldsymbol{b}}$$

(2) Fは直線 OE 上にあるので，実数 s を用いて

$$
\begin{aligned}
\overrightarrow{\mathrm{OF}}&=s\overrightarrow{\mathrm{OE}}\\
&=-\frac{2}{3}s\overrightarrow{\mathrm{OA}}+s\overrightarrow{\mathrm{OB}}\quad\cdots\cdots①
\end{aligned}
$$

と表せる．

Fは直線BC上にあるので，実数 t を用いて

$$\begin{aligned}\overrightarrow{OF}&=\overrightarrow{OB}+t\overrightarrow{BC}\\&=\overrightarrow{OB}+t(\overrightarrow{OC}-\overrightarrow{OB})\\&=t\overrightarrow{OC}+(1-t)\overrightarrow{OB}\\&=\frac{1}{3}t\overrightarrow{OA}+(1-t)\overrightarrow{OB}\quad\cdots\cdots②\end{aligned}$$

と表せる．

①，②を比べて

$$-\frac{2}{3}s=\frac{1}{3}t \quad かつ \quad s=1-t$$

$$\therefore \quad s=-1,\ t=2$$

したがって

$$\boldsymbol{\overrightarrow{OF}=\frac{2}{3}\vec{a}-\vec{b}}$$

◀ 2つのベクトル $\overrightarrow{OA}$ と $\overrightarrow{OB}$ は，$\vec{0}$ でなく，平行でもない（**1次独立**）ので，①，②の係数を比べることができます．

(3)　(2)の計算から $t=2$ なので

$$\overrightarrow{BF}=2\overrightarrow{BC}$$

よって

FC：CB＝**1：1**

別解

(2)　(①式までは **解答** と同様)

$\overrightarrow{OA}=3\overrightarrow{OC}$ なので，①から

$$\overrightarrow{OF}=-2s\overrightarrow{OC}+s\overrightarrow{OB}\quad\cdots\cdots①'$$

とでき，点Fは直線BC上にあるから

$$(-2s)+s=1 \qquad \therefore \quad s=-1$$

したがって，①に代入して

$$\overrightarrow{OF}=\frac{2}{3}\vec{a}-\vec{b}$$

（この場合，①′から

$$\overrightarrow{OF}=2\overrightarrow{OC}-\overrightarrow{OB} \iff \overrightarrow{OC}=\frac{\overrightarrow{OF}+\overrightarrow{OB}}{2}$$

とすることで(3)の結果が得られる．）

直線AB上の点Pは，$\overrightarrow{AP}=k\overrightarrow{AB}$ と表す！

64 外心をさすベクトル

アプローチ

内積 $\vec{a}\cdot\vec{b}$ の定義は，$\vec{a}$ と $\vec{b}$ のなす角を θ として

$$\vec{a}\cdot\vec{b}=|\vec{a}||\vec{b}|\cos\theta$$

です．これは下図のように考えて

$$\vec{a}\cdot\vec{b}=(\text{地面})\cdot(\text{影})$$

と見ることもできます．

◀なす角 θ の範囲は
$0\leqq\theta\leqq\pi$
です．

◀影には「符号」があると考えます．

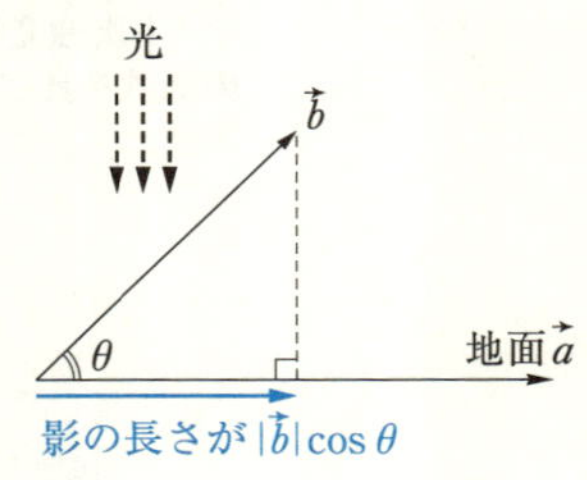

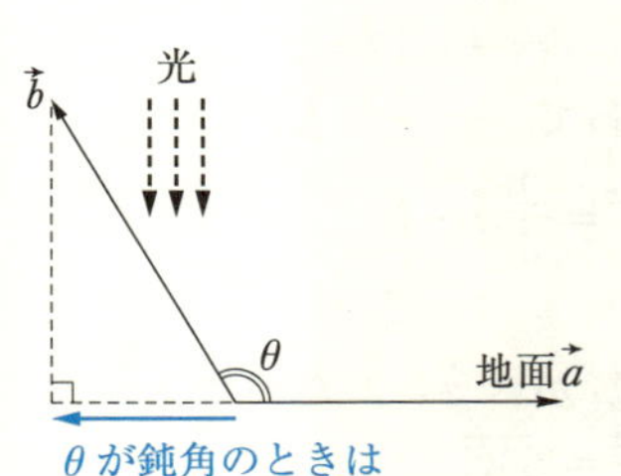

(2)では，点Oが △ACD の**外心**なので，**各辺の垂直2等分線の交点**です．よって，垂直が存在するので，上記の『影』が使えます．

◀外心の作図方法ですね．

解答

(1)　$\angle \mathrm{ABC}=\theta$ とおいて，△ABC における余弦定理から

$$\mathrm{AC}^2=1^2+(\sqrt{6})^2-2\cdot1\cdot\sqrt{6}\cos\theta$$
$$=7-2\sqrt{6}\cos\theta$$

△ACD における余弦定理から

$$\mathrm{AC}^2=2^2+(\sqrt{6})^2-2\cdot2\cdot\sqrt{6}\cos(\pi-\theta)$$
$$=10+4\sqrt{6}\cos\theta$$

2式から $\cos\theta$ を消去すれば

$$2\mathrm{AC}^2+\mathrm{AC}^2=2\cdot7+10 \iff \mathrm{AC}^2=8$$

$\therefore$　$\mathbf{AC=2\sqrt{2}}$

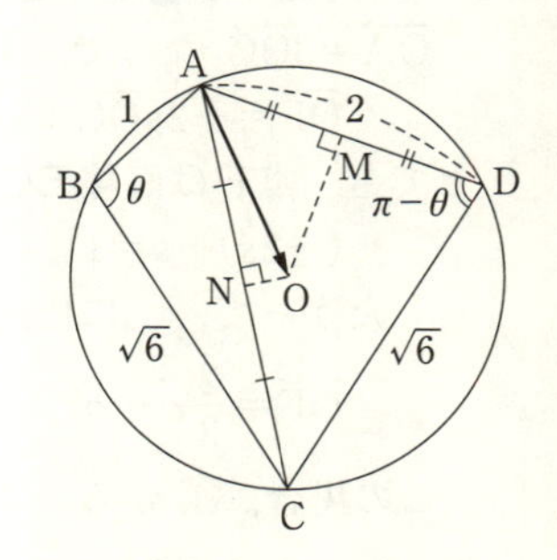

(2)　AD，AC の中点をそれぞれ M，N とおくと

$$\overrightarrow{\mathrm{AO}}\cdot\overrightarrow{\mathrm{AD}}=|\overrightarrow{\mathrm{AD}}||\overrightarrow{\mathrm{AM}}|=2\cdot1=\mathbf{2}$$
$$\overrightarrow{\mathrm{AO}}\cdot\overrightarrow{\mathrm{AC}}=|\overrightarrow{\mathrm{AC}}||\overrightarrow{\mathrm{AN}}|=2\sqrt{2}\cdot\sqrt{2}=\mathbf{4}$$

◀なす角がわからなくても，影の長さはわかります．

(3) △ACD における余弦定理から

$$(\sqrt{6})^2=(2\sqrt{2})^2+2^2-2|\overrightarrow{AC}||\overrightarrow{AD}|\cos\angle CAD$$

この部分が $\overrightarrow{AC}\cdot\overrightarrow{AD}$

$$\iff 6=8+4-2\overrightarrow{AC}\cdot\overrightarrow{AD}$$

$$\iff \overrightarrow{AC}\cdot\overrightarrow{AD}=3$$

◀ 3辺の長さがわかっているとき，このようにして内積の値を求められます．

よって，(2)の結果と $\overrightarrow{AO}=x\overrightarrow{AC}+y\overrightarrow{AD}$ から

$$\overrightarrow{AO}\cdot\overrightarrow{AD}=x\overrightarrow{AC}\cdot\overrightarrow{AD}+y|\overrightarrow{AD}|^2$$
$$=3x+4y=2$$
$$\overrightarrow{AO}\cdot\overrightarrow{AC}=x|\overrightarrow{AC}|^2+y\overrightarrow{AC}\cdot\overrightarrow{AD}$$
$$=8x+3y=4$$

$$\therefore\ \boldsymbol{x=\frac{10}{23},\ y=\frac{4}{23}}$$

別解 ($\overrightarrow{AC}\cdot\overrightarrow{AD}=3$ までは **解答** と同様)

$\overrightarrow{AO}=x\overrightarrow{AC}+y\overrightarrow{AD}$ から

$$|\overrightarrow{AO}|^2=x^2|\overrightarrow{AC}|^2+2xy\overrightarrow{AC}\cdot\overrightarrow{AD}+y^2|\overrightarrow{AD}|^2$$
$$=8x^2+6xy+4y^2$$
$$|\overrightarrow{CO}|^2=|\overrightarrow{AO}-\overrightarrow{AC}|^2$$
$$=|(x-1)\overrightarrow{AC}+y\overrightarrow{AD}|^2$$
$$=8(x-1)^2+6(x-1)y+4y^2$$
$$|\overrightarrow{DO}|^2=|\overrightarrow{AO}-\overrightarrow{AD}|^2$$
$$=|x\overrightarrow{AC}+(y-1)\overrightarrow{AD}|^2$$
$$=8x^2+6x(y-1)+4(y-1)^2$$

であり，AO＝CO＝DO だから

◀ AO，CO，DO はすべて円の半径に等しい．

$$\begin{cases}8x^2+6xy+4y^2=8(x-1)^2+6(x-1)y+4y^2\\8x^2+6xy+4y^2=8x^2+6x(y-1)+4(y-1)^2\end{cases}$$

これを解いて　$x=\dfrac{10}{23},\ y=\dfrac{4}{23}$

第7章

メインポイント

内積は，(地面)･(影)

65 斜交座標

アプローチ

平面上に座標を設定するとき，いつも見ている直交座標とは違う，**斜交座標**という設定があります．

基準となるベクトル $\overrightarrow{\mathrm{OA}}$ と $\overrightarrow{\mathrm{OB}}$ を，そのまま延長した直線を s 軸，t 軸と設定します．

◀基準であるベクトルのことを**基底**（きてい）といいます．

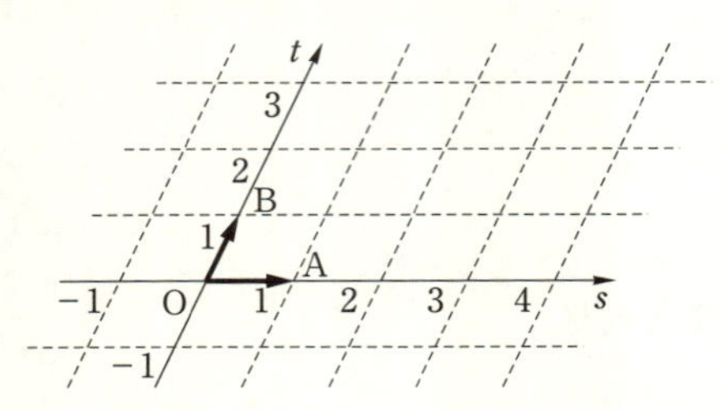

このとき，例えば，点 P(3，2) をとると右図のようになり

$$\overrightarrow{\mathrm{OP}}=3\overrightarrow{\mathrm{OA}}+2\overrightarrow{\mathrm{OB}}$$

であることがわかります．

一般に，**点 P(s，t) に対して**

$$\boldsymbol{\overrightarrow{\mathrm{OP}}=s\overrightarrow{\mathrm{OA}}+t\overrightarrow{\mathrm{OB}}}$$

が成り立ちます．すなわち，

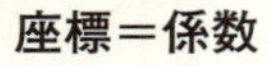

座標＝係数

なのです！　よって，

係数 s，t の条件は座標 (s，t) の条件である

と考えられます．

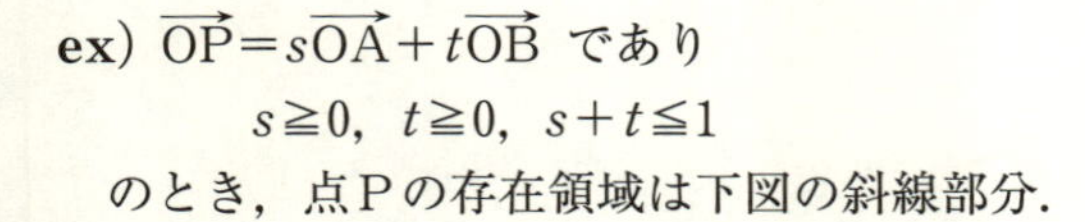

ex) $\overrightarrow{\mathrm{OP}}=s\overrightarrow{\mathrm{OA}}+t\overrightarrow{\mathrm{OB}}$ であり

$$s\geqq 0,\ t\geqq 0,\ s+t\leqq 1$$

のとき，点 P の存在領域は下図の斜線部分．

◀xy 直交座標で
$x\geqq 0$，$y\geqq 0$
$x+y\leqq 1$
なら，下図の通り．

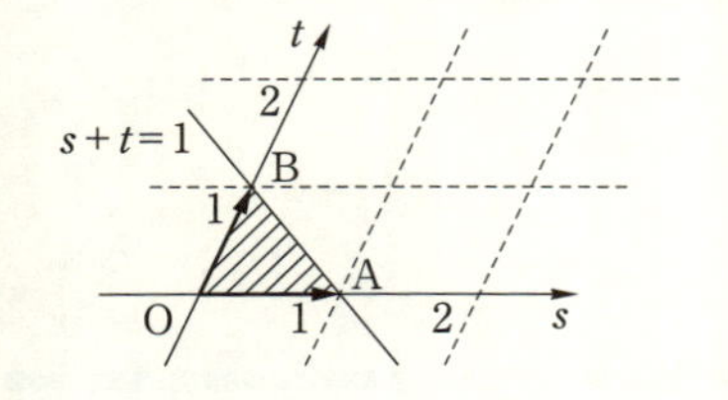

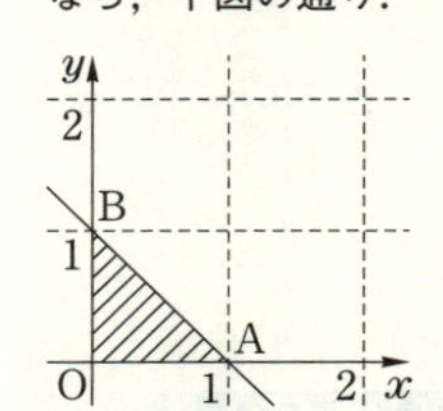

解答

(1) $\overrightarrow{\mathrm{OA}}$, $\overrightarrow{\mathrm{OB}}$ を基底とする斜交座標を考えると，点P の存在範囲 D は下図の斜線部分．ただし，境界はすべて含む．

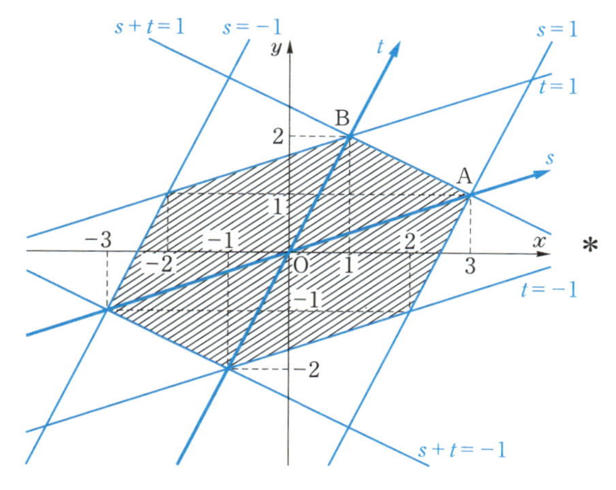

◀直交座標なら下図．

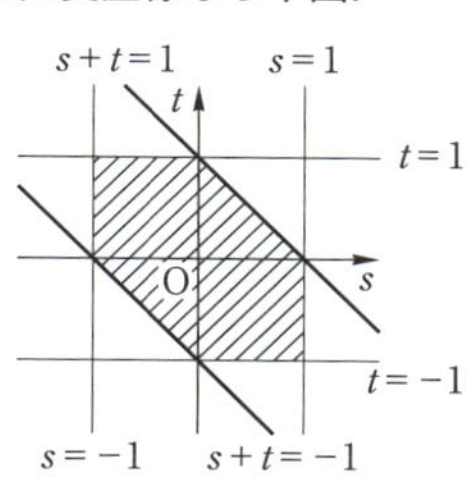

(2) P$(x,\ y)$, C$(-1,\ 1)$ に対して

$$\overrightarrow{\mathrm{OP}}\cdot\overrightarrow{\mathrm{OC}}=-x+y$$

である．

$-x+y=k$ として，この直線（傾き 1）が(1)の領域 D と交わるときを考えると，(1)の図から，$(x,\ y)=(\mathbf{-2,\ 1})$ のとき，k の値つまり $\overrightarrow{\mathrm{OP}}\cdot\overrightarrow{\mathrm{OC}}$ は最大値 $-(-2)+1=\mathbf{3}$ をとる．

◀ **60** と同様の考え方です．

メインポイント

$\overrightarrow{\mathrm{OP}}=s\overrightarrow{\mathrm{OA}}+t\overrightarrow{\mathrm{OB}}$ は，斜交座標の $(s,\ t)$

第7章

66 平面と直線の交点

アプローチ

平面上にある点をベクトルで表現するときは

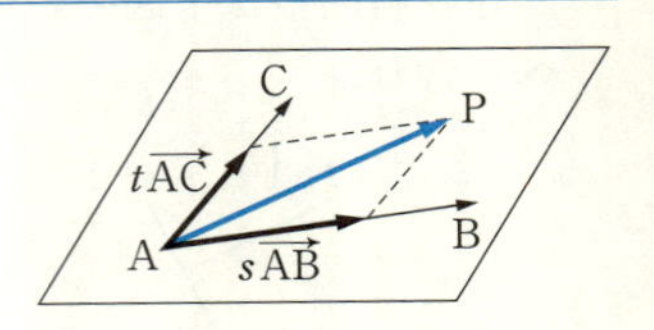

平面上の点の表現

平面 ABC 上に点Pがあるとき
$\overrightarrow{AP}=s\overrightarrow{AB}+t\overrightarrow{AC}$　（s，t：実数）

とするのが基本です．

本問においては，平面 PQR 上の点Sを

$\overrightarrow{PS}=s\overrightarrow{PQ}+t\overrightarrow{PR}$

とおいて，あとは点Sが辺 AC 上にあることを使うだけです．

◀直線上の点の表現はすでに学習しましたね．

解答

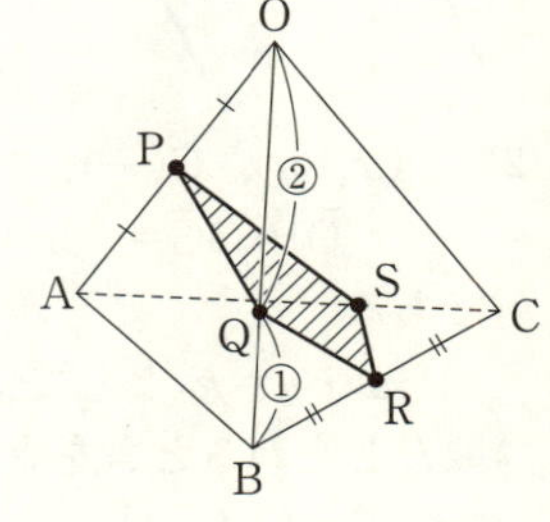

(1)　条件から

$$\overrightarrow{PQ}=\overrightarrow{OQ}-\overrightarrow{OP}=-\frac{1}{2}\vec{a}+\frac{2}{3}\vec{b}$$

$$\overrightarrow{PR}=\overrightarrow{OR}-\overrightarrow{OP}=-\frac{1}{2}\vec{a}+\frac{1}{2}\vec{b}+\frac{1}{2}\vec{c}$$

(2)　点Sは平面 PQR 上にあるので，実数 s，t を用いて

$$\overrightarrow{OS}=\overrightarrow{OP}+s\overrightarrow{PQ}+t\overrightarrow{PR}$$
$$=\left(\frac{1}{2}-\frac{1}{2}s-\frac{1}{2}t\right)\overrightarrow{OA}+\left(\frac{2}{3}s+\frac{1}{2}t\right)\overrightarrow{OB}+\frac{1}{2}t\overrightarrow{OC}$$

と表せる．さらに，点Sは辺 AC 上にあるので

$$\frac{2}{3}s+\frac{1}{2}t=0 \text{ かつ } \left(\frac{1}{2}-\frac{1}{2}s-\frac{1}{2}t\right)+\frac{1}{2}t=1$$

$$\therefore\quad s=-1,\ t=\frac{4}{3}$$

◀$\overrightarrow{OB}$ はいらないので $\overrightarrow{OB}$ の係数が 0 であり，点Sが辺 AC 上にあることから $\overrightarrow{OA}$，$\overrightarrow{OC}$ の係数の和が 1 です．

したがって，$\overrightarrow{OS}=\frac{1}{3}\overrightarrow{OA}+\frac{2}{3}\overrightarrow{OC}$ となるので

$|\overrightarrow{AS}|:|\overrightarrow{SC}|=\mathbf{2:1}$

(3) 四面体OABCが，1辺の長さが1の正四面体であるとき

$$|\vec{a}|=|\vec{b}|=|\vec{c}|=1$$

$$\vec{a}\cdot\vec{b}=\vec{b}\cdot\vec{c}=\vec{c}\cdot\vec{a}=\frac{1}{2}$$

◀正四面体だから，なす角はすべて60°です.

である.

$$\overrightarrow{QS}=\overrightarrow{OS}-\overrightarrow{OQ}=\frac{1}{3}(\vec{a}-2\vec{b}+2\vec{c})$$

なので

$$|\overrightarrow{QS}|^2=\frac{1}{3^2}|\vec{a}-2\vec{b}+2\vec{c}|^2$$

$$=\frac{1}{3^2}(|\vec{a}|^2+4|\vec{b}|^2+4|\vec{c}|^2-4\vec{a}\cdot\vec{b}-8\vec{b}\cdot\vec{c}+4\vec{c}\cdot\vec{a})$$

$$=\frac{5}{3^2}$$

$$\therefore\quad \boldsymbol{|\overrightarrow{QS}|=\frac{\sqrt{5}}{3}}$$

参考

$\overrightarrow{AP}=s\overrightarrow{AB}+t\overrightarrow{AC}$ から，始点をコントロールして

$$\overrightarrow{OP}-\overrightarrow{OA}=s(\overrightarrow{OB}-\overrightarrow{OA})+t(\overrightarrow{OC}-\overrightarrow{OA})$$

$$\iff \overrightarrow{OP}=(1-s-t)\overrightarrow{OA}+s\overrightarrow{OB}+t\overrightarrow{OC}$$

$$\iff \boldsymbol{\overrightarrow{OP}=\alpha\overrightarrow{OA}+\beta\overrightarrow{OB}+\gamma\overrightarrow{OC}}\quad (\boldsymbol{\alpha+\beta+\gamma=1})$$

とできます．つまり

平面上にある ⟺ 係数の和が1

ということです.

第7章

メインポイント

平面ABC上の点Pは，$\overrightarrow{AP}=s\overrightarrow{AB}+t\overrightarrow{AC}$ と表す！

67 直線と xy 平面の交点の軌跡

アプローチ

空間内の直線は**ベクトル方程式**で表すのが基本です.

ベクトル方程式なんていうと難しく考えてしまうかもしれませんが，今までやってきたことと何も変わりません.

点 A′ は直線 PA 上にあるので，実数 t を用いて

$$\overrightarrow{AA'}=t\overrightarrow{PA}$$

と表せます．よって

$$\boldsymbol{\overrightarrow{OA'}=\overrightarrow{OA}+t\overrightarrow{PA}}$$

とできます．これが**直線 PA のベクトル方程式**です.

そして，これを成分で表すために，点Pを文字でおくのですが,「点Pは半径1の円周上」にあるので三角関数の出番です.

直線 PA のベクトル方程式が作れたら，次に xy 平面との交点を求めるわけですが，xy 平面は $z=0$ なので，$z=0$ となるパラメータ t の値を求めれば A′ の座標がわかります.

解答

(1)　点Pを $(\cos\theta,\ \sin\theta,\ 2)$ とおく．ただし，$0\leqq\theta<2\pi$ とする.

このとき，直線 PA のベクトル方程式は，実数 t を用いて

$$\begin{pmatrix}x\\y\\z\end{pmatrix}=\begin{pmatrix}1\\0\\1\end{pmatrix}+t\begin{pmatrix}1-\cos\theta\\-\sin\theta\\-1\end{pmatrix}$$

と表せる.

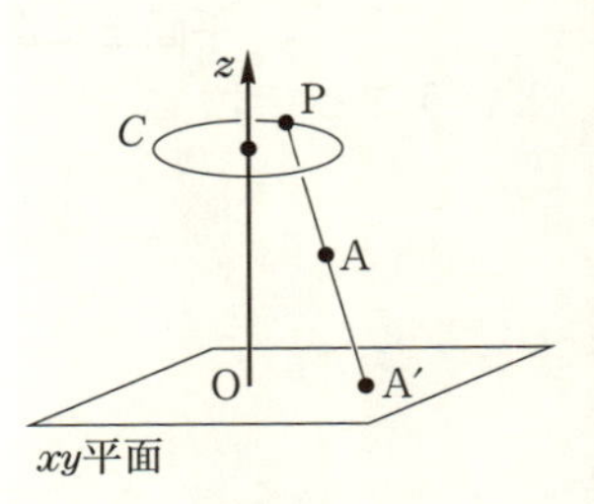

この直線と xy 平面の交点は，$z=0$ から

$$1-t=0 \iff t=1$$

$$\therefore\quad A'(2-\cos\theta,\ -\sin\theta,\ 0)$$

よって，A′ の軌跡は xy 平面における中心 $(2,\ 0)$，半径1の円であるから，その方程式は

$$\boldsymbol{(x-2)^2+y^2=1}$$

◀ $X=2-\cos\theta$，$Y=-\sin\theta$ とすると
$(X-2)^2+Y^2$
$=(-\cos\theta)^2+(-\sin\theta)^2$
$=1$

(2) 点 A′ が(1)で得られた円周上を動くので，線分 OA′ の動く領域は下図の斜線部分である．

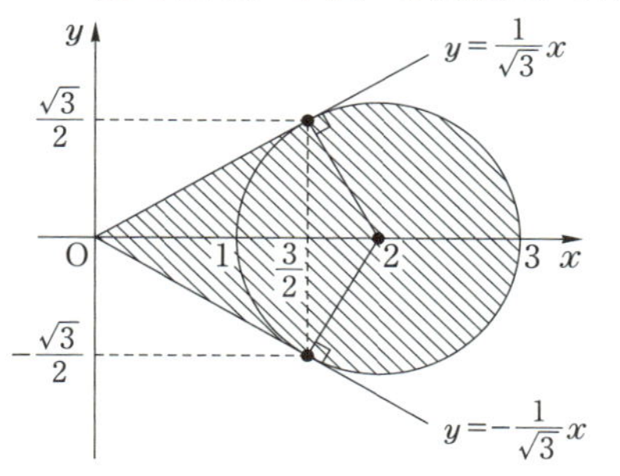

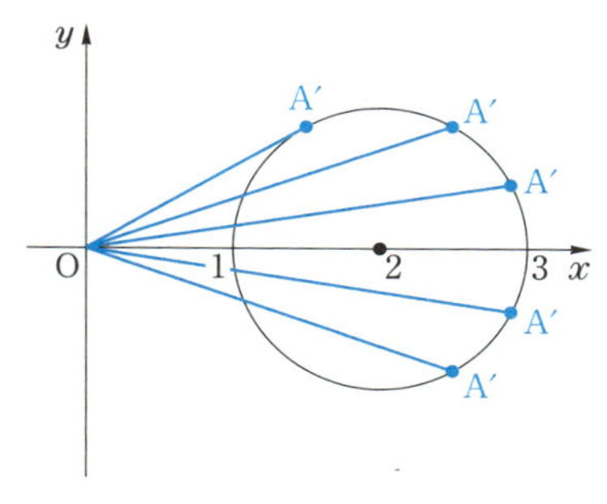

(3) 図から，求める面積は半径 1，中心角 $\frac{4}{3}\pi$ の扇形と 2 つの直角三角形の和だから

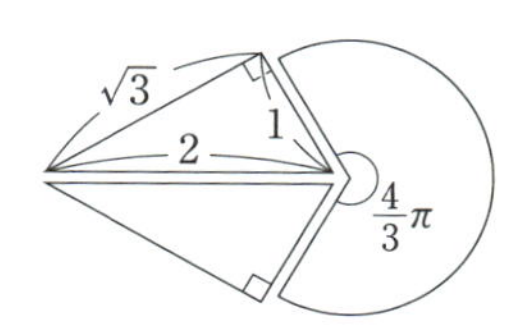

$$\frac{1}{2}\cdot1^2\cdot\frac{4}{3}\pi+2\cdot\frac{1}{2}\cdot1\cdot\sqrt{3}=\boldsymbol{\frac{2}{3}\pi+\sqrt{3}}$$

補足 直線 PA のベクトル方程式を

$$\overrightarrow{\mathrm{OA'}}=\overrightarrow{\mathrm{OP}}+t\overrightarrow{\mathrm{PA}}$$

$$\therefore\ \begin{pmatrix}x\\y\\z\end{pmatrix}=\begin{pmatrix}\cos\theta\\\sin\theta\\2\end{pmatrix}+t\begin{pmatrix}1-\cos\theta\\-\sin\theta\\-1\end{pmatrix}$$

としても構いません．この場合，$z=0$ となる t の値は $t=2$ ですが，点 A′ の座標は **解答** と同じものになります．

ちなみに，点Pの z 座標が 2 で，点Aの z 座標が 1 なので

$$\overrightarrow{\mathrm{AA'}}=\overrightarrow{\mathrm{PA}}$$

となります．これがイメージできたら，ベクトル方程式を立てなくても A′ の座標を求められます．

第7章

メインポイント

空間内の直線は，ベクトル方程式で表す！

68 四面体の体積

アプローチ

三角形の面積は，次の公式で求められます．

三角形の面積

$$\triangle\mathrm{ABC}=\frac{1}{2}\sqrt{|\overrightarrow{\mathrm{AB}}|^2|\overrightarrow{\mathrm{AC}}|^2-(\overrightarrow{\mathrm{AB}}\cdot\overrightarrow{\mathrm{AC}})^2}$$

◀ $\overrightarrow{\mathrm{AB}}=\begin{pmatrix}x_1\\y_1\end{pmatrix}$，$\overrightarrow{\mathrm{AC}}=\begin{pmatrix}x_2\\y_2\end{pmatrix}$ の場合，代入して計算すれば

$$\triangle\mathrm{ABC}=\frac{1}{2}|x_1y_2-x_2y_1|$$

となります．

証明

$$\begin{aligned}\triangle\mathrm{ABC}&=\frac{1}{2}|\overrightarrow{\mathrm{AB}}||\overrightarrow{\mathrm{AC}}|\sin\angle\mathrm{CAB}\\&=\frac{1}{2}|\overrightarrow{\mathrm{AB}}||\overrightarrow{\mathrm{AC}}|\sqrt{1-\cos^2\angle\mathrm{CAB}}\\&=\frac{1}{2}\sqrt{|\overrightarrow{\mathrm{AB}}|^2|\overrightarrow{\mathrm{AC}}|^2-|\overrightarrow{\mathrm{AB}}|^2|\overrightarrow{\mathrm{AC}}|^2\cos^2\angle\mathrm{CAB}}\\&=\frac{1}{2}\sqrt{|\overrightarrow{\mathrm{AB}}|^2|\overrightarrow{\mathrm{AC}}|^2-(\overrightarrow{\mathrm{AB}}\cdot\overrightarrow{\mathrm{AC}})^2}\end{aligned}$$

（証明終了）

(2)では

① **点Hが平面 ABC 上にあること**

② **$\overrightarrow{\mathrm{OH}}\perp$ 平面 ABC**

の2つの条件を立式することで，点Hの座標が得られるはずです．

①は 66 と同様に，実数 s，t を用いて

$$\overrightarrow{\mathrm{AH}}=s\overrightarrow{\mathrm{AB}}+t\overrightarrow{\mathrm{AC}}$$

とすれば満たされます．

◀ このとき $\overrightarrow{\mathrm{OH}}=\overrightarrow{\mathrm{OA}}+s\overrightarrow{\mathrm{AB}}+t\overrightarrow{\mathrm{AC}}$ とできます．

②は $\overrightarrow{\mathrm{OH}}$ と，平面 ABC 上の異なる2つのベクトルの両方に垂直，つまり内積が0になるとします．

(3)は，平面 ABC からもっとも遠い点Pを探します．

解答

(1) 条件から

$$\overrightarrow{AB}=\begin{pmatrix}-1\\1\\2\end{pmatrix},\ \overrightarrow{AC}=\begin{pmatrix}-2\\-2\\2\end{pmatrix}$$

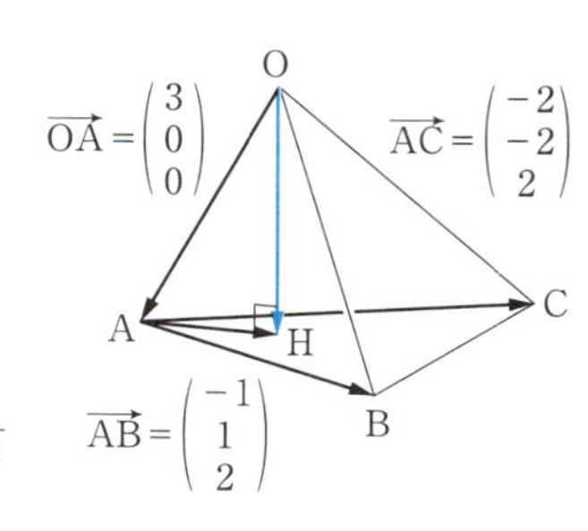

なので

$$|\overrightarrow{AB}|^2=6,\ |\overrightarrow{AC}|^2=12,\ \overrightarrow{AB}\cdot\overrightarrow{AC}=4$$

$$\therefore\quad \triangle ABC=\frac{1}{2}\sqrt{|\overrightarrow{AB}|^2|\overrightarrow{AC}|^2-(\overrightarrow{AB}\cdot\overrightarrow{AC})^2}$$

$$=\frac{1}{2}\sqrt{6\cdot 12-4^2}=\boldsymbol{\sqrt{14}}$$

(2) 点Hは平面 ABC 上にあるので，実数 s，t を用いて

$$\overrightarrow{OH}=\overrightarrow{OA}+s\overrightarrow{AB}+t\overrightarrow{AC}$$

とおけて，$\overrightarrow{OH}\perp\overrightarrow{AB}$ かつ $\overrightarrow{OH}\perp\overrightarrow{AC}$ から

$$\overrightarrow{OH}\cdot\overrightarrow{AB}=0 \text{ かつ } \overrightarrow{OH}\cdot\overrightarrow{AC}=0$$

なので

$$\begin{cases}\overrightarrow{OA}\cdot\overrightarrow{AB}+s|\overrightarrow{AB}|^2+t\overrightarrow{AB}\cdot\overrightarrow{AC}=0\\ \overrightarrow{OA}\cdot\overrightarrow{AC}+s\overrightarrow{AB}\cdot\overrightarrow{AC}+t|\overrightarrow{AC}|^2=0\end{cases}$$

$$\iff \begin{cases}-3+6s+4t=0\\ -6+4s+12t=0\end{cases}$$

$$\therefore\quad s=\frac{3}{14},\ t=\frac{3}{7}$$

◀ $|\overrightarrow{AB}|^2$，$|\overrightarrow{AC}|^2$，$\overrightarrow{AB}\cdot\overrightarrow{AC}$ の値はすでにわかっているので，ここで計算すべきものは $\overrightarrow{OA}\cdot\overrightarrow{AB}$ と $\overrightarrow{OA}\cdot\overrightarrow{AC}$ だけです．

したがって

$$\overrightarrow{OH}=\begin{pmatrix}3\\0\\0\end{pmatrix}+\frac{3}{14}\begin{pmatrix}-1\\1\\2\end{pmatrix}+\frac{3}{7}\begin{pmatrix}-2\\-2\\2\end{pmatrix}$$

$$=\frac{9}{14}\begin{pmatrix}3\\-1\\2\end{pmatrix}$$

$$\therefore\quad \mathbf{H}\left(\frac{\mathbf{27}}{\mathbf{14}},\ -\frac{\mathbf{9}}{\mathbf{14}},\ \frac{\mathbf{9}}{\mathbf{7}}\right)$$

第7章

(3) 直線 OH と球面の交点のうち，平面 ABC に関してOと同じ側にある点にPが一致するとき体積 V は最大となる．(2)より

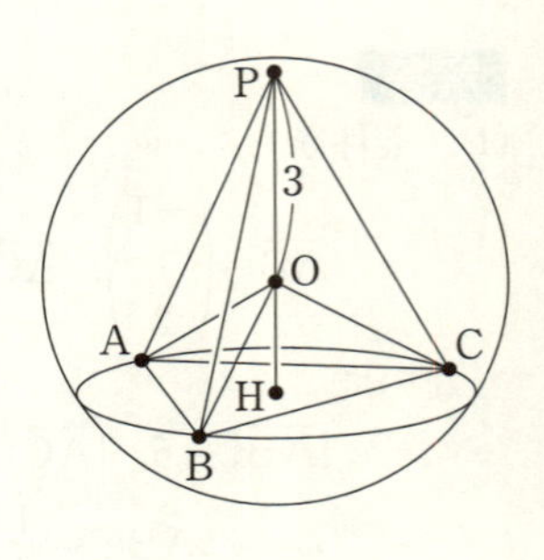

$$|\overrightarrow{\mathrm{OH}}|=\frac{9}{14}\sqrt{9+1+4}=\frac{9}{\sqrt{14}}$$

なので，V の最大値は

$$\frac{1}{3}\triangle\mathrm{ABC}(\mathrm{OH}+\mathrm{OP})=\frac{1}{3}\cdot\sqrt{14}\cdot\left(\frac{9}{\sqrt{14}}+3\right)$$
$$=\mathbf{3+\sqrt{14}}$$

このとき

$$\overrightarrow{\mathrm{OP}}=-3\cdot\frac{\overrightarrow{\mathrm{OH}}}{|\overrightarrow{\mathrm{OH}}|}=-3\cdot\frac{\sqrt{14}}{9}\cdot\frac{9}{14}\begin{pmatrix}3\\-1\\2\end{pmatrix}$$
$$=-\frac{3}{\sqrt{14}}\begin{pmatrix}3\\-1\\2\end{pmatrix}$$

◀ $\dfrac{\overrightarrow{\mathrm{OH}}}{|\overrightarrow{\mathrm{OH}}|}$ は長さが1です．

$$\therefore\quad \mathbf{P}\left(-\frac{\mathbf{9}}{\sqrt{\mathbf{14}}},\ \frac{\mathbf{3}}{\sqrt{\mathbf{14}}},\ -\frac{\mathbf{6}}{\sqrt{\mathbf{14}}}\right)$$

別解

直線 OH のベクトル方程式は，実数 k を用いて

$$\begin{pmatrix}x\\y\\z\end{pmatrix}=k\begin{pmatrix}3\\-1\\2\end{pmatrix}$$

と表せるので，これを球面の方程式 $x^2+y^2+z^2=9$ に代入して

◀求める点Pを，直線 OH と球面の交点と考えて，連立方程式を解くのは自然な発想ですよね．

$$(3k)^2+(-k)^2+(2k)^2=9 \iff k^2=\frac{9}{14}$$

$$\therefore\quad k=\pm\frac{3}{\sqrt{14}}$$

求める点Pは，Oに関して点Hと反対側にあることから $k<0$ なので

$$\mathrm{P}\left(-\frac{9}{\sqrt{14}},\ \frac{3}{\sqrt{14}},\ -\frac{6}{\sqrt{14}}\right)$$

参考

$\overrightarrow{AB}=\begin{pmatrix}-1\\1\\2\end{pmatrix}$, $\overrightarrow{AC}=\begin{pmatrix}-2\\-2\\2\end{pmatrix}$ の両方に垂直なベクトルのひとつを $\vec{n}=\begin{pmatrix}a\\b\\c\end{pmatrix}$ とおき，

$\overrightarrow{AB}\cdot\vec{n}=0$ かつ $\overrightarrow{AC}\cdot\vec{n}=0$ から

$$-a+b+2c=0 \text{ かつ } -2a-2b+2c=0$$

これを b, c についての連立方程式と見て解けば

$$b=-\frac{1}{3}a,\ c=\frac{2}{3}a$$

となるので

$$\vec{n}=\frac{a}{3}\begin{pmatrix}3\\-1\\2\end{pmatrix}$$ （これを平面 ABC の**法線ベクトル**といいます.）

です.

よって，平面 ABC の方程式は（詳しくは次の **69** で解説します.）

$$3(x-3)-1\cdot y+2\cdot z=0 \qquad \therefore\ 3x-y+2z-9=0$$

と表せて，なおかつ直線 OH は $\vec{n}$ と平行だから，直線 OH のベクトル方程式は

$$\begin{pmatrix}x\\y\\z\end{pmatrix}=k\begin{pmatrix}3\\-1\\2\end{pmatrix}$$ （k ：実数）

とできます.

これらを連立することで，点Hの座標を求めることもできます.

第7章

メインポイント

垂線の足は，平面上にあることと，垂直であることを立式して求める！

69 平面の方程式

アプローチ

厳密には学習指導要領の範囲外ですが，**平面の方程式**の知識を持っていても損はしません．

平面の方程式

点 $(x_0,\ y_0,\ z_0)$ を通り，$\vec{n}=\begin{pmatrix}a\\b\\c\end{pmatrix}$ に垂直な平面の方程式は

$$\boldsymbol{a(x-x_0)+b(y-y_0)+c(z-z_0)=0}$$

◀この $\vec{n}$ を法線ベクトルといいます．

証明

点 $\mathrm{A}(x_0,\ y_0,\ z_0)$ を通り，$\vec{n}=\begin{pmatrix}a\\b\\c\end{pmatrix}$ に垂直な平面上の任意の点Pを $\mathrm{P}(x,\ y,\ z)$ とすれば，$\overrightarrow{\mathrm{AP}}\cdot\vec{n}=0$ が成り立つから

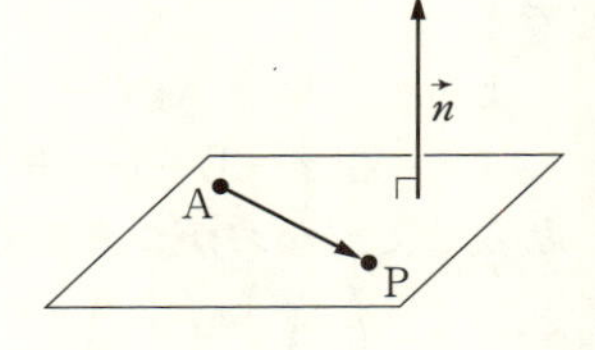

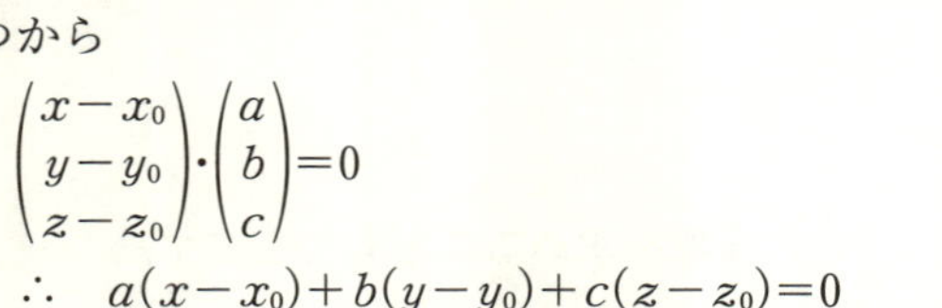

$$\begin{pmatrix}x-x_0\\y-y_0\\z-z_0\end{pmatrix}\cdot\begin{pmatrix}a\\b\\c\end{pmatrix}=0$$

$$\therefore\quad a(x-x_0)+b(y-y_0)+c(z-z_0)=0$$

（証明終了）

解答

(1)　平面 α の方程式は

$$-3\cdot(x-1)+1\cdot(y-2)+2\cdot(z-4)=0$$

$$\therefore\quad -3x+y+2z-7=0 \quad \cdots\cdots①$$

点Pから平面 α に下ろした垂線の足をHとし，実数 k を用いて

$$\begin{aligned}\overrightarrow{\mathrm{OH}}&=\overrightarrow{\mathrm{OP}}+\overrightarrow{\mathrm{PH}}\\&=\overrightarrow{\mathrm{OP}}+k\vec{n}\\&=\begin{pmatrix}-2\\1\\7\end{pmatrix}+k\begin{pmatrix}-3\\1\\2\end{pmatrix}\\&=\begin{pmatrix}-2-3k\\1+k\\7+2k\end{pmatrix}\end{aligned}$$

と表せる．これを①に代入して

$$-3(-2-3k)+(1+k)+2(7+2k)-7=0$$

$$\therefore \quad k=-1$$

よって

$$\overrightarrow{\mathrm{OR}}=\overrightarrow{\mathrm{OP}}+2\overrightarrow{\mathrm{PH}}$$
$$=\overrightarrow{\mathrm{OP}}+2k\vec{n}$$
$$=\begin{pmatrix}-2\\1\\7\end{pmatrix}-2\begin{pmatrix}-3\\1\\2\end{pmatrix}=\begin{pmatrix}4\\-1\\3\end{pmatrix}$$

$\therefore$ **R(4, −1, 3)**

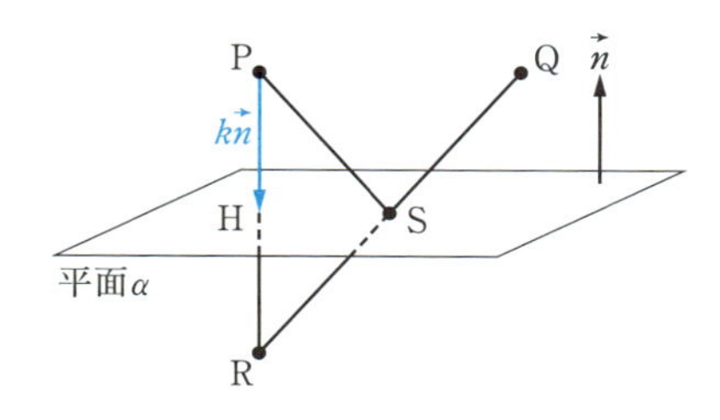

(2) PS＝RS が成り立つから

$$\mathrm{PS}+\mathrm{QS}=\mathrm{RS}+\mathrm{QS}$$

である．よって，PS＋QS が最小になるのは，R，S，Q が一直線上に並ぶときである．

◀53 の 補足 と同様です．

直線 RQ のベクトル方程式は

$$\begin{pmatrix}x\\y\\z\end{pmatrix}=\begin{pmatrix}1\\3\\7\end{pmatrix}+t\begin{pmatrix}3\\-4\\-4\end{pmatrix}=\begin{pmatrix}1+3t\\3-4t\\7-4t\end{pmatrix} \quad \cdots\cdots ②$$

◀Q(1, 3, 7)，R(4, −1, 3) から $\overrightarrow{\mathrm{QR}}=\begin{pmatrix}3\\-4\\-4\end{pmatrix}$ です．

これを①に代入して

$$-3(1+3t)+(3-4t)+2(7-4t)-7=0$$

$$\therefore \quad t=\frac{1}{3}$$

このとき，②から

$$\mathbf{S}\left(\mathbf{2},\ \frac{\mathbf{5}}{\mathbf{3}},\ \frac{\mathbf{17}}{\mathbf{3}}\right)$$

であり

$$\mathrm{PS}+\mathrm{QS}=\mathrm{RQ}$$
$$=\sqrt{3^2+(-4)^2+(-4)^2}$$
$$=\sqrt{\mathbf{41}}$$

メインポイント

通る1点と法線ベクトルがわかれば，平面の方程式が作れる！

70 球面の方程式

アプローチ

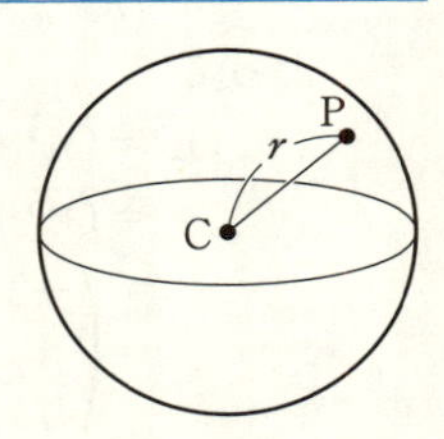

点Cを中心とする，半径 r の球面上の任意の点Pに対して

$$|\overrightarrow{\mathbf{CP}}|=\boldsymbol{r} \iff |\overrightarrow{\mathbf{OP}}-\overrightarrow{\mathbf{OC}}|=\boldsymbol{r}$$

が成り立ちます．これを**球面の方程式**といいます．

さらに，C$(a,\ b,\ c)$，P$(x,\ y,\ z)$ とすると

$$\overrightarrow{\mathrm{CP}}=\begin{pmatrix} x-a \\ y-b \\ z-c \end{pmatrix}$$

なので，$|\overrightarrow{\mathrm{CP}}|=r$ から

$$\boldsymbol{(x-a)^2+(y-b)^2+(z-c)^2=r^2}$$

とできます．

解答

点Pを P$(x,\ y,\ z)$ とすると，

$\overrightarrow{\mathrm{OP}}\cdot\overrightarrow{\mathrm{AP}}+\overrightarrow{\mathrm{OP}}\cdot\overrightarrow{\mathrm{BP}}+\overrightarrow{\mathrm{AP}}\cdot\overrightarrow{\mathrm{BP}}=3$ から

$$\begin{pmatrix} x \\ y \\ z \end{pmatrix}\cdot\begin{pmatrix} x-2t \\ y-2t \\ z \end{pmatrix}+\begin{pmatrix} x \\ y \\ z \end{pmatrix}\cdot\begin{pmatrix} x \\ y \\ z-t \end{pmatrix}+\begin{pmatrix} x-2t \\ y-2t \\ z \end{pmatrix}\cdot\begin{pmatrix} x \\ y \\ z-t \end{pmatrix}=3$$

$$\iff 3x^2-4tx+3y^2-4ty+3z^2-2tz=3$$

$$\iff x^2-\frac{4}{3}tx+y^2-\frac{4}{3}ty+z^2-\frac{2}{3}tz=1$$

$$\iff \left(x-\frac{2}{3}t\right)^2+\left(y-\frac{2}{3}t\right)^2+\left(z-\frac{1}{3}t\right)^2=1+t^2$$

したがって，点Pは点 $\mathrm{C}\left(\frac{2}{3}t,\ \frac{2}{3}t,\ \frac{1}{3}t\right)$ を中心とする，半径 $\sqrt{1+t^2}$ の球面上を動く．

よって，OPが最大となるのは，OCのC側への延長上にPがあるときで，その最大値が3となる条件は

$$t+\sqrt{1+t^2}=3$$

$$\iff \sqrt{1+t^2}=3-t$$

$$\iff 1+t^2=9-6t+t^2 \text{ かつ } 3-t\geqq 0$$

$$\therefore\quad \boldsymbol{t=\frac{4}{3}}$$

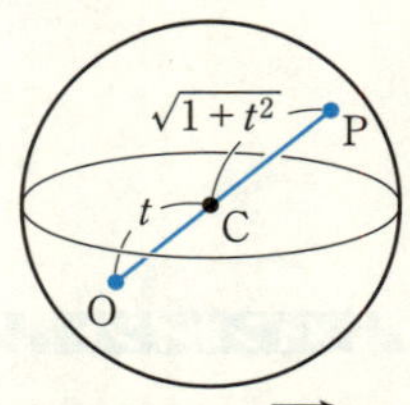

$t>0$ なので，$|\overrightarrow{\mathrm{OC}}|=t$

別解

$\overrightarrow{OP}\cdot\overrightarrow{AP}+\overrightarrow{OP}\cdot\overrightarrow{BP}+\overrightarrow{AP}\cdot\overrightarrow{BP}=3$ から

$$\overrightarrow{OP}\cdot(\overrightarrow{OP}-\overrightarrow{OA})+\overrightarrow{OP}\cdot(\overrightarrow{OP}-\overrightarrow{OB})+(\overrightarrow{OP}-\overrightarrow{OA})\cdot(\overrightarrow{OP}-\overrightarrow{OB})=3$$

$$\iff 3|\overrightarrow{OP}|^2-2(\overrightarrow{OA}+\overrightarrow{OB})\cdot\overrightarrow{OP}+\overrightarrow{OA}\cdot\overrightarrow{OB}=3$$

$$\iff |\overrightarrow{OP}|^2-\frac{2}{3}(\overrightarrow{OA}+\overrightarrow{OB})\cdot\overrightarrow{OP}=1 \quad (\because \quad \overrightarrow{OA}\cdot\overrightarrow{OB}=0)$$

$$\iff \left|\overrightarrow{OP}-\frac{\overrightarrow{OA}+\overrightarrow{OB}}{3}\right|^2=1+\left|\frac{\overrightarrow{OA}+\overrightarrow{OB}}{3}\right|^2$$

ここで

$$\frac{\overrightarrow{OA}+\overrightarrow{OB}}{3}=\frac{t}{3}\begin{pmatrix}2\\2\\1\end{pmatrix},\ \left|\frac{\overrightarrow{OA}+\overrightarrow{OB}}{3}\right|^2=t^2$$

なので，点Pは点$\mathrm{C}\left(\frac{2}{3}t,\ \frac{2}{3}t,\ \frac{1}{3}t\right)$を中心とする，半径$\sqrt{1+t^2}$の球面上を動く．　　　　(以下省略)

補足　ベクトルの内積計算は，例えば

$$|\vec{a}-3\vec{b}|^2=|\vec{a}|^2-6\vec{a}\cdot\vec{b}+9|\vec{b}|^2$$

のように，**文字式の展開と同様**のことができます．この式を右辺から左辺への変形と見れば，**因数分解**ができるということになります．

この性質を利用して，**別解**では成分計算でなく「平方完成」することで球面の方程式を導いています．

第7章

メインポイント

中心C，半径rの球面上の点Pは $|\overrightarrow{OP}-\overrightarrow{OC}|=r$ を満たす

第8章 数列

71 等差数列・等比数列

アプローチ

[A] 等差数列 $\{a_n\}$ の一般項は，初項（第1項）を a_1，公差を d として

$$\boldsymbol{a_n=a_1+(n-1)d}$$

の形で表されることが多いですが，より一般的に

$$\boldsymbol{a_n=a_k+(n-k)d}$$

と表すこともできます．要するに，基準を第1項でなく自由に設定することができます．

◀例えば
$a_{10}=a_8+2d$
$a_{25}=a_{28}-3d$

◀補足 参照．

(2)は，負の数からスタートして増えていく数列だから，**和が最小になるのは，負の数の項を全部足したとき**です．

[B] 初項 a_1，公比 r の等比数列 $\{a_n\}$ の一般項も

$$\boldsymbol{a_n=a_1r^{n-1}}$$

だけでなく

$$\boldsymbol{a_n=a_kr^{n-k}}$$

とできます．

◀例えば
$a_{13}=a_9r^4$

解答

[A]

(1) 公差を d とすると，$a_{15}+a_{16}+a_{17}=-2622$ から

$(a_{16}-d)+a_{16}+(a_{16}+d)=-2622$
$\iff 3a_{16}=-2622$
$\iff a_{16}=-874$ ……①

◀項が奇数個の等差数列は中央の項を基準にすると，うまくいくことが多いです．

$a_{99}+a_{103}=-1238$ から

$(a_{101}-2d)+(a_{101}+2d)=-1238$
$\iff 2a_{101}=-1238$
$\iff a_{101}=-619$ ……②

◀99，100，101，102，103 だから，中央の 101 を基準にしてみました．

①，②より，$85d=255$ なので公差は

$d=\boldsymbol{3}$

であり，初項は

$a_1=-874-15d=\boldsymbol{-919}$

◀a_{16} から a_{101} までは，公差 d を 85 回足しています．つまり，$a_{101}=a_{16}+d\times85$ です．

(2) 一般項 a_n は

$$a_n=-919+3(n-1)=3n-922$$

であるから

$$a_n<0 \iff 3n-922<0$$

$$\iff n<\frac{922}{3}=307+\frac{1}{3}$$

◀ $a_1,\ \cdots,\ a_{307},\ a_{308},\ \cdots$
ここまで負　こっちは正

したがって，和 S_n が最小となる n は $\boldsymbol{n=307}$ である．

［B］ 公比を r として

$$a_{10}+a_{11}+a_{12}+a_{13}=-2$$

$$\iff a_5r^5+a_6r^5+a_7r^5+a_8r^5=-2$$

$$\iff r^5(a_5+a_6+a_7+a_8)=-2$$

◀ 2つの条件式を見比べてみると，すべての項の番号がちょうど5ずつズレてます．

ここで，$a_5+a_6+a_7+a_8=64$ なので

$$r^5\cdot 64=-2 \iff r^5=-\frac{1}{32}$$

$$\therefore\quad r=-\frac{\mathbf{1}}{\mathbf{2}}$$

また

$$a_{10}+a_{11}+a_{12}+a_{13}=-2$$

$$\iff a_9r+a_9r^2+a_9r^3+a_9r^4=-2$$

$$\iff a_9(r+r^2+r^3+r^4)=-2$$

$$\iff a_9\cdot\left(-\frac{5}{16}\right)=-2$$

$$\therefore\quad a_9=\frac{\mathbf{32}}{\mathbf{5}}$$

◀ a_1 を求める必要はありません．

補足 第 n 項は，第 k 項に d を $n-k$ 回加えることで求めることができます．

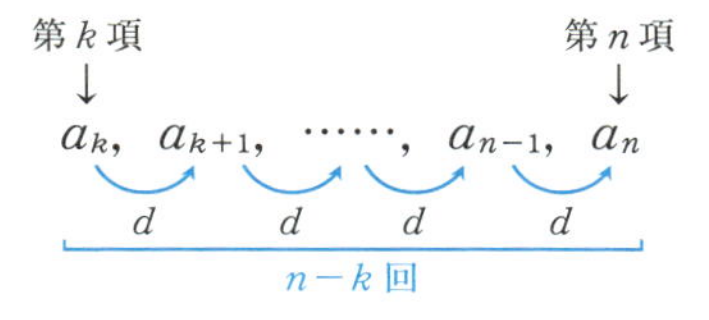

メインポイント

第 k 項から第 n 項までの変化は $n-k$ 回！

72 (等差)×(等比)の和

アプローチ

(2)で**(等差)×(等比)の和**を求めることになります.

つまり，等差数列 $\{a_n\}$ と等比数列 $\{b_n\}$ に対して，和 $S=\sum_{k=1}^{n} a_k b_k$ の形が出てきます．これは，$\{b_n\}$ の公比 r をかけた **rS との差をとる**ことで計算する方法を覚えておくべきです．$\{a_n\}$ の公差を d として

$$
\begin{array}{rl}
S= & a_1b_1+a_2b_2+a_3b_3+\cdots\cdots+a_nb_n \\
-)\quad rS= & \qquad\quad a_1b_2+a_2b_3+\cdots\cdots+a_{n-1}b_n+a_nb_{n+1} \\
\hline
(1-r)S= & a_1b_1+\underbrace{db_2+db_3+\cdots\cdots+db_n}\quad -a_nb_{n+1}
\end{array}
$$

◀ rb_1 は b_2 に，rb_2 は b_3 に変わります．

こうすると，青の波線部が**等比数列の和**なのでまとめることができます．

◀ a_1b_1 も一緒にまとめられる場合もあります．

別解 では，次の 73 で解説する**差分解**を利用した和の求め方を載せています．

解答

(1) $f(x)=\dfrac{k}{2}(f(1)-f(0))$ から

$$\log_2(x+1)=\frac{k}{2}(\log_2 2-\log_2 1)$$

$$\Longleftrightarrow \log_2(x+1)=\frac{k}{2}$$

$$\Longleftrightarrow x+1=2^{\frac{k}{2}} \qquad \therefore\ \boldsymbol{x=2^{\frac{k}{2}}-1}$$

(2) (1)の結果から $x_k=2^{\frac{k}{2}}-1=(\sqrt{2})^k-1$ なので

$$
\begin{aligned}
k(x_k-x_{k-1})&=k\{(\sqrt{2})^k-(\sqrt{2})^{k-1}\}\\
&=(\sqrt{2}-1)k(\sqrt{2})^{k-1}
\end{aligned}
$$

$T_n=\sum_{k=1}^{n}k(\sqrt{2})^{k-1}$ とおくと

$$\begin{array}{rl} T_n= & 1\cdot(\sqrt{2})^0+2\cdot(\sqrt{2})^1+3\cdot(\sqrt{2})^2+\cdots\cdots+n(\sqrt{2})^{n-1} \\ -)\ \sqrt{2}T_n= & 1\cdot(\sqrt{2})^1+2\cdot(\sqrt{2})^2+\cdots\cdots+(n-1)(\sqrt{2})^{n-1}+n(\sqrt{2})^n \\ \hline (1-\sqrt{2})T_n= & \underbrace{(\sqrt{2})^0+(\sqrt{2})^1+(\sqrt{2})^2+\cdots\cdots+(\sqrt{2})^{n-1}}_{\text{公比}\sqrt{2}\text{の等比数列の和}}-n(\sqrt{2})^n \\ = & \dfrac{(\sqrt{2})^n-1}{\sqrt{2}-1}-n(\sqrt{2})^n \\ = & (-n+\sqrt{2}+1)(\sqrt{2})^n-\sqrt{2}-1 \end{array}$$

$S_n=(\sqrt{2}-1)T_n=-(1-\sqrt{2})T_n$ なので

$$\boldsymbol{S_n=(n-\sqrt{2}-1)(\sqrt{2})^n+\sqrt{2}+1}$$

別解

$$\begin{aligned} k(x_k-x_{k-1}) &= -kx_{k-1}+kx_k \\ &= \underbrace{-(k-1)x_{k-1}+kx_k}_{\text{これが差分解}}-x_{k-1} \end{aligned}$$

と式変形できるから

◀差分解の形を作っておいて後ろの $-x_{k-1}$ でツジツマをあわせる.

$$\begin{aligned} S_n &= \sum_{k=1}^{n}k(x_k-x_{k-1}) \\ &= \sum_{k=1}^{n}\{-(k-1)x_{k-1}+kx_k\}-\sum_{k=1}^{n}x_{k-1} \\ &= -0\cdot x_0+nx_n-\sum_{k=1}^{n}\{(\sqrt{2})^{k-1}-1\} \\ &= n\{(\sqrt{2})^n-1\}-\frac{(\sqrt{2})^n-1}{\sqrt{2}-1}+n \\ &= (n-\sqrt{2}-1)(\sqrt{2})^n+\sqrt{2}+1 \end{aligned}$$

◀差分解からの和の計算については，次の **73** を参照.

補足 初項 a_1，公比 r の等比数列 $\{a_n\}$ の，初項から第 n 項までの和 S_n の公式

$$\boldsymbol{S_n=\frac{a_1(r^n-1)}{r-1}=\frac{a_1(1-r^n)}{1-r}}$$

も，**解答** と同様の計算方法で証明されます.

メインポイント

(等差)×(等比) は，公比をかけて，ズラして引く！

73 差分解

アプローチ

第 k 項 a_k を

$$a_k=f(k)-f(k+1)$$

と式変形することを**差分解**といいます.

◀番号がズレただけの，同じ形の式の差.

差分解できたら，和を

$$\sum_{k=1}^{n}a_k=\sum_{k=1}^{n}\{f(k)-f(k+1)\}$$

$$=\{f(1)-f(2)\}+\{f(2)-f(3)\}+\{f(3)-f(4)\}+\cdots\cdots+\{f(n)-f(n+1)\}$$

合計0　合計0　合計0　合計0

$$=f(1)-f(n+1)$$

◀番号のズレが2なら，最初と最後に2個ずつ残ります.

と簡単な形にまとめることができます.

すぐに足すことができない $\sum$ が出てきたら，この差分解を疑いましょう.

解答

(1)　等式の両辺に $(n+1)(n+2)$ をかけて

$$(n+1)(n+2)(n+3)a_{n+1}-n(n+1)(n+2)a_n=(n+2)-(n+1)$$

ここで $b_n=n(n+1)(n+2)a_n$ とおくと

$$b_{n+1}-b_n=1,\quad b_1=1\cdot2\cdot3\cdot a_1=6$$

◀等差数列の漸化式です.

よって，$\{b_n\}$ は初項 $b_1=6$，公差1の等差数列なので

$$b_n=6+1\cdot(n-1)$$

$$\therefore\quad \boldsymbol{b_n=n+5}$$

(2)　等式の左辺を展開して整理すると

$$p(n+1)(n+2)+qn(n+2)+rn(n+1)$$

$$=(p+q+r)n^2+(3p+2q+r)n+2p$$

であり，これが $b_n=n+5$ と一致する条件は

◀つまり，n についての恒等式になる条件.

$$\begin{cases}p+q+r=0\\3p+2q+r=1\\2p=5\end{cases}$$

$$\therefore\quad \boldsymbol{p=\frac{5}{2},\ q=-4,\ r=\frac{3}{2}}$$

(3) 以上から

$$\frac{5}{2}(n+1)(n+2)-4n(n+2)+\frac{3}{2}n(n+1)=n(n+1)(n+2)a_n$$

となるので，両辺を $n(n+1)(n+2)$ で割って

$$a_n=\frac{5}{2n}-\frac{4}{n+1}+\frac{3}{2(n+2)}$$

$$=\frac{5}{2}\left(\frac{1}{n}-\frac{1}{n+1}\right)-\frac{3}{2}\left(\frac{1}{n+1}-\frac{1}{n+2}\right)$$

◀中央の 4 を $\frac{8}{2}=\frac{5}{2}+\frac{3}{2}$ と見るのがポイント！

とできる．

よって，求める和は

$$\sum_{k=1}^{n}a_k=\frac{5}{2}\sum_{k=1}^{n}\left(\frac{1}{k}-\frac{1}{k+1}\right)-\frac{3}{2}\sum_{k=1}^{n}\left(\frac{1}{k+1}-\frac{1}{k+2}\right)$$

$$=\frac{5}{2}\left(1-\frac{1}{n+1}\right)-\frac{3}{2}\left(\frac{1}{2}-\frac{1}{n+2}\right)$$

◀それぞれの $\sum$ で，最初と最後だけが残ります．

$$=\frac{7}{4}-\frac{5}{2(n+1)}+\frac{3}{2(n+2)}$$

$$=\frac{7(n+1)(n+2)-10(n+2)+6(n+1)}{4(n+1)(n+2)}$$

$$=\boldsymbol{\frac{n(7n+17)}{4(n+1)(n+2)}}$$

補足 $\sum$ 計算には優先順位があります．

① **足し方がわかるもの（定数，等差数列，等比数列など）**

② $\boldsymbol{\sum_{k=1}^{n}k^2=\frac{1}{6}n(n+1)(2n+1)}$，$\boldsymbol{\sum_{k=1}^{n}k^3=\left\{\frac{1}{2}n(n+1)\right\}^2}$

③ **差分解**

この順番で考えておくのがよいでしょう．

メインポイント

足せない $\sum$ は差分解を疑え！

74 群数列

アプローチ

群数列では，下の 解答 の表のように，4つの数の列を同時に考えることが必要になります．

そして最大のポイントは

各群の末項の通し番号（表の○がついた数字）は，そこまでの群の項数の和である

◀第3群の末項の通し番号は
$1+2+3=6$

ということです．

通し番号というのは，そこまでの項の総数だから当然ですね．

解答

次の表のような群数列であると考える．

群の番号	1	2		3			4				…
群の項数	1	2		3			4				…
通し番号	①	2	③	4	5	⑥	7	8	9	⑩	…
数　列	1	3	5	7	9	11	13	15	17	19	…

◀通し番号 k に対して，数列の値は $2k-1$ です．

(1)　$a_{1,n}$ は第 n 群の初項であり，その通し番号は

$$1+2+3+\cdots+(n-1)+1=\frac{1}{2}(n-1)n+1$$

◀第 $n-1$ 群の末項の通し番号に1を加えます．

であるから

$$a_{1,n}=2\left\{\frac{1}{2}(n-1)n+1\right\}-1=\boldsymbol{n^2-n+1}$$

(2)　第 n 群の末項の通し番号は

$$1+2+3+\cdots+n=\frac{1}{2}n(n+1)$$

であるから，第 n 群の末項は

$$2\left\{\frac{1}{2}n(n+1)\right\}-1=n^2+n-1$$

となる．

第 n 群は等差数列をなすから，求める和は

$$\frac{1}{2}n\{(n^2-n+1)+(n^2+n-1)\}=\boldsymbol{n^3}$$

◀等差数列 $\{a_n\}$ の初項から第 n 項までの和は
$\boldsymbol{\frac{1}{2}n(a_1+a_n)}$

(3) 251 の通し番号を k とすれば

$$2k-1=251 \iff k=126$$

である．

よって，251 が第 l 群にあるとすれば，次の表のようになる．

	$l-1$	l	
	$l-1$	l	
	$\cdots$ $\cdots$ ■	$\cdots$ 126 $\cdots$ ●	
	$\cdots$ $\cdots$	$\cdots$ 251 $\cdots$	

◀かならず，末項の通し番号に注目します．

したがって，通し番号に注目して

■ $<126\leqq$ ●

$$\therefore\quad \frac{1}{2}(l-1)l<126\leqq\frac{1}{2}l(l+1)$$

◀あとは，この関係式を満たす l の値を見つければいいのですが，大雑把に
$\frac{1}{2}l^2\fallingdotseq126$
$\therefore\quad l^2\fallingdotseq252$
と考えると，少しは探しやすいでしょう．

ここで

$$\frac{1}{2}\cdot15\cdot16=120,\ \frac{1}{2}\cdot16\cdot17=136$$

であるから，適する l は $l=16$ である．

ゆえに，251 は**第 16 群**の $126-120=6$ 番目の項であり，$\boldsymbol{m=6}$，$\boldsymbol{n=11}$ である．

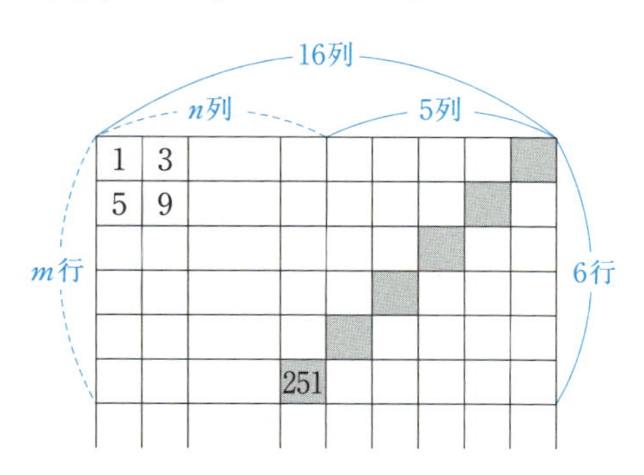

メインポイント

群数列は，末項の通し番号に注目！

75 格子点の総数

アプローチ

x 座標と y 座標がともに整数である点を**格子点**といいます．

ある領域内の格子点の総数を求めるときに，ランダムに数えていくのは非効率的なので

$x=1$ の格子点は a_1 個
$x=2$ の格子点は a_2 個
$x=3$ の格子点は a_3 個

と，最後の x 座標 $x=n$ まで数えて

$$\sum_{k=1}^{n} \boldsymbol{a}_k$$

を計算することで，格子点の総数を求めます．

◀これらを本当に全部調べるのはタイヘン（不可能）なので，代表として $x=k$ の場合を調べます．

解答

(1)　$x^2=x+n(n+1)$ とすると

$$(x+n)\{x-(n+1)\}=0$$
$$\therefore \quad x=-n,\ n+1$$

よって，領域 D は右図の斜線部分である．ただし，境界をすべて含む．

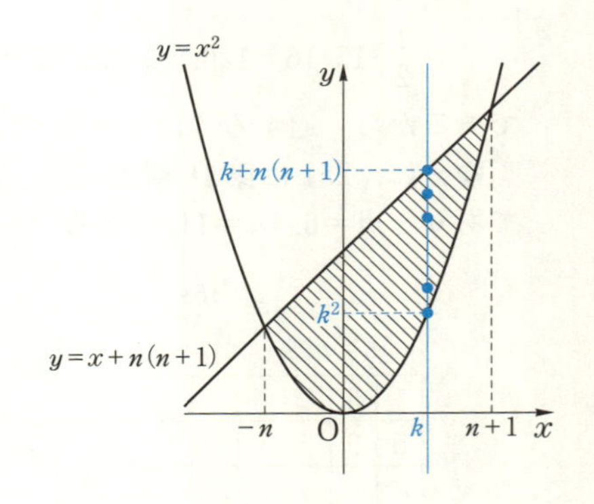

k を自然数とするとき，直線 $x=k$ 上かつ領域 D 内にある格子点の個数は

$$k+n(n+1)-(k^2-1)$$
$$=-k^2+k+n^2+n+1 \quad \cdots\cdots①$$

である．したがって

$$M=\sum_{k=1}^{n+1}(-k^2+k+n^2+n+1)$$
$$=-\sum_{k=1}^{n+1}k^2+\sum_{k=1}^{n+1}(k+n^2+n+1)$$
$$=-\frac{1}{6}(n+1)(n+2)(2n+3)$$
$$+\frac{1}{2}(n+1)\{(n^2+n+2)+(n^2+2n+2)\}$$
$$=\frac{1}{6}(n+1)\{-(n+2)(2n+3)+3(2n^2+3n+4)\}$$
$$=\frac{1}{6}(n+1)(4n^2+2n+6)$$

◀$\sum_{k=1}^{n+1}(k+n^2+n+1)$ は k の値が 1 増えるたびに 1 増える等差数列の和です．

$$=\frac{1}{3}(n+1)(2n^2+n+3)$$

(2) kを自然数とするとき，直線 $x=-k$ 上かつ領域D内にある格子点の個数は

$$-k^2-k+n^2+n+1$$

だから

◀(1)の①の k を $-k$ におきかえたものです．

$$N=\sum_{k=1}^{n}(-k^2-k+n^2+n+1)$$

と表せる．

よって

$$M-N=\sum_{k=1}^{n+1}(-k^2+k+n^2+n+1)-\sum_{k=1}^{n}(-k^2-k+n^2+n+1)$$

$$=\sum_{k=1}^{n}2k+\{-(n+1)^2+(n+1)+n^2+n+1\}$$

$$=n(n+1)+1$$

となり

$n=31$ のとき $M-N=31\cdot32+1=993$

$n=32$ のとき $M-N=32\cdot33+1=1057$

であるから，$M-N\geqq1000$ となる最小のnは

$\boldsymbol{n=32}$

である．

補足 問題の設定によっては，$x=k$ でなく，$y=k$ 上の格子点を数える場合もあります．

ex) 領域 $1\leqq x\leqq 2^n$ かつ $0\leqq y\leqq \log_2 x$ 内にある格子点の総数を求めるときは，直線 $y=k$ を考えて

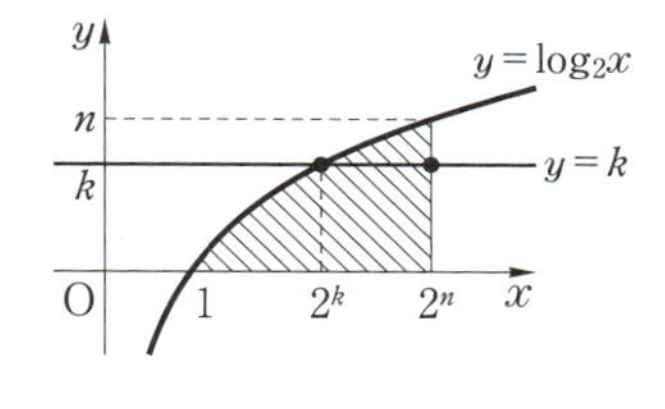

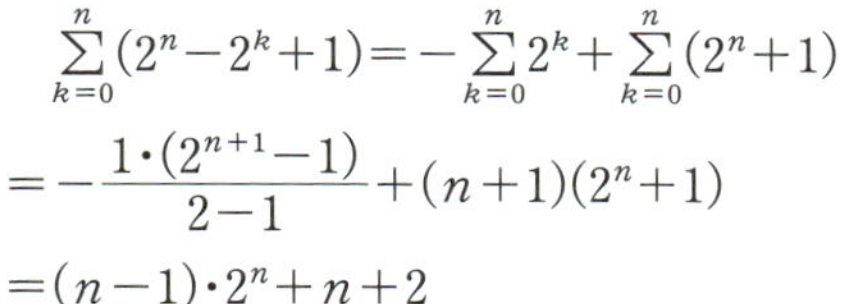

$$\sum_{k=0}^{n}(2^n-2^k+1)=-\sum_{k=0}^{n}2^k+\sum_{k=0}^{n}(2^n+1)$$

$$=-\frac{1\cdot(2^{n+1}-1)}{2-1}+(n+1)(2^n+1)$$

$$=(n-1)\cdot2^n+n+2$$

とします．

メインポイント

格子点は $x=k$ 上を数えてから Σ

76 階差数列

アプローチ

一般的に，数列 $\{a_n\}$ の階差数列が $\{A_n\}$ のとき，つまり $a_{n+1}-a_n=A_n$ が成り立つとき

$$a_1 \xrightarrow[+A_1]{} a_2 \xrightarrow[+A_2]{} a_3 \xrightarrow[+A_3]{} a_4 \xrightarrow[+A_4]{}$$

$$\cdots\cdots \xrightarrow[+A_{n-2}]{} a_{n-1} \xrightarrow[+A_{n-1}]{} a_n \xrightarrow[+A_n]{} a_{n+1}$$

このように並んでいるので

$$a_2=a_1+A_1$$
$$a_3=a_1+A_1+A_2$$
$$a_4=a_1+A_1+A_2+A_3$$
$$\cdots\cdots\cdots\cdots\cdots\cdots\cdots\cdots$$
$$a_n=a_1+A_1+A_2+A_3+\cdots\cdots+A_{n-1} \quad (n \geqq 2)$$

が成り立ちます．これを $\sum$ で表せば

$$\boldsymbol{a_n=a_1+\sum_{k=1}^{n-1}A_k \quad (n \geqq 2)}$$

となります．

解答

(1) $a_{n+1}=(n+2)a_n+n!$ の両辺を $(n+2)!$ で割ると

$$\frac{a_{n+1}}{(n+2)!}$$
$$=\frac{(n+2)a_n}{(n+2)\cdot(n+1)!}+\frac{n!}{(n+2)(n+1)\cdot n!}$$
$$\therefore \quad \frac{a_{n+1}}{(n+2)!}=\frac{a_n}{(n+1)!}+\frac{1}{(n+2)(n+1)}$$

◀ $b_n=\dfrac{a_n}{(n+1)!}$ というおきかえをするためには，左辺の分母に $(n+2)!$ がほしいのです．

よって，$b_n=\dfrac{a_n}{(n+1)!}$ とおくとき

$$\boldsymbol{b_{n+1}=b_n+\frac{1}{(n+2)(n+1)}}$$

(2) (1)の結果から，数列 $\{b_n\}$ の階差数列の一般項が $\dfrac{1}{(n+2)(n+1)}$ なので

$$b_n=b_1+\sum_{k=1}^{n-1}\frac{1}{(k+2)(k+1)} \quad (n \geqq 2)$$
$$=\frac{a_1}{2!}+\sum_{k=1}^{n-1}\left(\frac{1}{k+1}-\frac{1}{k+2}\right)$$

◀ 差分解です．(73 参照.)

$$=\frac{3}{2}+\frac{1}{2}-\frac{1}{n+1}$$

$$=\frac{2n+1}{n+1}\quad (n=1 \text{ のときも成立})$$

$b_n=\dfrac{a_n}{(n+1)!}$ から

$$a_n=b_n(n+1)!=\boldsymbol{(2n+1)n!}$$

(3) (2)の結果から

$$2^{k-1}a_k=2^{k-1}(2k+1)k!$$
$$=2^{k-1}\{2(k+1)-1\}k!$$
$$=-2^{k-1}k!+2^k(k+1)!$$

◀このまま足すことはできません．こんなときは差分解です！

とできるので

$$\sum_{k=1}^{n}2^{k-1}a_k=\sum_{k=1}^{n}\{-2^{k-1}k!+2^k(k+1)!\}$$
$$=\boldsymbol{-1+2^n(n+1)!}$$

補足 (1)の結果から

$$b_{n+1}=b_n+\frac{1}{n+1}-\frac{1}{n+2}$$

$$\Longleftrightarrow\ b_{n+1}+\frac{1}{n+2}=b_n+\frac{1}{n+1}$$

と変形できることに気づいたら，数列 $\left\{b_n+\dfrac{1}{n+1}\right\}$ は $b_1+\dfrac{1}{1+1}=2$ がずっと並ぶ数列なので

$$b_n+\frac{1}{n+1}=2\qquad \therefore\quad b_n=2-\frac{1}{n+1}=\frac{2n+1}{n+1}$$

とすることもできます．

メインポイント

階差がわかれば，すぐ一般項を求められる！

77 隣接2項間漸化式①

アプローチ

例えば $a_{n+1}=3a_n-4$, $a_1=3$ で定められる数列を並べてみると

$\{a_n\}$: 3, 5, 11, 29, 83, ……

となります.

突然ですが, この数列の各項から2を引いてみると

$\{a_n-2\}$: 1, 3, 9, 27, 81, ……

となり, 公比3の等比数列になります.

◀ a_n-2 を**カタマリ**で見ることが大切です.

一般的に, 漸化式 $a_{n+1}=ra_n+p$ を

$$\boldsymbol{a_{n+1}-\alpha=r(a_n-\alpha)}$$

カタマリ $n+1$ 番目　カタマリ n 番目

と変形することで, 等比数列 $\{a_n-\alpha\}$ にできます.

◀ **カタマリの等比数列!**

解答

(ア) 漸化式に $n=1$ を代入して

$$a_2=4a_1+1=\mathbf{5}$$

(イ) ①: $a_{n+1}=4a_n+1$ を

②: $a_{n+1}-\alpha=4(a_n-\alpha)$

カタマリ $n+1$ 番目　カタマリ n 番目

に変形したい.

◀ この α を見つけることができれば, **カタマリの等比数列にできたということです.**

$$② \iff a_{n+1}=4a_n-3\alpha$$

であるから, ①と比べて

$$-3\alpha=1 \iff \alpha=-\frac{1}{3}$$

よって, 数列 $\left\{a_n+\frac{1}{3}\right\}$ が公比4の等比数列なので

$$a_n+\frac{1}{3}=\left(a_1+\frac{1}{3}\right)\cdot 4^{n-1}=\frac{4^n}{3}$$

カタマリ n 番目　カタマリ1番目

◀ 等比数列の一般項は (初項)・(公比)$^{n-1}$ です.

$$\therefore\quad a_n=\boldsymbol{\frac{4^n-1}{3}}$$

(ウ) (イ)の結果から

$$a_{n+2}-a_n=\frac{4^{n+2}-1}{3}-\frac{4^n-1}{3}$$
$$=\frac{16\cdot4^n-4^n}{3}$$
$$=5\cdot4^n$$

とできるので，$a_{n+2}-a_n$ を 5 で割った余りは **0** である．

(エ) (ウ)の結果から，a_{n+2} と a_n は 5 で割った余りが一致する．つまり $b_{n+2}=b_n$ が成り立つから

$$b_4=b_2=(a_2=5\text{ を 5 で割った余り})=\mathbf{0}$$

◀もとの漸化式から，すべての項は整数であり，l，m を整数として

$$\begin{cases}a_n=5l+b_n\\a_{n+2}=5m+b_{n+2}\end{cases}$$

とするとき

$$a_{n+2}-a_n$$
$$=5(m-l)+(b_{n+2}-b_n)$$

となる．

$b_{n+2}-b_n$ の取りうる値は -4 から 4 までの整数だから，(ウ)の結果より

$$b_{n+2}-b_n=0$$

である．

(オ) (エ)と同様に

$$b_5=b_3=b_1=(a_1=1\text{ を 5 で割った余り})=\mathbf{1}$$

(カ) 以上から $b_{2n}=0$，$b_{2n-1}=1$ が成り立つので

$$\sum_{k=1}^{2n}a_kb_k=a_1\cdot1+a_2\cdot0+a_3\cdot1+a_4\cdot0+\cdots\cdots+a_{2n-1}\cdot1+a_{2n}\cdot0$$
$$=\sum_{k=1}^{n}a_{2k-1}$$
$$=\sum_{k=1}^{n}\frac{4^{2k-1}-1}{3}$$
$$=\frac{1}{3}\left\{\frac{4(16^n-1)}{16-1}-n\right\}$$
$$=\boldsymbol{\frac{4\cdot16^n-4-15n}{45}}$$

メインポイント

漸化式の基本は，カタマリの等比数列を作る！

78 隣接2項間漸化式②

アプローチ

前問 77 でも学習したように，隣接2項間漸化式を解くときは，**カタマリ**を作って

① **等差型** $a_{n+1}=a_n+d$
② **等比型** $a_{n+1}=ra_n$
③ **階差型** $a_{n+1}=a_n+A_n$

◀この3つは，ただちに一般項を求められます．

のどれかに帰着させます．

[A]は，右辺に1次式 $-2n+3$ があるので

カタマリ $\boldsymbol{a_n+\alpha n+\beta}$

を作ります．

[B](1)は，最初に両辺の逆数をとると，等差型が見えてきます．

[B](2)は，右辺に等比数列の式 3^n があるので

カタマリ $\boldsymbol{a_n+\alpha\cdot 3^n}$

を作ります．

解答

[A] ①：$a_{n+1}=3a_n-2n+3$ を

②：$\underbrace{a_{n+1}+\alpha(n+1)+\beta}_{\text{カタマリ } n+1 \text{ 番目}}=3(\underbrace{a_n+\alpha n+\beta}_{\text{カタマリ } n \text{ 番目}})$

◀先に右辺をイメージしてから，番号を1つ増やして左辺を書きましょう．

に変形したい．

② $\Longleftrightarrow$ $a_{n+1}=3a_n+2\alpha n-\alpha+2\beta$

であるから，①と比べて

$2\alpha=-2$ かつ $-\alpha+2\beta=3$

$\therefore\ \alpha=-1,\ \beta=1$

よって，数列 $\{a_n-n+1\}$ が公比3の等比数列なので

$\underbrace{a_n-n+1}_{\text{カタマリ } n \text{ 番目}}=\underbrace{(a_1-1+1)}_{\text{カタマリ } 1 \text{ 番目}}\cdot 3^{n-1}$

$\therefore\ \boldsymbol{a_n=3^n+n-1}$

[B]

(1) 漸化式から，すべての n で $a_n>0$ なので，両辺の逆数がとれる．したがって

◀0には逆数が存在しないので，すべての項が0にならないことを確認しました．

$$\frac{1}{a_{n+1}}=\frac{3a_n+1}{a_n}=3+\frac{1}{a_n}$$

よって，数列 $\left\{\frac{1}{a_n}\right\}$ が公差3の等差数列なので

$$\frac{1}{a_n}=\frac{1}{a_1}+3(n-1)=3n+1$$

$$\therefore\quad \boldsymbol{a_n=\frac{1}{3n+1}}$$

(2) ①：$a_{n+1}=2a_n+3^n$ を

②：$a_{n+1}+\alpha\cdot 3^{n+1}=2(a_n+\alpha\cdot 3^n)$

（$a_{n+1}+\alpha\cdot 3^{n+1}$：カタマリ $n+1$ 番目，$a_n+\alpha\cdot 3^n$：カタマリ n 番目）

に変形したい．

◀両辺を 3^{n+1} で割るのは遠回りです．（誘導されたときはしょうがないですけどね．）

$$② \iff a_{n+1}=2a_n-\alpha\cdot 3^n$$

であるから，①と比べて

$$-\alpha=1 \qquad \therefore\quad \alpha=-1$$

よって，数列 $\{a_n-3^n\}$ が公比2の等比数列なので

$$a_n-3^n=(a_1-3^1)\cdot 2^{n-1}$$

（a_n-3^n：カタマリ n 番目，a_1-3^1：カタマリ1番目）

$$\therefore\quad \boldsymbol{a_n=-2^n+3^n}$$

補足 [B](2)の漸化式の両辺を 2^{n+1} **で割ると（つまり a_n の係数の $n+1$ 乗で割ると）**

$$\frac{a_{n+1}}{2^{n+1}}=\frac{a_n}{2^n}+\frac{1}{2}\left(\frac{3}{2}\right)^n \quad \text{（カタマリの階差型）}$$

となり，数列 $\left\{\frac{a_n}{2^n}\right\}$ の階差数列の一般項が $\frac{1}{2}\left(\frac{3}{2}\right)^n$ であることがわかります．

ここから一般項 a_n を求めることもできます．（[A]や 77 (イ)でも可能！）

メインポイント

漸化式は，カタマリを作る！

79 和と一般項の関係

アプローチ

和 S_n と一般項 a_n が混在する条件式が与えられたときは

$$S_n - S_{n-1} = a_n \quad （または\ S_{n+1} - S_n = a_{n+1}）$$

を利用して，a_n についての漸化式，または S_n についての漸化式に直します．

この関係式自体は

$$S_n = a_1 + a_2 + a_3 + \cdots + a_{n-1} + a_n$$
$$= S_{n-1} + a_n$$

であることから，成り立つことがわかりますね．

本問は a_n についての隣接3項間漸化式が出てきますが，隣接2項間のときと同様に

カタマリの等比数列

を作ることが目標です．すなわち

$$a_{n+2} + pa_{n+1} + qa_n = 0$$
$$\Longleftrightarrow \underbrace{a_{n+2} - \alpha a_{n+1}}_{カタマリ\ n+1\ 番目} = \beta(\underbrace{a_{n+1} - \alpha a_n}_{カタマリ\ n\ 番目})$$

としたいのです．

◀ $a_{n+2} - (\alpha+\beta)a_{n+1} + \alpha\beta a_n = 0$ とでき，係数を比べて $\alpha + \beta = -p,\ \alpha\beta = q$ これを満たす $\alpha,\ \beta$ は2次方程式 $x^2 + px + q = 0$ の解です．よって，$\alpha \neq \beta$ のとき，α と β の組は2組できます．

今回は，問題文に $a_n - 2a_{n-1}$ という**カタマリ**のヒントが書いてあるので，$\alpha,\ \beta$ をおいて求める必要はありません．

解答

(1) $n \geqq 3$ のとき，$S_n - S_{n-1} = a_n$ が成り立つので

$$\frac{1}{3}(2a_n + 8a_{n-1}) - \frac{1}{3}(2a_{n-1} + 8a_{n-2}) = a_n$$
$$\Longleftrightarrow 2a_n + 6a_{n-1} - 8a_{n-2} = 3a_n$$
$$\Longleftrightarrow \boldsymbol{a_n = 6a_{n-1} - 8a_{n-2}} \quad \cdots\cdots ①$$

◀ 題意から $S_n = \frac{1}{3}(2a_n + 8a_{n-1})$，$S_{n-1} = \frac{1}{3}(2a_{n-1} + 8a_{n-2})$ です．

(2) ①から

$$\underbrace{a_n - 2a_{n-1}}_{カタマリ\ n-1\ 番目} = 4(\underbrace{a_{n-1} - 2a_{n-2}}_{カタマリ\ n-2\ 番目}) \quad \cdots\cdots ①'$$

◀ 展開して整理すると，ちゃんと①に戻りますね．

とできるので，数列 $\{a_{n+1} - 2a_n\}$ は公比4の等比数列である．よって

◀ $\{\ \}$ の中は，**カタマリ**の n 番目を書きます．

$$\boldsymbol{a_n - 2a_{n-1} = (a_2 - 2a_1)\cdot 4^{n-2}}$$

カタマリ $n-1$ 番目　カタマリ 1 番目

◀左辺がカタマリの $n-1$ 番目なので，公比は $n-2$ 回かけることになります．

(3) $S_n = \frac{1}{3}(2a_n + 8a_{n-1})$ に $n=2$ を代入して

$$a_1 + a_2 = \frac{1}{3}(2a_2 + 8a_1)$$

◀$S_2 = a_1 + a_2$ です．

$$\Longleftrightarrow \quad a_2 = 5a_1 = 5$$

よって，(2)の結果から

$$a_n - 2a_{n-1} = 3\cdot 4^{n-2} \quad \cdots\cdots ②$$

◀ここから解いてもよい．

また，①から

$$a_n - 4a_{n-1} = 2(a_{n-1} - 4a_{n-2})$$

◀α と β を入れ換えたこの式でも，展開して整理すれば①に戻ります．

とできるので，数列 $\{a_{n+1} - 4a_n\}$ は公比 2 の等比数列である．したがって

$$a_n - 4a_{n-1} = (a_2 - 4a_1)\cdot 2^{n-2} = 2^{n-2} \quad \cdots\cdots ③$$

②×2−③ より

$$\boldsymbol{a_n = 6\cdot 4^{n-2} - 2^{n-2}}$$

補足 (1)で $n \geqq 3$ として①式を作ったので，もちろん①′式も $n \geqq 3$ で考えることになります．すると

$$n=3 \text{ のとき} \quad a_3 - 2a_2 = 4(a_2 - 2a_1)$$

となるので，**カタマリ**の 1 番目に公比 4 をかけて**カタマリ**の 2 番目が得られることがわかります．つまり，この**カタマリ**で見た数列は，ちゃんと 1 番目からずっと等比数列になっているといえます．だから，何も問題なく(2)の結果の式が得られます．

正しく理解せずに，見た目だけにこだわって「$n \geqq 3$ だから $n=1$，2 のときは確かめなければいけないはず．だから上の **解答** は不十分だ！」なんて考えちゃダメですよ．

メインポイント

S_n と a_n が混在するときは，$S_n - S_{n-1} = a_n$ を利用する！

80 数学的帰納法

アプローチ

自然数 n に関する命題 $P(n)$ について

① **$P(1)$ が成り立つ**

② **ある n で $P(n)$ が成り立つならば，$P(n+1)$ も成り立つ**

の 2 つを示すことで

すべての自然数 n に対して $P(n)$ が成り立つ

と主張する証明方法を**数学的帰納法**といいます．

[A]は $n \geqq 3$ なので，①として $P(3)$ を示します．

[B]は，条件式に $\sum$ があるので，a_{n+1} の議論をするときに a_n だけでなく，a_1，a_2，…，a_{n-1} の値も必要になります．

だから，②として $P(1)$，$P(2)$，…，$P(n)$ のすべてが成り立つと仮定して $P(n+1)$ を示します．

◀これを**全段仮定**といいます．

解答

[A]　3 以上のある自然数 n で

◀「ある」と書くことで n を固定して考えていることを表しています．

$$2^n > \frac{1}{2}n^2 + n$$

が成り立つならば

◀不等式の証明なので，差が 0 より大きいことを示すのが目標です．

$$\begin{aligned}
&2^{n+1} - \left\{\frac{1}{2}(n+1)^2 + (n+1)\right\} \\
&= 2 \cdot 2^n - \left\{\frac{1}{2}(n+1)^2 + (n+1)\right\} \\
&> 2\left(\frac{1}{2}n^2 + n\right) - \left\{\frac{1}{2}(n+1)^2 + (n+1)\right\} \\
&= \frac{1}{2}(n^2 - 3) \\
&> 0 \quad (\because \quad n \geqq 3)
\end{aligned}$$

$$\therefore \quad 2^{n+1} > \frac{1}{2}(n+1)^2 + (n+1)$$

$n=3$ のとき，$2^n = 8$，$\frac{1}{2}n^2 + n = \frac{15}{2}$ から

$2^n > \frac{1}{2}n^2 + n$ が成り立つ．

以上から，数学的帰納法により，3 以上のすべての自然数 n に対して

$$2^n>\frac{1}{2}n^2+n$$

が成り立つ.

［B］ ある自然数 n に対して

$$a_1=a_2=\cdots=a_n=0$$

が成り立つならば

$$0\leqq 3a_{n+1}\leqq \sum_{k=1}^{n+1}a_k$$

から

$$0\leqq 3a_{n+1}\leqq a_{n+1} \iff 0\leqq a_{n+1}\leqq 0$$

$$\therefore \quad a_{n+1}=0$$

また，$n=1$ のとき

$$0\leqq 3a_1\leqq a_1 \iff 0\leqq a_1\leqq 0$$

$$\therefore \quad a_1=0$$

よって，数学的帰納法により，すべての n に対して $a_n=0$ である.

◀ $a_n=0$ だけ仮定しても，次の $\sum$ が計算できません.

◀ この $\sum$ は

$$a_1+a_2+\cdots+a_n+a_{n+1}$$
$$=0+0+\cdots+0+a_{n+1}$$
$$=a_{n+1}$$

とできます.

メインポイント

$n+1$ での議論において，どの番号の仮定が必要なのか考える！

通常は直前の n だけ.

$\sum$ の条件なら 1 から n まで全部.

第9章 場合の数・確率

81 同じものを含む順列

アプローチ

(1) 異なる n 個のものを1列に並べる順列は $n!$ 通りですが，同じものを含む場合には単純ではありません．

同じものを含む順列

p 個のA，q 個のB，r 個のC，…（計 n 個）の順列の総数は

$$\frac{n!}{p!q!r!\cdots} \text{ 通り}$$

または

$${}_n\mathrm{C}_p \cdot {}_{n-p}\mathrm{C}_q \cdot {}_{n-p-q}\mathrm{C}_r \cdot \cdots \text{ 通り}$$

◀A, A, A, B, B, C, Dを並べる場合なら
① 全部区別して並べた7!通りの中に，Aの中で並べ替えたものやBの中で並べ替えたものなど，3!・2!通りずつ同一視するものがあるので
$\dfrac{7!}{3!\cdot 2!}$ 通り
② イスを7個並べておいて，Aの席の選び方が ${}_7\mathrm{C}_3$ 通り，Bの席の選び方が ${}_4\mathrm{C}_2$ 通り，残った2席へのC，Dの並べ方が2!通りだから
${}_7\mathrm{C}_3 \cdot {}_4\mathrm{C}_2 \cdot 2!$ 通り

(2) 連続するものは1つにまとめてXとしておきましょう．

(3) N，R，Wの順番は確定しているから，場所だけ考えればいいのです．

(4) 隣り合わないものは，あとからスキマに入れます．
でも，同じ文字が2個以上あるのはAとGの2種類なので，集合をきちんと考えましょう．

解答

(1) 同じものを含む順列の考え方で

$${}_{10}\mathrm{C}_5 \cdot {}_5\mathrm{C}_2 \cdot 3! = \frac{10\cdot 9\cdot 8\cdot 7\cdot 6}{5\cdot 4\cdot 3\cdot 2\cdot 1}\cdot\frac{5\cdot 4}{2\cdot 1}\cdot 3\cdot 2\cdot 1$$
$$= \mathbf{15120} \text{ (通り)}$$

(2) X，G，A，W，Aの順列と対応するから

◀例えば，AWGXAはAWGNAGARAAに対応．

$${}_5\mathrm{C}_2 \cdot 3! = \frac{5\cdot 4}{2\cdot 1}\cdot 3\cdot 2\cdot 1$$
$$= \mathbf{60} \text{ (通り)}$$

(3) X, X, X, G, G, A, A, A, A, A の順列と対応するから

$$ {}_{10}C_3 \cdot {}_7C_2 = \frac{10\cdot9\cdot8}{3\cdot2\cdot1}\cdot\frac{7\cdot6}{2\cdot1} $$
$$ = \mathbf{2520} \text{ (通り)} $$

◀GAAXXAGAXA は GAANRAGAWA に対応.

(4) どのAも隣り合わないような順列は，先にN, R, W, G, Gを並べてからスキマにAを入れればよく（Aを入れるスキマを選んで）

$$ {}_5C_2 \cdot 3! \cdot {}_6C_5 = \frac{5\cdot4}{2\cdot1}\cdot3\cdot2\cdot1\cdot6 $$
$$ = 360 \text{ (通り)} $$

この中で2つのGが隣り合う順列は，A□A□A□A□A の4つの□にN, R, W, X (=GG) を並べる順列と対応するから

$4! = 24$ (通り)

よって，求める場合の数は

$360 - 24 = \mathbf{336}$ (通り)

◀例えば

↑A G ↑ W ↑A N ↑A G ↑A R ↑A

A：Aが2つ以上隣り合う
G：2つのGが隣り合う

	G	$\overline{G}$
A		
$\overline{A}$	24通り	Ans.

360通り

メインポイント

隣り合わないものは，あとからスキマに入れる！

82 円順列・じゅず順列

アプローチ

円順列は**回転して重なるものを同一視**することになるので，**最初から1個を固定しておいて回転を防ぐ**のが基本です．

ex）a，b，c，dの円順列

aの位置を固定して，残りの3個を①～③に並べるから

$3!=6$（通り）

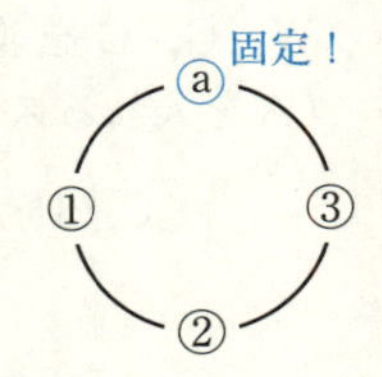

さらに，じゅず順列（本問はネックレス）は**裏返して重なるものも同一視**するので，**鏡写しになるセット**があるかどうかが重要です．

ex）a，b，c，dのじゅず順列

上の例の6通りの中で，例えば右の2通りを同一視します．このように，必ず鏡写しになるものが存在するので

$\dfrac{6}{2}=3$（通り）

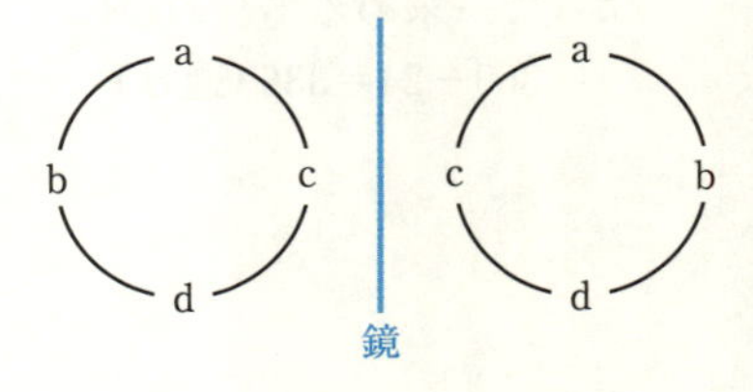

解答

(1)　3個の玉の選び方は ${}_7C_3=35$（通り）であり，選んだ3個によるネックレスの作り方は

$\dfrac{2!}{2}=1$（通り）

残りの4個によるネックレスの作り方は

$\dfrac{3!}{2}=3$（通り）

したがって，求める場合の数は

$35\cdot1\cdot3=$**105（通り）**

(2)　3個の玉で作るネックレスに含まれるEの個数で場合を分ける．

i）0個の場合（□□□，EEE□）

A，B，C，Dから3個選ぶと ${}_4C_3=4$（通り）．

選んだ3個によるネックレスの作り方は1通り．

残りの4個によるネックレスの作り方は1通り．

∴　$4\cdot1\cdot1=4$（通り）

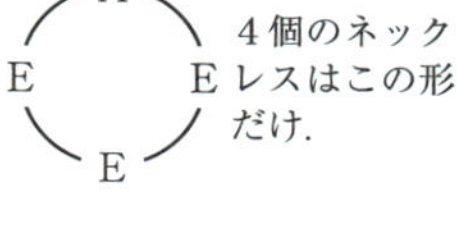

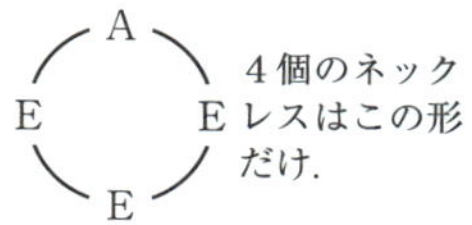

4個のネックレスはこの形だけ．

ii）1個の場合（E□□，EE□□）

A，B，C，Dから2個選ぶと ${}_4C_2=6$（通り）．

選んだ2個とEをあわせた3個によるネックレスの作り方は1通り．

残りの4個によるネックレスの作り方は2通り．

∴　$6\cdot1\cdot2=12$（通り）

4個のネックレスはこの2通りの形だけ．

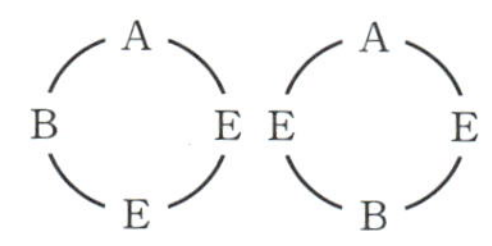

iii）2個の場合（EE□，E□□□）

A，B，C，Dから1個選ぶと4通り．

選んだ1個とEEをあわせた3個によるネックレスの作り方は1通り．

残りの4個によるネックレスの作り方は

$\frac{3!}{2}=3$（通り）

∴　$4\cdot1\cdot3=12$（通り）

iv）3個の場合（EEE，□□□□）

3個のEによるネックレスの作り方は1通り．

残りの4個によるネックレスの作り方は

$\frac{3!}{2}=3$（通り）

∴　$1\cdot3=3$（通り）

したがって，求める場合の数は

$4+12+12+3=$ **31（通り）**

メインポイント

円順列は1個固定！　じゅず順列は鏡写しに注意！

83 箱玉問題①

アプローチ

いくつかの箱に，何個かの玉を分ける問題は，箱と玉それぞれに区別があるかどうかが重要です．

◀本問は
箱：部屋（区別あり）
玉：人　（区別あり）

まず，**玉の区別がある場合**は

① **箱に個数の指定がないとき，玉が箱を選ぶ**
② **箱に個数の指定があるとき，箱が玉を選ぶ**

◀箱の区別がない場合でも，まず箱の区別をしておきます．（補足 参照．）

と考えます．

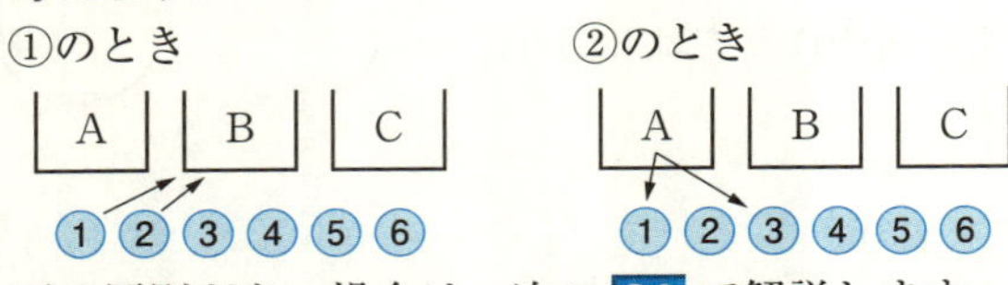

玉の区別がない場合は，次の 84 で解説します．

解答

(1)　Aに入る3人の選び方は ${}_8C_3=56$（通り）である．
残りの5人がそれぞれBまたはCを選ぶ場合の数は 2^5 通りあるが，全員がBを選ぶ1通りは人数の条件に不適だから，5人の入れ方は $2^5-1=31$（通り）．

◀Aは人数の指定があるから箱が玉を選び，BとCは指定がないから玉が箱を選びます．

よって，求める場合の数は

$56 \cdot 31 =$ **1736（通り）**

(2)　Aに入る人数で場合を分ける．

ⅰ）Aに c，d の2人だけが入る場合
残りの6人がそれぞれBまたはCを選ぶ場合の数は 2^6 通りあるが

(B，C)＝(6人，0人)，(5人，1人)，(0人，6人)

の3パターンは人数の条件に不適である．
これは，それぞれ1通り，6通り，1通りだから

◀Bに入る人の選び方がそれぞれ
${}_6C_6$，${}_6C_5$，${}_6C_0$（通り）

$2^6-(1+6+1)=64-8=56$（通り）

ⅱ）Aに c，d ともう1人の3人が入る場合
Aに入るもう1人の選び方が6通りで，残りの5人の入れ方は(1)と同様に31通りだから

$6 \cdot 31 = 186$（通り）

ⅰ)，ⅱ）あわせて，求める場合の数は

$56+186=$ **242（通り）**

(3) Aに入る人数で場合を分ける．

i）Aに3人入る場合

(1)により，1736通り．

ii）Aに2人入る場合

Aに入る2人の選び方が $_8C_2=\frac{8\cdot7}{2\cdot1}=28$（通り）．

このとき，残り6人の入り方は(2)のi）と同様に56通りだから

$28\cdot56=1568$（通り）

iii）Aに1人入る場合

Aに入る1人の選び方が8通り．

残り7人のB，Cへの入れ方は

(B，C)=(4人，3人)，(3人，4人)，(2人，5人)

の3パターンだから

$_7C_4+_7C_3+_7C_2=35+35+21=91$（通り）

$\therefore\ 8\cdot91=728$（通り）

◀(2)のi）と同様に，2^7通りから
(7人，0人)，(6人，1人)
(5人，2人)，(1人，6人)
(0人，7人)
の場合を除外してもOK．

iv）Aが空き部屋の場合

8人のB，Cへの入れ方は

(B，C)=(4人，4人)，(3人，5人)

の2パターンだから

$_8C_4+_8C_3=70+56=126$（通り）

i）〜iv）あわせて，求める場合の数は

$1736+1568+728+126=$**4158（通り）**

補足 例えば「9人を2人，2人，2人，3人の4組に分ける」のような，**箱の区別がない**場合は，A(2人)，B(2人)，C(2人)，D(3人)に分けてから，箱の区別をなくすという順番で考えます．この場合，人数が異なるDは区別できるので，A，B，Cの区別をなくして(A，B，Cの並べ替えの分を同一視して)あげればよく

$\frac{_9C_2\cdot{}_7C_2\cdot{}_5C_2}{3!}$ 通り

メインポイント

箱玉問題（玉の区別あり）は，

箱に入る玉の個数の指定があるかどうか

に注意！

84 箱玉問題②

アプローチ

玉の区別がない場合，**玉の個数**だけが重要です．そこで，箱の区別がある場合には次のような考え方が有効です．

ex) 赤玉5個をA，B，Cの3箱に分ける場合

$$\begin{array}{ll} & \text{A}\ \ \text{B}\ \ \text{C} \\ \text{R}\,|\,\text{RR}\,|\,\text{RR}\cdots\cdots & (1,\ 2,\ 2) \\ \text{RR}\,|\ |\,\text{RRR}\cdots\cdots & (2,\ 0,\ 3) \\ \text{RRRRR}\,|\ |\cdots\cdots & (5,\ 0,\ 0)\quad \text{など} \end{array}$$

このように，5個のR(赤玉)と2個の|(仕切り)を1列に並べて，A，B，Cに入る個数に対応させます．

したがって，この順列の総数が，分け方の総数になるのですが，これなら，**同じものを含む順列**の考え方で計算できます．(この場合，${}_7C_2=21$(通り)です．)

◀81 参照.

解答

(1)　7個のRと2個の|(仕切り)の順列と対応するので

$${}_9C_2=\mathbf{36}\ \textbf{(通り)}$$

(2)　赤玉の入れ方は(1)より，36通り．

白玉の入れ方は，5個のWと2個の|(仕切り)の順列と対応するので

$${}_7C_2=21\ (\text{通り})$$

よって，求める場合の数は

$$36\cdot21=\mathbf{756}\ \textbf{(通り)}$$

(3)　(2)の756通りの中で空箱ができる場合を除外する．

i)　空箱が2個できる場合

すべての玉が1箱に入るので，その1箱を選んで3通り

ii）空箱がちょうど1個できる場合

2箱への赤玉の入れ方は8通り，白玉の入れ方は6通りなので

$8\cdot6=48$（通り）

この中で，一方の箱にすべての玉が入る場合の2通りを除外して

$48-2=46$（通り）

空になる箱の選び方は3通りであるから

$46\cdot3=138$（通り）

◀7個のRと1個の｜の順列と，5個のWと1個の｜の順列を考えています．

◀ひとつの箱にすべての玉が入る場合は，i）で数えています．

第9章

i），ii）より，求める場合の数は

$756-(3+138)=\mathbf{615}$ **（通り）**

補足 例えば「赤玉7個だけを，3つの箱A，B，Cに空箱ができないように分ける」だったら，｜が隣り合わない，かつ端に並ばないようにすればいいので，スキマに入れます．

$\therefore\quad {}_6C_2=15$（通り）

参考

箱も玉も区別なしの場合は，数え上げが原則です．

例えば「白玉6個を区別できない3つの箱に分ける」だったら

(0，0，6)，(0，1，5)，(0，2，4)，(0，3，3)，(1，1，4)，(1，2，3)，(2，2，2)

の7通りです．

計算するなら次のように考えますが，少し難しいです．箱の区別をしておけば，**解答**と同様に ${}_8C_2=28$（通り）であり，これを玉の個数の重複度で分けて

i）3箱の玉の個数がすべて等しいのは(2，2，2)の1通り．

ii）ちょうど2箱の玉の個数が等しいのは(0，0，6)，(0，3，3)，(1，1，4)の3パターンあり，それぞれ並べ方が3通りずつあるから，$3\cdot3=9$（通り）．

iii）残りの $28-(1+9)=18$（通り）は，3!通りずつある．

$$\therefore\quad 1+3+\frac{28-(1+3\cdot3)}{3!}=7\text{（通り）}$$

メインポイント

箱玉問題（箱の区別あり，玉の区別なし）は，○と｜の順列に対応させる！

85 確率の原則

アプローチ

『場合の数』と『確率』は根本的な考え方が異なります．そのことを理解していないと大きく間違えてしまうので注意してください．

例えば，次の①，②の考え方の違いがわかりますか？

① 区別のできない2個のサイコロを投げたとき，目の和が6になるのは何通りか？

② 区別のできない2個のサイコロを投げたとき，目の和が6になる確率はいくらか？

	1	2	3	4	5	6
1					○	
2				○		
3			○			
4		△				
5	△					
6						

①は『場合の数』だから「区別のできない2個のサイコロ」という条件が効いてしまい，右表(36マス)の灰色の部分は数えないので，○の3通りです．

ただ，この結果をそのまま②に当てはめて，確率を

$$\frac{3}{21}=\frac{1}{7}$$

とするのは**間違い**です．

②は『確率』なので「区別のできない」という条件は**無視して**，表の灰色の部分も数えるから

$$\frac{5}{36}$$

となります．

◀2個のサイコロの区別の有無は『確率』に影響しないはずですよね？ 見た目では区別のできない2個のサイコロだろうが，大小2つのサイコロだろうが『確率』は同じはずです．だから誤解のないように考えるために「区別のできるサイコロ」と考えておくのです．

以上のように，『確率』を考えるときは，問題文にどのように書いてあるかは関係なく，

すべて区別して考えるのが原則

です．

解答

(1) $f(x,\ y)=0$ となる条件は

$$\log_3(x+y)-\log_3 x-\log_3 y+1=0$$
$$\iff \log_3(x+y)+1=\log_3 x+\log_3 y$$
$$\iff \log_3(3x+3y)=\log_3(xy)$$
$$\iff 3x+3y=xy$$
$$\iff (x-3)(y-3)=9$$

◀15 参照.

$\therefore \quad \begin{pmatrix} x-3 \\ y-3 \end{pmatrix}=\begin{pmatrix} 1 \\ 9 \end{pmatrix}, \begin{pmatrix} 3 \\ 3 \end{pmatrix}, \begin{pmatrix} 9 \\ 1 \end{pmatrix}$

よって，$\begin{pmatrix} \boldsymbol{x} \\ \boldsymbol{y} \end{pmatrix}=\begin{pmatrix} \mathbf{4} \\ \mathbf{12} \end{pmatrix}, \begin{pmatrix} \mathbf{6} \\ \mathbf{6} \end{pmatrix}, \begin{pmatrix} \mathbf{12} \\ \mathbf{4} \end{pmatrix}$

(2)　カードをすべて区別して考えると，x，y の順列は 52・51 通りある．この中で

◀ 1～13 が 4 枚ずつだから，トランプのイメージです．

$\begin{pmatrix} x \\ y \end{pmatrix}=\begin{pmatrix} 4 \\ 12 \end{pmatrix}$ ……　4・4 通り

$\begin{pmatrix} x \\ y \end{pmatrix}=\begin{pmatrix} 6 \\ 6 \end{pmatrix}$ ……　4・3 通り

◀ 4 と 12 はトランプのマークが重複してもいいけど，6 と 6 は必ず異なるマークです．

$\begin{pmatrix} x \\ y \end{pmatrix}=\begin{pmatrix} 12 \\ 4 \end{pmatrix}$ ……　4・4 通り

よって，求める確率は

$$\frac{4\cdot 4+4\cdot 3+4\cdot 4}{52\cdot 51}=\frac{4+3+4}{13\cdot 51}$$
$$=\frac{\mathbf{11}}{\mathbf{663}}$$

補足　原則には例外がつきものです．

例えば「赤玉 1 個と白玉 4 個を 1 列に並べるとき，赤玉が中央に並ぶ確率」は，原則通りにすべて区別しておくと，赤が中央に並ぶ場合も白の並べ方が 4! 通りあるから

$$\frac{4!}{5!}=\frac{1}{5}$$

となりますが，こんなことを考えなくても

赤玉の位置は全部で 5 通りあるから $\frac{1}{5}$

とできますよね．

大切なのは，**何が等確率で起こるのか**をきちんと考えることです．

メインポイント

確率は，すべて区別して考えるのが原則！

86 集合の利用

アプローチ

(1)　3つの数の積が偶数になるのは，**偶数を少なくとも1つ含むとき**です．これを直接考えるより，余事象「3つの数の積が奇数」を考えた方が，3つとも奇数の場合だけだから簡単です．

(2)　3つの数の積が6の倍数になるのは，**偶数を少なくとも1つ含み，かつ3の倍数を少なくとも1つ含むとき**です．

このように条件が**2つ以上**(偶数を含む or 含まない，3の倍数を含む or 含まない) あるときは，集合を用いて考え，整理しましょう．

なお，集合の図の描き方は，ベン図だけでなく**カルノー図**(右ページの図) というものもあります．
81 ですでに使っていますが，最初からXと$\overline{X}$の両方を図に表せるので，余事象を利用するときには便利です．

解答

事象Xの起こる確率を$P(X)$と表す．

(1)　9枚から3枚を取り出す組合せは全部で

$${}_9C_3=84\ (\text{通り})$$

であり

事象A：3つの数の積が奇数になる

とすると，1, 3, 5, 7, 9 の5つから3つを取り出す組合せは ${}_5C_3=10$ (通り) なので

$$P(A)=\frac{10}{84}=\frac{5}{42}$$

よって，3つの数の積が偶数になる確率は

$$1-P(A)=1-\frac{5}{42}=\mathbf{\frac{37}{42}}$$

(2) 次に

事象B：3つの数の積が3の倍数にならない

とすると，3の倍数以外の1，2，4，5，7，8の6つから3つを取り出す組合せは ${}_6C_3=20$（通り）なので

$$P(B)=\frac{20}{84}$$

さらに

事象 $A\cap B$：3つの数の積が3の倍数でない奇数

が起こるのは3つの数が1，5，7のときだけだから

$$P(A\cap B)=\frac{1}{84}$$

よって

$$\begin{aligned}P(A\cup B)&=P(A)+P(B)-P(A\cap B)\\&=\frac{10}{84}+\frac{20}{84}-\frac{1}{84}\\&=\frac{29}{84}\end{aligned}$$

	B	$\overline{B}$
A		
$\overline{A}$		Ans.

$A\cup B$

したがって，求める確率は

$$\begin{aligned}1-P(A\cup B)&=1-\frac{29}{84}\\&=\mathbf{\frac{55}{84}}\end{aligned}$$

補足 「直接考えるのと，余事象を考えるのとどっちがラクなのか」の判断は**経験による**としかいえません．もちろん，原則としてはパターン数が少ない方を計算したいわけですが，その判断は経験に基づくわけです．だから，まずは正しい集合の図を描く練習をし，両方を計算してみてトレーニングすることが大切です．最初からラクな方法なんて手に入らないのです．

メインポイント

集合の図を描いて，情報の整理・重複の確認！

87 くじ引きの確率

アプローチ

袋から，玉を1個ずつ取り出し，もとに戻さずに次の玉を取り出す様子は「くじ引き」と似ていますね。

◀非復元抽出といいます．

このくじ引きの確率は，順に確率をかけていく方法もありますが，くじの本数が多くなるとタイヘンです．

そこで，**神様が10個の玉すべての出る順番を先に決めている**と考えます．それは，3個のRと7個のBの順列で表されます．

◀同じものを含む順列です．

1	2	3	4	5	6	7	8	9	10
R	B	B	R	R	B	B	B	B	B
B	B	R	B	B	B	R	B	B	R

などなど

人間は神様が定めた運命の通りに，この順列の通りに玉を取り出していくと考えるのです．

したがって，確率は

$$\frac{\text{（条件に適する運命の順列の総数）}}{\text{（神様にとっての運命の順列の総数）}}$$

で求められることになります．

解答

3個のR，7個のBを1列に並べた順列は

$$_{10}C_3=\frac{10\cdot9\cdot8}{3\cdot2\cdot1}=10\cdot3\cdot4\text{（通り）}$$

であり，これらは等確率である．

◀なぜ「等確率」なのかは **補足** を参照してください．

(1) | B | B | B | R | | | | | | | の形の順列は，

残り2個のRの位置を選んで

$$_6C_2=\frac{6\cdot5}{2\cdot1}=3\cdot5\text{（通り）}$$

あるので，求める確率は

$$\frac{3\cdot5}{10\cdot3\cdot4}=\frac{1}{8}$$

(2) | | | | | | | | | B | B | の形の順列は,

3個のRの位置を選んで

$${}_8C_3=\frac{8\cdot7\cdot6}{3\cdot2\cdot1}=8\cdot7\ (\text{通り})$$

あるので，求める確率は

$$\frac{8\cdot7}{10\cdot3\cdot4}=\mathbf{\frac{7}{15}}$$

◀このように「後ろの方の条件」のときこそ，この解法が有効です．

第9章

(3) | | | | | | | | R | B | B | の形の順列は,

残り2個のRの位置を選んで

$${}_7C_2=\frac{7\cdot6}{2\cdot1}=7\cdot3\ (\text{通り})$$

あるので，求める確率は

$$\frac{7\cdot3}{10\cdot3\cdot4}=\mathbf{\frac{7}{40}}$$

補足 確率の原則は「すべて区別する」でした．しかし，今回は区別せずに「同じものを含む順列」の考え方で計算しています．

なぜなら，3個のRを R_1, R_2, R_3 と区別し，7個のBも B_1, B_2, …, B_7 と区別した場合，解答 の全事象 ${}_{10}C_3=120$（通り）に対して，Rの中の並べ方とBの中の並べ方を考えることで $120\cdot3!\cdot7!$ とできます（計算上も，これが $10!$ に等しくなります）が，このとき例えば(1)の 解答 の分子 ${}_6C_2=15$ もRの中の並べ方とBの中の並べ方を考えて $15\cdot3!\cdot7!$ となるので，結局

$$\frac{15\cdot3!\cdot7!}{120\cdot3!\cdot7!}=\frac{15}{120}=\frac{1}{8}$$

となります．（どの順列も $3!\cdot7!$ 通りずつ存在するということです．）

つまり

すべてを1列に並べる場合は，同じものを含む順列で考えても等確率性が保たれる

ということです．

メインポイント

くじ引きは，すべてを1列に並べた順列で考えよ！

88 状況が変化する確率

アプローチ

本問のように，1回の操作ごとに状況が変化していく設定の確率は，その状況の推移を正確に把握し，その推移確率をかけていくことになります．

本問はたかだか4回の操作なので，全部書いて調べてしまえばいいでしょう．

◀ 解答 のような樹形図を描くとわかりやすいです．

解答

袋の中の赤玉の個数Rと青玉の個数Bの組を$\begin{pmatrix} R \\ B \end{pmatrix}$で表すと，その推移は下図のようになる．

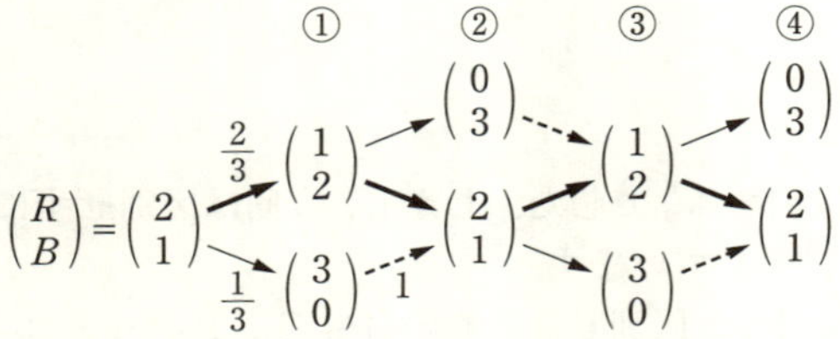

$$\begin{pmatrix} R \\ B \end{pmatrix}=\begin{pmatrix} 2 \\ 1 \end{pmatrix} \xrightarrow{\frac{2}{3}} ① \begin{pmatrix} 1 \\ 2 \end{pmatrix} \to ② \begin{pmatrix} 0 \\ 3 \end{pmatrix} \dashrightarrow ③ \begin{pmatrix} 1 \\ 2 \end{pmatrix} \to ④ \begin{pmatrix} 0 \\ 3 \end{pmatrix}$$

- ① $\begin{pmatrix} 1 \\ 2 \end{pmatrix}$（確率 $\frac{2}{3}$），$\begin{pmatrix} 3 \\ 0 \end{pmatrix}$（確率 $\frac{1}{3}$）
- ② $\begin{pmatrix} 1 \\ 2 \end{pmatrix} \to \begin{pmatrix} 0 \\ 3 \end{pmatrix}, \begin{pmatrix} 2 \\ 1 \end{pmatrix}$；$\begin{pmatrix} 3 \\ 0 \end{pmatrix} \xrightarrow{1} \begin{pmatrix} 2 \\ 1 \end{pmatrix}$
- ③ $\begin{pmatrix} 0 \\ 3 \end{pmatrix} \to \begin{pmatrix} 1 \\ 2 \end{pmatrix}$；$\begin{pmatrix} 2 \\ 1 \end{pmatrix} \to \begin{pmatrix} 1 \\ 2 \end{pmatrix}, \begin{pmatrix} 3 \\ 0 \end{pmatrix}$
- ④ $\begin{pmatrix} 1 \\ 2 \end{pmatrix} \to \begin{pmatrix} 0 \\ 3 \end{pmatrix}, \begin{pmatrix} 2 \\ 1 \end{pmatrix}$；$\begin{pmatrix} 3 \\ 0 \end{pmatrix} \to \begin{pmatrix} 2 \\ 1 \end{pmatrix}$

◀同じ矢印は，同じ確率．

もらう硬貨の総数が1枚になるのは

i）②で$\begin{pmatrix} 0 \\ 3 \end{pmatrix}$になり，④で$\begin{pmatrix} 2 \\ 1 \end{pmatrix}$になる場合

ii）②で$\begin{pmatrix} 2 \\ 1 \end{pmatrix}$になり，④で$\begin{pmatrix} 0 \\ 3 \end{pmatrix}$になる場合

の2パターンだから，確率は

$$\underbrace{\frac{2}{3}\cdot\frac{1}{3}\cdot 1\cdot\frac{2}{3}}_{\text{i）の確率}}+\underbrace{\left(\frac{2}{3}\cdot\frac{2}{3}+\frac{1}{3}\cdot 1\right)\cdot\frac{2}{3}\cdot\frac{1}{3}}_{\text{ii）の確率}}=\mathbf{\frac{26}{81}}$$

◀②で$\begin{pmatrix} 2 \\ 1 \end{pmatrix}$になる経路は2本あります．

また，もらう硬貨の総数が2枚になるのは

②で$\begin{pmatrix} 0 \\ 3 \end{pmatrix}$になり，④で$\begin{pmatrix} 0 \\ 3 \end{pmatrix}$になる場合

だから，確率は

$$\frac{2}{3}\cdot\frac{1}{3}\cdot 1\cdot\frac{1}{3}=\mathbf{\frac{2}{27}}$$

補足 左ページの樹形図を見れば，**くり返し**(**周期性**)にも気づけますね．

例えば「操作を 10 回くり返したとき，硬貨を 1 枚ももらえない確率」は

$$\begin{pmatrix} R \\ B \end{pmatrix}=\begin{pmatrix} 2 \\ 1 \end{pmatrix} \xrightarrow{\frac{2}{3}} \begin{pmatrix} 1 \\ 2 \end{pmatrix} \to \begin{pmatrix} 2 \\ 1 \end{pmatrix} \to \begin{pmatrix} 1 \\ 2 \end{pmatrix} \to \begin{pmatrix} 2 \\ 1 \end{pmatrix}\cdots\cdots$$

$$\begin{pmatrix} 2 \\ 1 \end{pmatrix} \xrightarrow{\frac{1}{3}} \begin{pmatrix} 3 \\ 0 \end{pmatrix} \xrightarrow{1} \begin{pmatrix} 2 \\ 1 \end{pmatrix} \to \begin{pmatrix} 3 \\ 0 \end{pmatrix} \to \begin{pmatrix} 2 \\ 1 \end{pmatrix}$$

という図から，$\begin{pmatrix} 2 \\ 1 \end{pmatrix} \Longrightarrow \begin{pmatrix} 2 \\ 1 \end{pmatrix}$ を 5 回**くり返す**，つまり $\frac{2}{3}\cdot\frac{2}{3}+\frac{1}{3}\cdot 1=\frac{7}{9}$ を 5 回くり返すと考えて，$\left(\frac{7}{9}\right)^5$ となります．

他の問題もそうですが，まず実験・数え上げをすることで様子を調べ，そこから**規則性を見抜く**ことが大切です．

メインポイント

状況の変化は樹形図を描いて整理！

89 反復試行の確率

アプローチ

完全に同じ試行をくり返す場合の確率を**反復試行の確率**といいます．これは

(順列の総数)×(１つの順列の確率)

で計算します．

例えば，(1)は $X=1$ となる確率なので，０点が４回，かつ１点が１回となる場合です．これは

	①	②	③	④	⑤	
順列は全部で ${}_5C_4$ 通り	0点	0点	0点	0点	1点	……確率 $\left(\frac{1}{2}\right)^4\left(\frac{1}{4}\right)^1$
	0点	0点	1点	0点	0点	……確率 $\left(\frac{1}{2}\right)^4\left(\frac{1}{4}\right)^1$
			⋮			⋮

どの順列でも確率は等しい

ですから

$${}_5C_4\left(\frac{1}{2}\right)^4\left(\frac{1}{4}\right)^1$$

となります．

解答

１回の試行において

A：０点…確率 $\frac{1}{2}$

B：１点…確率 $\frac{1}{4}$

C：２点…確率 $\frac{1}{4}$

金貨＼銀貨	表	裏
表	2点	1点
裏	0点	0点

とする．

(1)　$X=1$ となるのは，(A４回，B１回) の場合なので

$${}_5C_4\left(\frac{1}{2}\right)^4\left(\frac{1}{4}\right)^1=\boldsymbol{\frac{5}{64}}$$

◀A，A，A，A，Bの順列は，同じものを含む順列の考え方で ${}_5C_4$ 通り．

(2) $X=3$ となるのは

① (A 2 回，B 3 回)

② (A 3 回，B 1 回，C 1 回)

の場合なので

$$ {}_5C_2\left(\frac{1}{2}\right)^2\left(\frac{1}{4}\right)^3+{}_5C_3\cdot 2!\left(\frac{1}{2}\right)^3\left(\frac{1}{4}\right)^2 $$

$$ =\frac{5}{128}+\frac{5}{32} $$

$$ =\mathbf{\frac{25}{128}} $$

◀A，A，B，B，B の順列は ${}_5C_2$ 通り．
A，A，A，B，C の順列は ${}_5C_3\cdot 2!$ 通り．

(3) Xが偶数になるのは

Bが偶数回 (0 回，2 回，4 回)

のときなので

$$ \left(\frac{3}{4}\right)^5+{}_5C_2\left(\frac{1}{4}\right)^2\left(\frac{3}{4}\right)^3+{}_5C_4\left(\frac{1}{4}\right)^4\left(\frac{3}{4}\right)^1 $$

$$ =\frac{243}{1024}+\frac{270}{1024}+\frac{15}{1024} $$

$$ =\frac{528}{1024} $$

$$ =\mathbf{\frac{33}{64}} $$

◀AとCが何回ずつであるかは，Xが偶数であることに関係ありません．
だから，AとCをあわせて確率 $\frac{3}{4}$ としています．

第9章

メインポイント

反復試行の確率は (順列の総数)×(1 つの順列の確率)

90 条件付き確率

アプローチ

全事象 U に対して，事象 A の起こる確率 $P(A)$ は

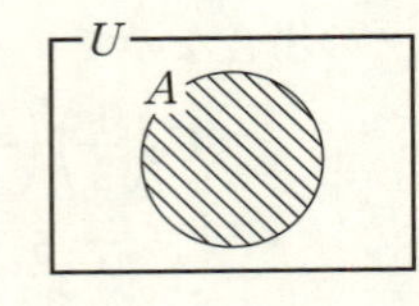

$$P(A)=\frac{n(A)}{n(U)}$$

と書けますね．これは**全体 U に対する A の割合**を表したものです．

これに対し，事象 A が起きたときに事象 B が起こる確率を**条件付き確率**といい $\boldsymbol{P_A(B)}$ と書きます．

これは**A を全体と見たときの $A\cap B$ の割合**によって表されます．つまり

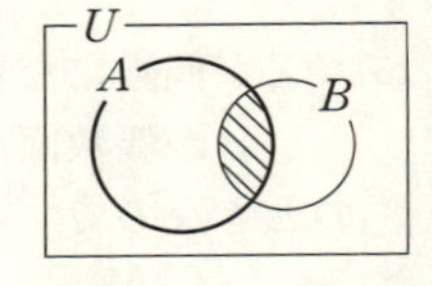

$$\boldsymbol{P_A(B)=\frac{n(A\cap B)}{n(A)}}$$

であり，さらに右辺の分母と分子をそれぞれ $n(U)$ で割ることで

$$P_A(B)=\frac{P(A\cap B)}{P(A)}$$

$$\iff P(A)P_A(B)=P(A\cap B)$$

が成り立ちます．

筆者は，「条件」の付かない確率なんてないから，「条件付き確率」ではなく「制限付き確率」と呼んでいます．**$\boldsymbol{P_A(B)}$ は，制限 A の中で，B である確率**です．

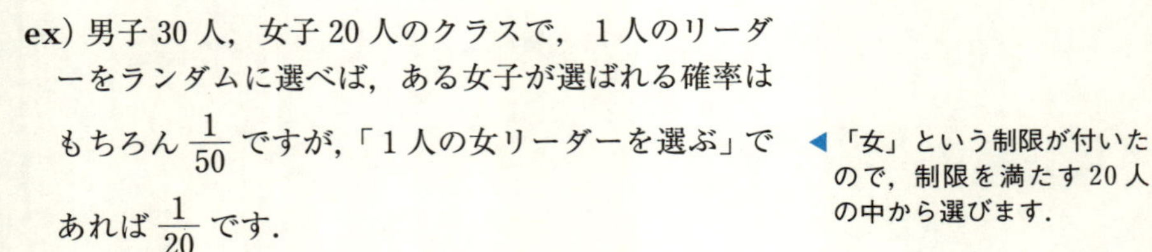

ex) 男子 30 人，女子 20 人のクラスで，1人のリーダーをランダムに選べば，ある女子が選ばれる確率はもちろん $\frac{1}{50}$ ですが,「1人の女リーダーを選ぶ」であれば $\frac{1}{20}$ です．

◀「女」という制限が付いたので，制限を満たす 20 人の中から選びます．

解答

集団Aの中で，病気Xにかかっている人の集合をX，検査により陽性と判定される人の集合をYとすれば右図のようになる．

	Y	$\overline{Y}$	
X	4%の中の80%	4%の中の20%	4%
$\overline{X}$	96%の中の10%	96%の中の90%	96%

(1) 右図から

$$P(Y)=\frac{4}{100}\cdot\frac{80}{100}+\frac{96}{100}\cdot\frac{10}{100}=\frac{1280}{10000}$$

$$P(X\cap Y)=\frac{4}{100}\cdot\frac{80}{100}=\frac{320}{10000}$$

$$\therefore\quad P_Y(X)=\frac{P(X\cap Y)}{P(Y)}=\frac{320}{1280}=\mathbf{\frac{1}{4}}$$

◀制限Yの中でXである確率です．

(2) 右図から

$$P(\overline{Y})=\frac{4}{100}\cdot\frac{20}{100}+\frac{96}{100}\cdot\frac{90}{100}=\frac{8720}{10000}$$

$$P(X\cap\overline{Y})=\frac{4}{100}\cdot\frac{20}{100}=\frac{80}{10000}$$

$$\therefore\quad P_{\overline{Y}}(X)=\frac{P(X\cap\overline{Y})}{P(\overline{Y})}=\frac{80}{8720}=\mathbf{\frac{1}{109}}$$

◀制限$\overline{Y}$の中でXである確率です．

メインポイント

$P_A(B)$は，制限Aを満たす中で，Bである確率

91 Σを利用する確率

アプローチ

箱の中のカード は

1
$2\quad 2$
$3\quad 3\quad 3$
$\cdots\cdots\cdots\cdots\cdots$
$k\quad k\quad k\quad k\quad \cdots\cdots\quad k$
$\cdots\cdots\cdots\cdots\cdots\cdots\cdots\cdots\cdots\cdots$
$n\quad n\quad n\quad n\quad \cdots\cdots\cdots\cdots\cdots\cdots\quad n$

となっていて，確率の原則通り，これらを**すべて区別**して考えます．

2枚のカードの数字が一致するのは，2枚が

2 と 2，3 と 3，4 と 4，……，n と n

の $n-1$ パターンあるので，これらを全部調べて足せばよいのですが，n という文字なので不可能です．

◀順に ${}_2C_2$，${}_3C_2$，${}_4C_2$，……，${}_nC_2$ 通りです．

そこで，**代表として2枚が k と k の場合の確率 p_k を求めておいて $\sum_{k=2}^{n} p_k$ を計算します．**

解答

(1)　カードの総数は

$$\sum_{k=1}^{n} k=\frac{1}{2}n(n+1)$$

(2)　題意の確率を p_k とする．

$k=1$ のとき，番号 k のカードは1枚だけなので $p_1=0$ である．

$k\geqq 2$ のとき

$$p_k=\frac{{}_kC_2}{{}_{\frac{1}{2}n(n+1)}C_2}$$

$$=\frac{\dfrac{k(k-1)}{2\cdot 1}}{\dfrac{\frac{1}{2}n(n+1)\cdot\left\{\frac{1}{2}n(n+1)-1\right\}}{2\cdot 1}}$$

$$=\frac{4k(k-1)}{n(n+1)\cdot(n-1)(n+2)}$$

これは $k=1$ のとき0になり，$p_1=0$ に適するので，求める確率は

$$p_k=\frac{\boldsymbol{4k(k-1)}}{\boldsymbol{(n-1)n(n+1)(n+2)}}\quad (k=1,\ 2,\ \cdots\cdots,\ n)$$

(3) (2)から，求める確率は

$$\sum_{k=2}^{n}p_k=\frac{4}{(n-1)n(n+1)(n+2)}\sum_{k=2}^{n}k(k-1)$$

である．ここで

$$\sum_{k=2}^{n}k(k-1)$$
$$=\frac{1}{3}\sum_{k=2}^{n}\{-(k-2)(k-1)k+(k-1)k(k+1)\}$$
$$=\frac{1}{3}(n-1)n(n+1)$$

◀青字の合計が3なので，Σ の外に $\frac{1}{3}$ をかけてツジツマをあわせています．

であるから

$$\sum_{k=2}^{n}p_k=\frac{4}{(n-1)n(n+1)(n+2)}\cdot\frac{1}{3}(n-1)n(n+1)$$
$$=\frac{\boldsymbol{4}}{\boldsymbol{3(n+2)}}$$

補足 $\sum_{k=2}^{n}k(k-1)$ の計算に**差分解**を使いました．これは

$$\sum_{k=1}^{n}(k+1)k(k-1)=\frac{1}{4}\sum_{k=1}^{n}\{-(k-2)(k-1)k(k+1)+(k-1)k(k+1)(k+2)\}$$
$$=\frac{1}{4}(n-1)n(n+1)(n+2)$$

などと発展させられます．

メインポイント

場合分けの代表の確率 p_k を求めて Σ

92 確率の最大

アプローチ

確率 P_n を最大にする n を求めるときは

$$\cdots < P_{N-2} < P_{N-1} < P_N > P_{N+1} > P_{N+2} > \cdots$$

増加　減少

◀この列が作れたら，求める n は $n=N$ です．

という列を作ることが目標です．

そのために，**1 と $\dfrac{P_{n+1}}{P_n}$ を比較**します．

$$1 < \frac{P_{n+1}}{P_n} \iff P_n < P_{n+1} \quad (\text{増加})$$

$$1 > \frac{P_{n+1}}{P_n} \iff P_n > P_{n+1} \quad (\text{減少})$$

解答

すべての球を区別して考える．

(1)　10 個の球から 6 個を取り出すと

$${}_{10}C_6 = \frac{10\cdot9\cdot8\cdot7}{4\cdot3\cdot2\cdot1} = 10\cdot3\cdot7\ (\text{通り})$$

6 個の赤球から 3 個，4 個の白球から 3 個を取り出すと

$${}_6C_3\cdot{}_4C_3 = \frac{6\cdot5\cdot4}{3\cdot2\cdot1}\cdot4 = 5\cdot4\cdot4\ (\text{通り})$$

$$\therefore\quad P_{10} = \frac{5\cdot4\cdot4}{10\cdot3\cdot7} = \boldsymbol{\frac{8}{21}}$$

(2)　(1)と同様にして

$$P_n = \frac{{}_6C_3\cdot{}_{n-6}C_3}{{}_nC_6}$$

$$= 20\cdot\underbrace{\frac{(n-6)!}{3!(n-9)!}}_{{}_{n-6}C_3}\cdot\underbrace{\frac{6!(n-6)!}{n!}}_{{}_nC_6\text{ の逆数}}$$

◀${}_nC_k = \dfrac{n!}{k!(n-k)!}$

であるから

$$\frac{P_{n+1}}{P_n}=\underbrace{\frac{20\cdot 6!(n-5)!(n-5)!}{3!(n-8)!(n+1)!}}_{P_{n+1}}\cdot\underbrace{\frac{3!(n-9)!n!}{20\cdot 6!(n-6)!(n-6)!}}_{P_n\text{の逆数}}$$

$$=\frac{(n-9)!}{(n-8)!}\cdot\frac{n!}{(n+1)!}\cdot\frac{(n-5)!}{(n-6)!}\cdot\frac{(n-5)!}{(n-6)!}$$

$$=\boldsymbol{\frac{(n-5)^2}{(n-8)(n+1)}}$$

◀約分しやすいように並べ替えました.

(3) (2)から

$$1 \gtreqless \frac{P_{n+1}}{P_n}\ (\Longleftrightarrow\ P_n \gtreqless P_{n+1})$$

$$\Longleftrightarrow\ 1 \gtreqless \frac{(n-5)^2}{(n-8)(n+1)}$$

$$\Longleftrightarrow\ n^2-7n-8 \gtreqless n^2-10n+25$$

$$\Longleftrightarrow\ n \gtreqless 11$$

なので

$$P_9<P_{10}<P_{11}=P_{12}>P_{13}>P_{14}>\cdots\cdots$$

となる.

よって, P_n が最大となる n は

$\boldsymbol{n=11,\ 12}$

◀$\gtreqless$ は

$>$, $=$, $<$

の3つを同時に処理している記号です.

◀この結果は

$n<11$ のとき $P_n<P_{n+1}$

$n=11$ のとき $P_n=P_{n+1}$

$n>11$ のとき $P_n>P_{n+1}$

の3つを表しています.

補足 例えばnが2億のとき(つまり, 袋の中はほとんど白球), 取り出した6個の球の半数が赤球になるのは奇跡です. つまり, 確率が小さいことが起こると, 人は「奇跡」と呼ぶのです.

逆に, 確率の大きいことが起こっても「普通」と感じます.

本問において, 取り出した6個の半数が赤球になることが「普通」だと感じるのは, もともと全体の半数が赤球であるときですね. だから, 答え(の1つ)が $n=12$ であることが最初から予想できます.

メインポイント

確率の最大は, 1と $\frac{P_{n+1}}{P_n}$ の比較!

93 確率漸化式①

アプローチ

さいころを1，2，3，……，n，……回投げたときの，3の倍数の目（3 or 6）の出る回数を，偶奇だけに注目して樹形図を描けば 解答 の図のようになります．

具体的な操作回数であれば，推移確率をかけていけばいいのですが，本問はnなので不可能です． ◀88 参照.

でも，樹形図を見れば，**同じ形のくり返し，つまり規則性**がわかりますね．

この**規則を漸化式で表し，その漸化式を解く**ことで題意の確率を求められます．

解答

3の倍数の目の回数の推移は次の通り．

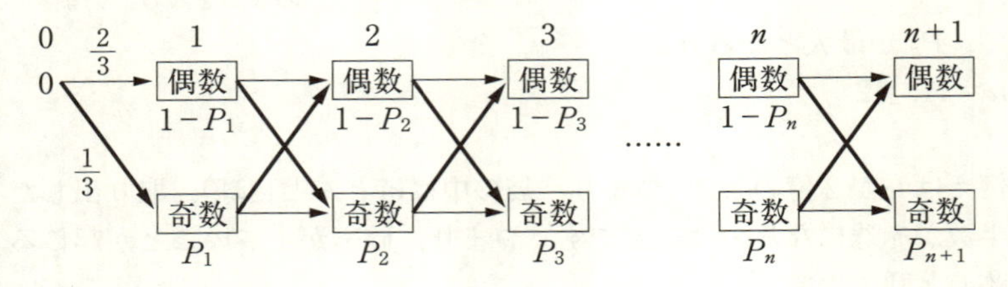

(1) 図から

$$P_2=P_1\cdot\frac{2}{3}+(1-P_1)\cdot\frac{1}{3}$$

$$=\frac{1}{3}\cdot\frac{2}{3}+\frac{2}{3}\cdot\frac{1}{3}$$

$$=\boldsymbol{\frac{4}{9}}$$

$$P_3=P_2\cdot\frac{2}{3}+(1-P_2)\cdot\frac{1}{3}$$

$$=\frac{4}{9}\cdot\frac{2}{3}+\frac{5}{9}\cdot\frac{1}{3}$$

$$=\boldsymbol{\frac{13}{27}}$$

(2) 図から

$$P_{n+1}=P_n\cdot\frac{2}{3}+(1-P_n)\cdot\frac{1}{3}\quad (n=1,\ 2,\ 3,\ \cdots)$$

$$\therefore\quad \boldsymbol{P_{n+1}=\frac{1}{3}P_n+\frac{1}{3}}\quad\cdots\cdots①$$

第9章

(3) ①を

$$②:P_{n+1}-\alpha=\frac{1}{3}(P_n-\alpha)$$

◀77 参照.

に変形したい.

$$②\iff P_{n+1}=\frac{1}{3}P_n+\frac{2}{3}\alpha$$

であるから，①と比べて $\alpha=\frac{1}{2}$ である.

よって，数列 $\left\{P_n-\frac{1}{2}\right\}$ が公比 $\frac{1}{3}$ の等比数列なので，$P_1=\frac{1}{3}$ とあわせて

$$P_n-\frac{1}{2}=\left(P_1-\frac{1}{2}\right)\cdot\left(\frac{1}{3}\right)^{n-1}$$

$$=-\frac{1}{2}\left(\frac{1}{3}\right)^n$$

$$\therefore\quad \boldsymbol{P_n=-\frac{1}{2}\left(\frac{1}{3}\right)^n+\frac{1}{2}}$$

メインポイント

樹形図の規則性を漸化式で表す！

94 確率漸化式②

アプローチ

基本的には前問 93 と同じタイプの問題ですが，今回は **n 回目の確率の合計が 1 にならない**点に注意が必要です．というのは，「サイコロの 6 の目が出たら終了」というルールがあるので，そもそも n 回目がないかもしれないのです．

だから，n 回目にBが投げる確率を $1-a_n$ とは書けません．

解答

サイコロを投げる人の推移は次の図の通り．

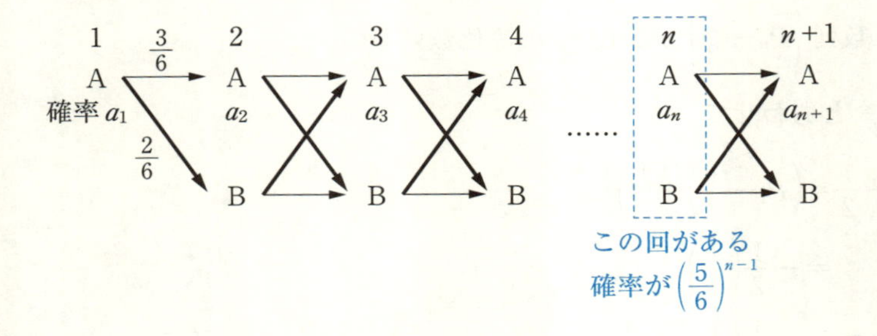

(1)　n 回目に 2 人のどちらかがサイコロを投げるのは，$n-1$ 回目までに 1 度も 6 が出ないときで，その確率は $\left(\frac{5}{6}\right)^{n-1}$ である．

よって，図から

$$a_{n+1}=a_n\cdot\frac{3}{6}+\left\{\left(\frac{5}{6}\right)^{n-1}-a_n\right\}\cdot\frac{2}{6}$$

◀ n 回目にBが投げる確率は $\left(\frac{5}{6}\right)^{n-1}-a_n$ です．

$$\therefore\quad a_{n+1}=\frac{1}{6}a_n+\frac{1}{3}\left(\frac{5}{6}\right)^{n-1}\quad\cdots\cdots①$$

これを

$$②:a_{n+1}+\alpha\left(\frac{5}{6}\right)^{n+1}=\frac{1}{6}\left\{a_n+\alpha\left(\frac{5}{6}\right)^n\right\}$$

◀ 78 参照．

に変形したい．

$$② \iff a_{n+1}=\frac{1}{6}a_n-\frac{2}{3}\alpha\left(\frac{5}{6}\right)^n$$

であるから，①と比べて

$$-\frac{2}{3}\alpha\cdot\frac{5}{6}=\frac{1}{3} \qquad \therefore \quad \alpha=-\frac{3}{5}$$

よって，数列 $\left\{a_n-\frac{3}{5}\left(\frac{5}{6}\right)^n\right\}$ が公比 $\frac{1}{6}$ の等比数列なので，$a_1=1$ とあわせて

$$a_n-\frac{3}{5}\left(\frac{5}{6}\right)^n=\left(a_1-\frac{3}{5}\cdot\frac{5}{6}\right)\cdot\left(\frac{1}{6}\right)^{n-1}$$

$$\therefore \quad \boldsymbol{a_n=\frac{1}{2}\left\{\left(\frac{1}{6}\right)^{n-1}+\left(\frac{5}{6}\right)^{n-1}\right\}}$$

(2) n 回目にAが投げる確率が a_n で，かつ6の目が出る確率が $\frac{1}{6}$ だから，求める確率 p_n は

$$p_n=a_n\cdot\frac{1}{6}=\boldsymbol{\frac{1}{12}\left\{\left(\frac{1}{6}\right)^{n-1}+\left(\frac{5}{6}\right)^{n-1}\right\}}$$

(3) 求める確率は，p_1，p_2，……，p_n の合計だから

$$q_n=\sum_{k=1}^{n}p_k$$

◀**91** と同じ考え方です．

$$=\frac{1}{12}\sum_{k=1}^{n}\left\{\left(\frac{1}{6}\right)^{k-1}+\left(\frac{5}{6}\right)^{k-1}\right\}$$

$$=\frac{1}{12}\left\{\frac{1-\left(\frac{1}{6}\right)^n}{1-\frac{1}{6}}+\frac{1-\left(\frac{5}{6}\right)^n}{1-\frac{5}{6}}\right\}$$

$$=\boldsymbol{\frac{3}{5}-\frac{1}{10}\left(\frac{1}{6}\right)^n-\frac{1}{2}\left(\frac{5}{6}\right)^n}$$

補足 n 回目にBが投げる確率を b_n とおいて，連立漸化式にしてもいいでしょう．その場合

$$a_{n+1}=\frac{3}{6}a_n+\frac{2}{6}b_n,\quad b_{n+1}=\frac{2}{6}a_n+\frac{3}{6}b_n$$

となり，$a_{n+1}+b_{n+1}=\frac{5}{6}(a_n+b_n)$ とでき，$a_n+b_n=\left(\frac{5}{6}\right)^{n-1}$ が得られます．

メインポイント

n 回目がないかもしれないから，確率の合計に注意！

第10章 データの分析

95 平均値と中央値

アプローチ

n 個のデータ

$$x_1,\ x_2,\ x_3,\ \cdots\cdots,\ x_n$$

に対して，**平均値** $\overline{x}$ は

$$\overline{\boldsymbol{x}}=\frac{\boldsymbol{x}_1+\boldsymbol{x}_2+\boldsymbol{x}_3+\cdots\cdots+\boldsymbol{x}_n}{\boldsymbol{n}}=\frac{\boldsymbol{1}}{\boldsymbol{n}}\sum_{k=1}^{n}\boldsymbol{x}_k$$

で求められます．

また，これらのデータを小さい順に並べたとき，ちょうど中央の位置にある値を**中央値**といい，4等分する位置の値を小さい方から順に

Q_1：**第1四分位数**
Q_2：**第2四分位数**（＝中央値）
Q_3：**第3四分位数**

といいます．

$Q_1\ Q_2\ Q_3$
$x_1\ (x_2)\ x_3\ (x_4)\ x_5\ (x_6)\ x_7$

$Q_1=\frac{x_2+x_3}{2}$
$x_1\ x_2\ x_3\ x_4\ x_5\ x_6\ x_7\ x_8$
$\frac{x_4+x_5}{2}=Q_2$　$Q_3=\frac{x_6+x_7}{2}$

この分野は，テクニカルな計算ではなく，それぞれの言葉や数値の**定義が問われることが多い**ので，しっかりと整理して覚えておきましょう．

解答

データの個数を $2n$ とし，小さい順に並べたものを

$$(x_1),\ x_2,\ x_3,\ \cdots\cdots,\ x_n,\ x_{n+1},\ \cdots\cdots,\ x_{2n-1},\ (x_{2n})$$

m　$A=\frac{x_n+x_{n+1}}{2}$　M

とすると

$$m=x_1,$$
$$m\leqq x_2\leqq A,\ m\leqq x_3\leqq A,\ \cdots\cdots,\ m\leqq x_n\leqq A,$$
$$A\leqq x_{n+1}\leqq M,\ A\leqq x_{n+2}\leqq M,\ \cdots\cdots,\ A\leqq x_{2n-1}\leqq M,$$
$$x_{2n}=M$$

が成り立つので，これらの辺々を足して

$$mn+A(n-1)+M\leqq x_1+x_2+\cdots+x_{2n}\leqq m+A(n-1)+Mn$$

$$\therefore\quad \frac{m+A}{2}+\frac{M-A}{2n}\leqq\overline{x}\leqq\frac{A+M}{2}+\frac{m-A}{2n}\quad\cdots\cdots(*)$$

（＊）に $m=140$，$M=180$，$A=150$ を代入すると

$$145+\frac{15}{n} \leqq \bar{x} \leqq 165-\frac{5}{n}$$

となり，$\frac{15}{n}>0$，$\frac{5}{n}>0$ だから

◀ $\bar{x}$ がちょうど 145 や 165 になることはない．

$$\mathbf{145<\bar{x}<165}$$

である．

また，（＊）に $m=140$，$M=180$，$\bar{x}=170$ を代入すると

$$\frac{140+A}{2}+\frac{180-A}{2n} \leqq 170 \leqq \frac{A+180}{2}+\frac{140-A}{2n}$$

$$\Longleftrightarrow A(n-1)+140n+180 \leqq 340n \leqq A(n-1)+180n+140$$

$$\Longleftrightarrow 160n-140 \leqq A(n-1) \leqq 200n-180$$

$n=1$ とすると

◀ $n-1$ で割りたいから，符号を調べます．

$$\bar{x}=\frac{x_1+x_2}{2}=\frac{m+M}{2}=160$$

となり $\bar{x}=170$ に不適なので $n \geqq 2$ である．

したがって，$n-1>0$ だから

$$\frac{160n-140}{n-1} \leqq A \leqq \frac{200n-180}{n-1}$$

$$\therefore \quad 160+\frac{20}{n-1} \leqq A \leqq 200+\frac{20}{n-1}$$

◀ 分数式は
（分母の次数）
＞（分子の次数）
の形にするのがセオリーです．

$0<\frac{20}{n-1} \leqq 20$ なので，$160<A \leqq 220$ である．

$140=m \leqq A \leqq M=180$ とあわせて

$$\mathbf{160<A \leqq 180}$$

である．

メインポイント

言葉や数値の定義をしっかりと整理して覚えよう！

96 分　散

アプローチ

n 個のデータ

$$x_1,\ x_2,\ x_3,\ \cdots\cdots,\ x_n$$

の平均値を $\overline{x}$ とするとき，各データの平均との差 $\boldsymbol{x_k-\overline{x}}$ を**偏差**といいます．

そして，データの平均からの散らばり具合を調べる値として**分散** $\boldsymbol{s_x}^2$ を

$$\boldsymbol{s_x}^2=(\textbf{偏差})^2\ \textbf{の平均}=\frac{\boldsymbol{1}}{\boldsymbol{n}}\sum_{k=1}^{n}(\boldsymbol{x_k-\overline{x}})^2$$

で定義します． 解答 では，この定義通りに計算して結果を求めました．

さらに，この分散は

$$\begin{aligned} s_x{}^2&=\frac{1}{n}\sum_{k=1}^{n}\{x_k{}^2-2\overline{x}\cdot x_k+(\overline{x})^2\}\\ &=\frac{1}{n}\sum_{k=1}^{n}x_k{}^2-2\overline{x}\cdot\frac{1}{n}\sum_{k=1}^{n}x_k+(\overline{x})^2\cdot\frac{1}{n}\sum_{k=1}^{n}1\\ &=\frac{1}{n}\sum_{k=1}^{n}x_k{}^2-2\overline{x}\cdot\overline{x}+(\overline{x})^2\\ &=\frac{1}{n}\sum_{k=1}^{n}x_k{}^2-(\overline{x})^2 \end{aligned}$$

とできるので， 別解 ではこの結果を使いました．

◀この偏差は負の値をとることもあり，偏差の合計はかならず0になります．

◀偏差の平均はかならず0になり意味がないことと，関数 $f(x)=\sum_{k=1}^{n}(x_k-x)^2$ が $x=\overline{x}$ のときに最小値をとることが，分散の概念に都合がいいのでこの定義が採用されているのです．

解答

等差数列 $\{a_n\}$ の一般項は

$$a_n=3+4(n-1)=\boldsymbol{4n-1}$$

であるから，データ $a_1,\ a_2,\ \cdots,\ a_n$ の平均値 m は

$$\begin{aligned} m&=\frac{1}{n}\sum_{k=1}^{n}a_k\\ &=\frac{1}{n}\cdot\frac{1}{2}n\{3+(4n-1)\}\\ &=\boldsymbol{2n+1} \end{aligned}$$

となる．

また，分散 s^2 は定義から

$$\begin{aligned} s^2&=\frac{1}{n}\sum_{k=1}^{n}(a_k-m)^2\\ &=\frac{1}{n}\sum_{k=1}^{n}(4k-2n-2)^2 \end{aligned}$$

$$=\frac{4}{n}\sum_{k=1}^{n}\{4k^2-4(n+1)k+(n+1)^2\}$$

$$=\frac{4}{n}\left\{4\cdot\frac{1}{6}n(n+1)(2n+1)-4(n+1)\cdot\frac{1}{2}n(n+1)+n(n+1)^2\right\}$$

$$=\frac{4}{3}\{2(n+1)(2n+1)-3(n+1)^2\}$$

$$=\boldsymbol{\frac{4}{3}(n-1)(n+1)}$$

別解

$$s^2=\frac{1}{n}\sum_{k=1}^{n}a_k{}^2-m^2$$

$$=\frac{1}{n}\sum_{k=1}^{n}(16k^2-8k+1)-(4n^2+4n+1)$$

$$=\frac{1}{n}\left\{16\cdot\frac{1}{6}n(n+1)(2n+1)-\frac{1}{2}n(7+(8n-1))\right\}-(4n^2+4n+1)$$

$$=\frac{8}{3}(n+1)(2n+1)-(4n+3)-(4n^2+4n+1)$$

$$=\frac{4}{3}\{2(n+1)(2n+1)-(3n^2+6n+3)\}$$

$$=\frac{4}{3}(n-1)(n+1)$$

補足 例えば「テストの点数」の分散は，単位が(点)^{2}となり意味のわかりにくい数値になります．(100点満点のテストで，分散が1500(点)^{2}といわれても…….)

そこで，単位を見やすくするために**分散の値の正の平方根**をとったものを**標準偏差**といいます．

標準偏差 $s_x=\sqrt{\text{分散}}$

メインポイント

平均値や分散は，数列の和として計算できる！

97 共分散・相関係数

アプローチ

2つの変量 x，y で作られる n 組のデータ

$$(x_1,\ y_1),\ (x_2,\ y_2),\ \cdots\cdots,\ (x_n,\ y_n)$$

に対して

共分散：$\boldsymbol{s_{xy}=\dfrac{1}{n}\sum_{k=1}^{n}(x_k-\overline{x})(y_k-\overline{y})}$

◀(偏差の積) の平均.

相関係数：$\boldsymbol{r=\dfrac{s_{xy}}{s_x s_y}}$

と定義します.

この相関係数 r は，$\boldsymbol{-1\leqq r\leqq 1}$ であり，$|\boldsymbol{r}|$ **が1に近いほど $\boldsymbol{x}$ と $\boldsymbol{y}$ の相関が強く，$\boldsymbol{r}$ が0に近いほど弱い**という特徴をもちます.

◀$-1\leqq r\leqq 1$ であることは，コーシー・シュワルツの不等式を利用して証明できます.（参考 参照.）

解答

(1) 共分散の定義から

$$\begin{aligned}
s_{xy}&=\frac{1}{n}\sum_{k=1}^{n}(x_k-\overline{x})(y_k-\overline{y})\\
&=\frac{1}{n}\sum_{k=1}^{n}x_ky_k-\overline{y}\cdot\frac{1}{n}\sum_{k=1}^{n}x_k-\overline{x}\cdot\frac{1}{n}\sum_{k=1}^{n}y_k+\overline{x}\cdot\overline{y}\cdot\frac{1}{n}\sum_{k=1}^{n}1\\
&=\frac{1}{n}\sum_{k=1}^{n}x_ky_k-\overline{y}\cdot\overline{x}-\overline{x}\cdot\overline{y}+\overline{x}\cdot\overline{y}\\
&=\frac{1}{n}\sum_{k=1}^{n}x_ky_k-\overline{x}\cdot\overline{y}
\end{aligned}$$

(2) $y_k=ax_k+b$ から

◀変量 x に対して，変量 y を $y=ax+b$ とする変量の変換です.

y の平均：
$$\begin{aligned}
\overline{y}&=\frac{1}{n}\sum_{k=1}^{n}(ax_k+b)\\
&=a\cdot\frac{1}{n}\sum_{k=1}^{n}x_k+b\cdot\frac{1}{n}\sum_{k=1}^{n}1\\
&=a\overline{x}+b
\end{aligned}$$

y の分散：
$$\begin{aligned}
s_y{}^2&=\frac{1}{n}\sum_{k=1}^{n}(y_k-\overline{y})^2\\
&=\frac{1}{n}\sum_{k=1}^{n}\{(ax_k+b)-(a\overline{x}+b)\}^2\\
&=a^2\cdot\frac{1}{n}\sum_{k=1}^{n}(x_k-\overline{x})^2\\
&=a^2s_x{}^2
\end{aligned}$$

y の標準偏差：$s_y=\sqrt{a^2s_x{}^2}=|a|s_x$

◀ a の符号はわからないので $\sqrt{a^2}=|a|$ です．

x と y の共分散：$s_{xy}=\dfrac{1}{n}\sum_{k=1}^{n}(x_k-\overline{x})(y_k-\overline{y})$

$$=a\cdot\frac{1}{n}\sum_{k=1}^{n}(x_k-\overline{x})^2$$

$$=as_x{}^2$$

◀(1)で示した等式を使うこともできますが，この方が自然です．

となるので，x と y の相関係数 r は

$$r=\frac{s_{xy}}{s_xs_y}=\frac{as_x{}^2}{s_x\cdot|a|s_x}=\frac{a}{|a|}$$

$$=\begin{cases}\ \ \mathbf{1} & (\boldsymbol{a}>\mathbf{0}\ \text{のとき})\\ \mathbf{-1} & (\boldsymbol{a}<\mathbf{0}\ \text{のとき})\end{cases}$$

参考

実数 a_1，a_2，…，a_n，b_1，b_2，…，b_n，t に対して，不等式

$$(a_1t-b_1)^2+(a_2t-b_2)^2+\cdots+(a_nt-b_n)^2\geqq 0$$

がかならず成り立ちます．この左辺を展開し，t について整理すれば

$$(a_1{}^2+a_2{}^2+\cdots+a_n{}^2)t^2-2(a_1b_1+a_2b_2+\cdots+a_nb_n)t+(b_1{}^2+b_2{}^2+\cdots+b_n{}^2)\geqq 0$$

となります．したがって，この左辺の判別式に注目すれば

$$(a_1b_1+a_2b_2+\cdots+a_nb_n)^2-(a_1{}^2+a_2{}^2+\cdots+a_n{}^2)(b_1{}^2+b_2{}^2+\cdots+b_n{}^2)\leqq 0$$

$$\therefore\quad (a_1b_1+a_2b_2+\cdots+a_nb_n)^2\leqq(a_1{}^2+a_2{}^2+\cdots+a_n{}^2)(b_1{}^2+b_2{}^2+\cdots+b_n{}^2)$$

(これは，**7** で証明したコーシー・シュワルツの不等式の拡張です．)

ここに，$a_k=x_k-\overline{x}$，$b_k=y_k-\overline{y}$ を代入すると

$$\left\{\sum_{k=1}^{n}(x_k-\overline{x})(y_k-\overline{y})\right\}^2\leqq\left\{\sum_{k=1}^{n}(x_k-\overline{x})^2\right\}\left\{\sum_{k=1}^{n}(y_k-\overline{y})^2\right\}$$

となり，両辺を n^2 で割って

$$s_{xy}{}^2\leqq s_x{}^2\cdot s_y{}^2 \iff r^2\leqq 1$$

$$\therefore\quad -1\leqq r\leqq 1$$

メインポイント

変量の変換も，Σ計算で確認できる！